[객관식 과년도 문제해설]

콘크리트 기술 문제해설

工學博士 盧旻來 /編著

圓技術

1. 출제기준

(1) 자격종목 : 콘크리트기사·산업기사 　　　　　직무분야 : 토목
　검정방법 : 필기(제1 과목)　　　　　　　　　　적용시점 : 2004.5.1

시험과목	출제문제 수	주요항목	세부항목
콘크리트 재료 및 배합	20	1. 콘크리트용 재료	1. 시멘트 2. 물 3. 골재 4. 혼화재료 5. 보강재료
		2. 재료시험	1. 시멘트 관련시험 2. 골재 관련시험 3. 혼화재료 관련시험 4. 기타 재료시험
		3. 콘크리트의 배합	1. 배합설계의 기본원리 2. 표준편차를 구하는 방법 3. 콘크리트표준시방서에 의한 배합설계방법

　검정방법 : 필기(제2 과목)

시험과목	출제문제 수	주요항목	세부항목
콘크리트제조, 시험 및 품질관리	20	1. 콘크리트의 제조	1. 콘크리트 제조의 일반사항 2. 레디믹스트 콘크리트의 제조
		2. 콘크리트 시험	1. 굳지않은 콘크리트 관련시험 2. 경화콘크리트 관련시험 3. 내구성 관련시험
		3. 콘크리트의 품질관리	1. 콘크리트공사에서의 품질관리·검사 목적 및 원칙 2. 통계적 수법의 기초 3. 콘크리트 공사에서의 품질관리 및 검사의 실제
		4. 콘크리트의 성질	1. 굳지 않은 콘크리트 2. 경화된 콘크리트

검정방법 : 필기(제3과목)

시험과목	출제문제 수	주요항목	세부항목
콘크리트의 시공	20	1. 일반 콘크리트	1. 계량 및 비비기 2. 운반, 치기 및 양생 3. 이음, 표면마무리
		2. 특수 콘크리트	1. 한중 및 서중콘크리트 2. 매스콘크리트 3. 유동화 및 고유동콘크리트 4. 해양 및 수밀콘크리트 5. 수중 및 프리팩트콘크리트 6. 경량콘크리트 7. 고강도 콘크리트 8. 숏크리트 9. 포장 및 댐콘크리트

검정방법 : 필기(제4과목)

시험과목	출제문제 수	주요항목	세부항목
콘크리트구조 및 유지관리	20	1. 콘크리트 제품	1. 콘크리트 관련 제품
		2. 철근 콘크리트	1. 철근콘크리트 구조의 기초 2. 철근콘크리트 부재의 해석 3. 철근콘크리트 부재의 설계
		3. 열화조사 및 진단	1. 외관조사 및 강도평가 2. 콘크리트 결함조사 3. 열화원인 및 성능평가 4. 철근조사 및 부식조사 5. 내하력 평가
		4. 보수·보강공법	1. 보수·보강 종류 및 방법 2. 보수·보강 검사

검정방법 : 실 기

시험과목	출제문제 수	주요항목	세부항목
콘크리트관련 전반적 사항		1. 콘크리트 관련 전반	1. 콘크리트의 재료시험 2. 배합 및 제조 3. 각종 콘크리트시공 4. 콘크리트의 품질관리 5. 콘크리트의 유지관리
		2. 콘크리트 시험관련 전반적인 내용	1. 강도시험 2. 슬럼프 및 공기량 시험 3. 골재비중, 흡수율, 표면수율시험 4. 골재의 유해물 함유량 시험 5. 염화물이온 함유량 시험 6. 기타 콘크리트관련 시험

2) 실기시험 방법

종목명	실기시험 방법	시험기간		배점		작업 내용
		작업형	필답형	작업	필답	
콘크리트 기사	복합형	4시간 정도	2시간	40	60	효율적인 콘크리트의 제조, 시공, 시험, 검사, 품질관리와 콘크리트 구조, 비파괴검사 및 진단, 유지관리 등의 업무수행
콘크리트 산업기사	복합형	4시간 정도	1시간 30분	40	60	효율적인 콘크리트의 제조, 시공, 시험, 검사, 품질관리와 콘크리트 구조, 비파괴검사 및 진단, 유지관리 등의 업무수행

차 례

2003년도 문제 1
2002년도 문제 57
2001년도 문제 111
2000년도 문제 175
1999년도 문제 205
1998년도 문제 231
1997년도 문제 257
1996년도 문제 285
1995년도 문제 313
1994년도 문제 337
1993년도 문제 359
부록. 콘크리트 기사·산업기사 기출문제(필기) 381

2003년도 문제

―[문제 1]―

아래그림은 보통, 조강, 저열의 각 포틀랜드 시멘트 및 고로 시멘트 B종의 압축강도를 시멘트의 물리시험방법에 의해 시험한 결과를 모식적으로 나타낸 것이다. 곡선 C의 시멘트로서 적당한 것은 어느 것인가?

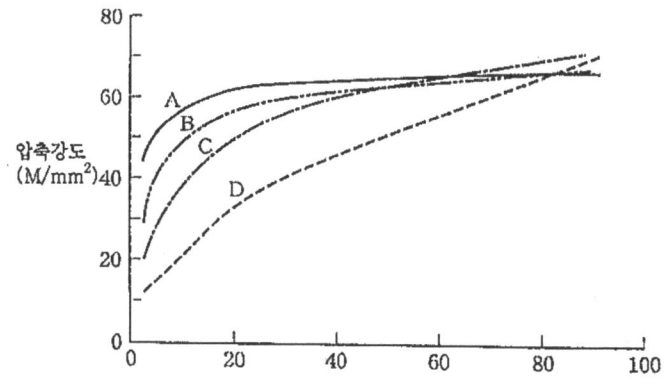

(1) 보통 포틀랜드 시멘트
(2) 고로 시멘트 B종
(3) 조강 포틀랜드 시멘트
(4) 저열 포틀랜드 시멘트

◉ 해설과 해답 〈☞정선문제 항목 Ⅰ.1〉

우선 압축강도곡선의 초기강도의 시작을 보고, 다음에 시간이 경과될 때 강도의 움직임을 본다. 이 2가지 강도의 움직임으로부터 각각의 곡선이 어떤 시멘트에 해당하는지를 판단한다.

조강＞보통＞고로 B종＞저열

이다. 다만, 저열 포틀랜드 시멘트에서는 1, 3일, 고로 시멘트 B종에서는 1일의 규정은 없다.

한편, 장기재령에서 고로 세멘트 B종은 무혼합의 것보다 강도가 웃돈다. 이상으로서 곡선 C의 시멘트는 고로 시멘트 B종이다. 또한 고로 시멘트에는 A종, B종, C종이 있으며, 이것은 혼합하는 고로 슬래그의 분량에 따른다. A종은 5%를 초과하고 30% 이하, B종은 30%를 초과하고 60% 이하, C종은 60%를 초과하고 70% 이하(어느 것이나 질량 %) 혼합된 것이다.

정답 (2)

[문제 2]

시멘트의 수화열에 관한 다음의 일반적인 기술 중 부적당한 것은 어느 것인가?

(1) 시멘트의 수화열 측정 방법에는 미수화 시멘트의 용해열과 수화 시멘트 용해열과의 차이 때문에 수화열을 구하는 방법이 규정되어 있다.
(2) 시멘트 속의 규산2칼슘(C_2S)을 적게 하고, 규산3칼슘(C_3S)을 많게 하면 수화열은 작아진다.
(3) 포틀랜드 시멘트에는 중용열 포틀랜드 시멘트 및 저열 포틀랜드 시멘트에 대해서 수화열의 상한치가 규정되어 있다.
(4) 고로 시멘트 속의 고로 슬래그 분량을 많게 하면 수화열이 작게 된다.

◉ 해설과 해답 〈☞정선문제 항목 I.1〉

(2) 포틀랜드 시멘트의 주요 광물에는 규산2칼슘(C_2S), 규산3칼슘(C_3S), 알루민산3칼슘(C_3A), 철알루민산4칼슘(C_4AF)가 있다. 각각의 광물은 수화반응으로 인해 경화되는데, 수화열은 큰 순서대로 $C_3A > C_3S > C_2S$ 및 C_4AF이다. 그 때문에 시멘트 속의 C_3S 함유량이 많으면 수화열은 크고, C_2S가 많으면 수화열은 작아진다. 따라서, 설문의 기술은 부적당하다.

정답 (2)

―[문제 3]―
골재의 성상이 콘크리트의 성상에 주는 일반적인 영향에 관한 다음 기술 중 적당한 것은 어느 것인가?
(1) 흡수율이 작을수록 콘크리트의 슬럼프 경시변화는 크게 된다.
(2) 표면수가 많을수록 콘크리트의 투수성은 저하한다.
(3) 안정성 시험의 손실량이 많을수록 콘크리트의 동결 융해 저항성은 저하한다.
(4) 굵은 골재의 입도가 적당하면 최대 치수가 클수록 콘크리트의 단위 수량은 증가한다.

◉ 해설과 해답 〈☞정선문제 항목 Ⅰ.2〉

(1) 콘크리트의 슬럼프 경시변화는 슬럼프 저하라고도 불리고 있다. 슬럼프 저하는 온도, 경과시간, 배합, 화학혼화제의 종류에 따라 크게 영향을 받는다. 건조상태의 골재를 사용하는 경우, 시간이 경과하는 동시에 반죽수가 골재에 흡수되어 슬럼프의 경시변화가 커진다. 그 비율은 골재의 흡수율이 클수록 커진다.

(2) 콘크리트의 투수성은 균열이나 곰보 등 콘크리트의 결함 때문에 누수가 없어지면 주로 콘크리트 속의 공극이 되어 영향을 준다. 콘크리트의 공극은 사용재료, 배합, 양생 차이에 따라 크게 영향을 받아 물 시멘트비가 작을수록 투수성은 작게 된다. 골재 표면수의 일부는 일반적으로 반죽수로 보정되어 물 시멘트비에 직접 영향이 없다고 생각된다.

(3) 골재의 안정성실험이란, 황산나트륨의 포화용액을 사용하는 것이다. 황산나트륨이 결정될 때에 침상결정이 생기고, 그 때, 물의 동결에 의한 팽창압과 유사한 작용이 골재 속의 공극에 생기는 것을 응용한 것이다. 이 시험에서 손실량이 많다는 것은 동결 융해 저항성이 작다고 생각되기 때문에 설문 기술은 적당하다.

(4) 굵은 골재의 입도가 적당하면 최대치수가 크게 될수록 골재의 단위 질량당의 표면적이 감소한다. 따라서, 동일 슬럼프의 콘크리트를 얻기 위한 단위

수량은 적어도 된다.

정답 (3)

[문제 4]

아래 표에 나타내는 품질을 가지는 부순자갈 2005 중에 콘크리트용 부순골재의 규정에 비치하여 적합한 것은 어느 것인가?

부순자갈 2005	흡수율 (%)	씻기 시험 (미립분량시험)으로 없어지는 양	입자형태 판정 실적률(%)
(1)	2.4	0.5	58
(2)	3.2	1.8	60
(3)	2.8	3.2	56
(4)	3.6	5.5	54

◉ **해설과 해답** 〈☞정선문제 항목 I.2〉

골재의 품질 규정을 묻는 문제이다. 과거에도 유사한 문제가 출제되었으며, 중요한 숫자는 기억해 둘 필요가 있다. 부순자갈, 부순골재의 품질은 표 4.1과 같다. 설문은 부순자갈 2005이므로 표 4.1의 부순자갈 항과 대조해 정답 (1)을 얻는다.

정답 (1)

표 4.1 물리적 성질

시험항목	부순자갈	부순모래
건조밀도(g/cm^3)	2.5 이상	2.5 이상
흡수율(%)	3.0 이하	3.0 이하
안정성(%)	12 이하	10 이하
마모량	40 이하	—
씻기시험으로 없어지는 량(%)	1.0 이하	7.0 이하
입자형태 판정 실적률(%)	55 이상	53 이상

[문제 5]

각종의 혼화재를 사용한 콘크리트의 일반적인 성질에 관한 다음의 기술 중 부적당한 것은 어느 것인가?

(1) 시멘트의 30%를 고로 슬래그 미분말로 치환한 콘크리트의 강도가 장기에 걸쳐 증진한다.
(2) 시멘트의 40%를 고로 슬래그 미분말로 치환하면 콘크리트의 내황산염성이 개선된다.
(3) 시멘트의 20%를 플라이애시로 치환하면 콘크리트의 중성화 저항성이 개선된다.
(4) 시멘트의 30%를 플라이애시로 치환하면 콘크리트의 단열 온도 상승량이 작아진다.

⊙ **해설과 해답** 〈☞정선문제 항목 I.3〉

(1) 시멘트를 고로 슬래그로 치환된 경우의 강도 발현은 고로 슬래그의 종목이나 분말도(브레인치), 또는 치환율이나 재령에 따라서도 다르다. 일반적으로 고로 시멘트는 초기 재령에서는 무혼합보다 강도는 저하하지만, 장기재령에서는 대개 웃돈다. 이것은 치환율이 클수록 현저하게 된다. 30% 치환하면 이와 같은 경향을 나타내므로 설문 기술은 적당하다.

(2) 내황산염성이 문제가 되는 것은 온천수 등도 있지만 주로 해수이다. 내황산염성이란 내해수성이라고도 한다. 시멘트 광물은 수화로 인해 생성하는 수산화칼슘이 해수 속에 함유되어 있는 황산나트륨이나 황산마그네슘 등의 황산염과 결합한다. 또 시멘트 광물의 알루민산3칼슘(C_3A)이 마찬가지로 해수 속의 황산염과 반응되어 에트링가이트를 생성하여 콘크리트를 붕괴시키는 등의 문제가 일어난다. 고로 슬래그의 석회분은 포틀랜드 시멘트보다 적게 되어 고로 슬래그로 치환된 고로 시멘트는 수화로 인해 생기는 수산화칼슘량이 무혼합보다 적어진다. 이것으로 고로 슬래그로 40% 치환된 고로 시멘트 B종은 수화로 인해 생기는 수산화칼슘량을 감소시켜 조직을 보다 치밀화시켜 내황산염성은 향상된다.

(3) 플라이애시는 화력발전소에서 미분탄을 연소시킬 때 발생하는 것으로, 그 화학성분은 주로 실리카, 알루미나이다. 그것 자체는 수화되지 않지만, 시멘트에 혼합하는 것에 따라 생기는 수산화칼슘과 플라이애시의 실리카라든지 포졸란반응에 의해 수화물을 생성시켜 경화한다. 이 수화 생성물의 중성화에 대한 저항성은 플라이애시의 혼합 유무에 따라 크게 변화하지는 않는다. 중성화에 따라 최종적으로는 탄산칼슘과 실리카로 분해되어 버리므로 20%를 플라이애시로 치환된 콘크리트는 중성화 저항성이 향상한다고는 말하기 어렵다. 따라서 설문의 기술은 부적당하다.

(4) 플라이애시를 시멘트에 혼합하면 포졸란 반응에 따라 수화물을 생성한다. 플라이애시로 치환하면 시멘트량이 줄어들므로 플라이애시 무혼합 경우보다도 단열온도 상승량이 저하한다. 이것은 치환량에 따라 저하하는 경향이 있다.

정답 (3)

[문제 6]

콘크리트용 화학혼화제에 적합한 AE제의 표준적인 사용량에 관한 다음의 기술 중 부적당한 것은 어느 것인가?
 (1) 콘크리트의 비빔온도가 높을수록 AE제의 사용량은 감소한다.
 (2) 시멘트의 비표면적이 작을수록 AE제의 사용량은 감소한다.
 (3) 회수물 속의 슬러지 고형분이 많을수록 AE제의 사용량은 증가한다.
 (4) 플라이애시 속의 미연카본이 많을수록 AE제의 사용량은 증가한다.

◎ 해설과 해답 〈☞정선문제 항목 Ⅰ.3〉

(1) 콘크리트의 비빔온도를 높이는 것은 한중 콘크리트 등의 제조에 이용된다. 콘크리트의 비빔온도가 40~60℃ 정도 높아지면 응결시간의 단축, 경화시간의 촉진, 또 증기 양생기간 단축 등의 이점이 있다. 그러나, 서중 콘크리트에서는 비빔온도가 상승하면 냉각시켜야만 한다. 비빔온도가 높은 경우에 필요한 AE제의 양은 감수율을 6% 이상 확보하기 위해 보통 사용량보

다 많아진다. 따라서, 설문 기술은 부적당하다.

정답 (1)

[문제 7]

철근과 PSC 강재의 역학적 성질을 비교한 다음의 일반적인 기술 중 부적당한 것은 어느 것인가?

(1) 철근의 항복점(내력)은 PSC 강재보다 작다.
(2) 철근의 인장강도는 PSC 강재보다 작다.
(3) 철근의 영 계수는 PSC 강재와 거의 같다.
(4) 철근의 파단 신장은 PSC 강재보다 작다.

◉ 해설과 해답   〈☞정선문제 항목 Ⅰ.4〉

철근과 PSC 강재의 인장시험에서 응력-변형률의 일반적인 관계를 그림 7.1에 나타낸다. 이 그림을 참조하여 문제의 해답을 생각한다.

(1) 일반적으로 철근의 항복점(그림의 상 항복점)은 PSC 강재의 내력보다 꽤 작다.

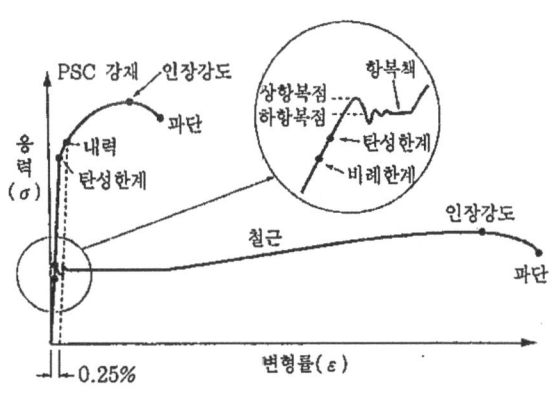

그림 7.1 철근과 PSC 강재의 응력-변형률 곡선

(2) 그림에서 철근의 인장강도(최대응력을 나타내는 점)은 PSC 강재의 그것보다 작다.

(3) 도면의 응력-변형률 곡선에서 초기의 직선부 기울기에서 계산되는 강재의 영 계수는 철근, PSC 강재, 구조용 강재 등 종류에 관계없이 일반적으로 190 ~ 210 kN/mm² 범위에 있으며, 거의 같다. 토목학회 시방서에는 모든 강재의 영 계수를 200 kN/mm²로 설계계산에 사용하고 있다.

(4) 그림에서 철근의 파단 신장은 PSC 강재보다 대단히 크다. 설문의 기술은 부적당하다.

정답 (4)

[문제 8]

아래 표는 콘크리트 반죽에 사용하는 물의 염화물 이온(Cl^-)량과 슬러지수의 농도에 관한 시험결과를 나타낸 것이다. 반죽수 사용에 관한 다음의 행위 중 레디 믹스트 콘크리트의 반죽에 사용하는 물의 규정에 대조하여 부적당한 것은 어느 것인가?

단, 콘크리트의 배합은 단위 모멘트량이 300 kg/m³, 단위 수량이 170 kg/m³이며, 표에 나타낸 이외의 물의 품질에 대해서는 어느 것이나 규정을 만족시키는 것으로 한다.

물의 종류		염화물 이온(Cl^-)량 (ppm)	슬러지수의 농도 (%)
회 수 물	슬러지수	50	3.5
	맑은 웃물	20	-
상수도물 이외의 물	지 하 수	240	-
	공업용수	80	-
상수도물		-	-

(1) 맑은물을 사용했다.
(2) 슬러지수를 사용했다.
(3) 슬러지수와 공업용수를 같은 량으로 혼합된 물을 사용했다.
(4) 지하수와 상수도수를 1 : 2의 비율로 혼합된 물을 사용했다.

⊙ **해설과 해답** 〈☞정선문제 항목 I.5〉

「레디 믹스트 콘크리트 반죽에 사용하는 물」의 규정에서는 상수도물, 상수도물 이외의 물 및 회수물(슬러지수 및 맑은 웃물의 총칭)로 분류되어 있다. 상수도물은 수도법에 의한 수질기준에 적합한 것이므로 유해물이 거의 함유되어 있지 않고 살균용의 염소도 미량이다. 그래서 특별히 시험하지 않고 사용해도 된다. 회수물을 제외하는 상수도물 이외의 물에 대해서는 표 8.1에 나타낸 기준에 적합해야 한다.

표 8.1 상수도물 이외의 물의 품질

항 목	품 질
현탁물질의 양	2 g/l 이하
용해성 증발잔류량의 양	1 g/l 이하
염화물(Cl^-)량	150 ppm 이하
시멘트의 응결시간 차이	초결 30분 이내, 종결 60분 이내
모르타르의 압축강도 비	재령 7일 및 28일에 90% 이상

(1) 맑은 웃물의 염화물 이온량은 규정값 이하이므로 적당하다.
(2) 슬러지수의 염화물 이온량은 규정값 이하이다. 슬러지 고형분율은 아래의 식에서 구할 수 있다. 슬러지수 농도와 슬러지 고형분율은 다른 지표이므로 주의할 것.

슬러지 고형분량 S_i = 슬러지수 농도 × 단위 수량 = $\frac{3.5}{100} \times 170 = 5.95$ kg

단위 시멘트량에 대한 슬러지 고형분율 = $\frac{Si}{C} = \frac{5.95 \text{ kg}}{300 \text{ kg}} = 1.98\% < 3\%$

따라서, 슬러지 고형분율은 3% 이하이므로 적당하다.

(3) 2종류 이상의 물을 혼합해 사용하는 경우에는 각각 표 8.1, 8.2의 규정에 적합해야 한다고 생각한다. 슬러지수와 공업용수의 염화물 이온량은 규정값 이하인 것이 적당하다.
(4) 위에 말한 것처럼 각각 규정에 적합해야 하는데, 지하수의 염화물 이온량

은 240 ppm이라 규정치 200 ppm을 넘는다. 따라서, 설문 기술은 부적당하다.

정답 (4)

[문제 9]

골재의 종류 또는 품질이 변화되었을 때, 같은 슬럼프의 콘크리트를 얻기 위해서 필요한 배합의 보정에 관한 다음의 기술 중 적당한 것은 어느 것인가?

(1) 굵은 골재의 최대치수를 작게 했으므로 단위 수량을 많이 했다.
(2) 굵은 골재의 실적률이 커졌으므로 잔골재율을 크게 했다.
(3) 잔골재를 부순모래에서 하천모래로 변경했으므로 단위 수량을 많게 했다.
(4) 잔골재의 조립률이 작아졌으므로 잔골재율을 크게 했다.

⊙ **해설과 해답** 〈☞정선문제 항목 Ⅱ〉

(1) 굵은 골재 중에서 큰 입자를 제거한 경우를 상상하면 그 입자의 자리를 최대치수가 작은 콘크리트가 메워야 한다. 그 메우는 콘크리트 속에는 당연히 물이 필요하므로 단위 수량을 많게 할 필요가 있다. 설문 기술은 적당하다.

(2) 굵은 골재의 실적률이 커지면 굵은 골재 입자간의 공극이 감소한다. 그 공극을 메우기 위한 모르타르를 줄일 수 있으므로 잔골재율을 작게 한다. 또한, 굵은 골재 입자간의 공극이 감소된 만큼 당연히 굵은 골재의 양도 많게 된다.

(3) 부순모래보다 하천모래 쪽이 둥근모양을 띠고 있어 골재 입자간의 공극이 감소한다. 그 공극을 메우기 위한 시멘트풀을 줄일 수 있으므로 단위 수량을 적게 한다.

(4) 잔골재의 조립률이 작아지면 굵은입자가 줄기 때문에 굵은 골재의 양을 늘리고 잔골재의 양을 줄인다. 그래서 잔골재율을 작게 한다.

정선문제 메모 Ⅱ ① 참조.

정답 (1)

[문제 10]

아래 표의 조건으로 배합을 행한 콘크리트의 1 m³당 계량치에 관한 다음의 기술 중 틀린 것은 어느 것인가?

단, 사용재료의 조건은 아래와 같이 한다.

시멘트 : 밀도 3.15 g/cm³
잔골재 : 표건밀도 2.59 g/cm³, 표면수율 5.0%
굵은 골재 : 표건밀도 2.64 g/cm³, 표면수율 0.5%

공기량 (%)	물 시멘트비 (%)	잔골재율 (%)	단위 수량 (kg/m³)
4.5	55.0	48.0	80

(1) 잔골재의 계량치는 862 kg이다.
(2) 굵은 골재의 계량치는 926 kg이다.
(3) 물의 계량치는 134 kg이다.
(4) 시멘트의 계량치는 327 kg이다.

◉ 해설과 해답 〈☞정선문제 항목 Ⅱ〉

▶1단계 : 시방배합을 구한다(정선문제 메모 Ⅱ ② 참조).

단위 시멘트량 (C) = 단위 수량 (W) ÷ 물 시멘트비 (W/C)

$$= 180 \div = 180 \div \frac{55.0}{100} = 327 \, (kg/m^3)$$

골재 전체의 절대용적 $(a) = 1000 - 1000 \times \frac{공기량(\%)}{100} - W - \frac{C}{밀도}$

↑ (시방배합을위한 콘크리트전체의 절대용적이 1000 l) (공기의 절대용적) ↑ (물의 절대용적) ↑ (시멘트의 절대용적)

$$= 1000 - 1000 \times \frac{4.5}{100} - 180 - \frac{327}{3.15}$$

$$= 671 \, (l)$$

정선문제, 그림 Ⅱ-8.1 참조.

단위 잔골재량 $(S) = a \times \underbrace{\dfrac{s/a(\%)}{100}}_{\text{(잔골재의 절대 용적)}} \times$ 표건밀도

$= 671 \times \dfrac{48.0}{100} \times 2.59$

$= 834 \ (\text{kg/m}^3)$

단위 굵은 골재량 $(G) = a \times \underbrace{\left(1 - \dfrac{s/a(\%)}{100}\right)}_{\text{(굵은 골재의 절대 용적)}} \times$ 표건밀도

$= 671 \times \left(1 - \dfrac{48.0}{100}\right) \times 2.64$

$= 921 \ (\text{kg/m}^3)$

▶ 2단계 : 콘크리트 1 m³당 계량치를 구한다. (정선문제 그림 Ⅱ-8.2 참조)

계량수량 = 시방배합에서 단위 수량 − 단위 잔골재량

$\times \dfrac{\text{표면수율}(\%)}{100} -$ 단위 굵은 골재량 $\times \dfrac{\text{표면수율}(\%)}{100}$

$= 180 - 834 \times \dfrac{5.0}{100} - 921 \times \dfrac{0.5}{100}$

$= 134 \ (\text{kg.m}^3)$

계량 잔골재량 = 시방배합에서 단위 잔골재량 + 단위 잔골재량

$\times \dfrac{\text{표면수율}(\%)}{100}$

$= 834 + 834 \times \dfrac{5.0}{100}$

$= 876 \ (\text{kg/m}^3)$

계량 굵은 골재량 = 시방배합에서 단위 굵은 골재량 + 단위 굵은 골재량

$\times \dfrac{\text{표면수율}(\%)}{100}$

$= 921 + 921 \times \dfrac{5.0}{100} = 926 \ (\text{kg/m}^3)$

또한 시멘트량은 골재의 표면수와는 관계가 없으므로 시방배합 값과 같은 327 kg/m³이다.

정답 (1)

─[문제 11]──────────────────────────
콘크리트의 슬럼프 플로우 시험방법의 규정에 관한 다음의 기술 중 틀린 것은 어느 것인가?
(1) 시료가 슬럼프 콘과 함께 들려져 낙하할 우려가 있는 경우에는 10초에서 천천히 끌어올린다.
(2) 슬럼프 콘을 끌어올린 후 슬럼프 콘의 내면에 다량의 시료가 부착되어 있는 경우에는 이것을 시료의 중심부에 가만히 떨어뜨린다.
(3) 슬럼프 플로우는 확대가 최대로 생각되는 직경과 최소로 생각도는 직경과의 평균으로 한다.
(4) 50 cm 플로우 도달시간은 슬럼프 콘의 끌어올림 개시시간부터 확대가 평판으로 그려진 직경 50 cm의 원에 최초로 도달하기까지의 시간으로 한다.

◉ 해설과 해답   〈☞정선문제 항목 Ⅲ.5〉

슬럼프 플로우는 콘크리트의 움직임이 멈춘 후 확대가 최대로 생각되는 직경과 직교하는 방향의 직경을 측정하고, 양직경의 평균을 0.5 cm 단위로 둥글게 한 것이다. 최대치와 최소치의 평균값은 아니다. 따라서, (3)의 설문 기술은 틀린 것이다. 슬럼프 콘을 끌어올리는 시간은 슬럼프 시험과 똑같이 높이 30 cm에서 2~3초로 하지만, 시료가 슬럼프 콘과 함께 들려져 낙하할 우려가 있는 경우에는 10초동안 천천히 끌어올리게 되어 있다. (1)의 기술은 맞다. 또 (2) 및 (4)의 기술도 맞다.

정답 (3)

[문제 12]

콘크리트의 블리딩에 관한 다음의 일반적인 기술 중 부적당한 것은 어느 것인가?

(1) 무근 콘크리트보다도 AE 콘크리트 쪽이 블리딩이 적다.
(2) 잔골재율이 작은 콘크리트 쪽이 블리딩이 적다.
(3) 단위 수량이 적은 콘크리트 쪽이 블리딩이 적다.
(4) 물 시멘트비가 작은 콘크리트 쪽이 블리딩이 적다.

◉ 해설과 해답　　　　　　　　　　　　　　　〈☞정선문제　항목 Ⅲ.3〉

(1) AE 콘크리트로 하면 무근 콘크리트보다도 단위 수량을 감소할 수 있는 외에 AE제로 인해 연행되는 연행 공기(entrained air) 주위로 구속되는 물이 있기 때문에 블리딩은 적게 된다.
(2) 같은 절대용적이라면 굵은 골재에 비해 잔골재 쪽의 표면적이 크다. 골재의 표면에는 약한 힘으로 구속되는 물이 있어서 잔골재율이 큰 쪽이 골재 전체의 표면적이 증가되어 블리딩은 적어진다. 따라서 설문의 기술은 부적당하다.
(3) 단위 수량을 적게 하면 블리딩수로 분리되는 물의 양이 감소한다.
(4) 시멘트 입자 표면에는 구속되는 물이 있어서 물 시멘트비를 작게 하면 블리딩은 적어진다.

정선문제 메모 Ⅲ ② 참조.

정답 (2)

[문제 13]

콘크리트의 응결 성상에 관한 다음의 일반적인 기술 중 틀린 것은 어느 것인가?

(1) 조강 포틀랜드 시멘트를 사용한 콘크리트의 응결은 보통 포틀랜드 시멘트를 사용한 것보다 빠르다.

(2) 바다모래에 함유되어 있는 염분은 응결을 촉진시키고, 산모래에 함유되어 있는 부식토 등의 유기물은 응결을 지연시킨다.
(3) 지연형의 AE 감수제를 사용한 콘크리트의 강도 발현은 지연되지만, 응결은 지연되지 않는다.
(4) 콘크리트의 응결은 기온이 높고 습도가 낮을수록 빨라진다.

◉ **해설과 해답** 〈☞정선문제 항목 Ⅲ.4〉

(1) 조강 시멘트나 초조강 시멘트를 사용하면 보통 시멘트를 사용한 경우보다 응결은 빨라진다.
(2) 염분(Cl^- 이온)에는 시멘트의 수화반응을 촉진하는 작용이 있어서 강도 발현을 촉진시키거나 응결을 약간 빠르게 하는 작용이 있다. 유기 불순물에는 시멘트의 수화반응을 저해하는 작용이 있어서 응결을 지연시킨다.
(3) 지연형의 AE 감수제나 지연제는 응결을 지연시킬 목적으로 사용하는 것이며, 강도 발현을 지연시킬 목적에 사용하는 것은 아니지만, 콘크리트 온도 등의 조건이 동일하면 대부분의 경우 강도 발현도 약간 늦어진다. 따라서, 설문 기술은 틀린다.
(4) 기온이 높을수록 시멘트의 수화반응은 활발해 진다. 또 습도가 낮으면 응결이 빨라지는 경우는 있어도 지연되는 경우는 없다.
정선문제 메모 Ⅲ ③ 참조.

정답 (3)

[문제 14]

재료의 계량오차에 관한 다음의 기술 중 레디 믹스트 콘크리트의 규정에 대조하여 틀린 것은 어느 것인가?
(1) 고로 슬래그 미분말의 계량오차는 1회 계량 분량에 대해 ±1% 이내이다.
(2) 플라이애시의 계량오차는 1회 계량 분량에 대해 ±2% 이내이다.

(3) 팽창재의 계량오차는 1회 계량 분량에 대해 ±2% 이내이다.
(4) 잔골재와 굵은 골재를 누가계량하는 경우의 계량오차는 각 골재의 계량오차의 2배에 해당하는 ±6% 이내이다.

● **해설과 해답** 〈☞정선문제 항목 V.2〉

재료의 계량에 관한 문제이고, 레디 믹스트 콘크리트를 기억하고 있으면 용이하게 해답할 수 있다.

(1) 일반 혼화재의 계량오차는 ±2%이지만 고로 슬래그 미분말은 시멘트의 일부로서 사용할 수 있으므로 시멘트의 계량오차와 마찬가지로 ±1%로 하도록 추가 명시되어 있다.
(2) 플라이애시의 계량오차는 일반 혼화재와 마찬가지로 ±2%이다.
(3) 팽창재의 계량오차도 일반 혼화재와 마찬가지로 ±2%이다.
(4) 골재의 계량오차는 ±3%로 정해져 있으므로 잔골재와 굵은 골재를 각각 계량하거나 누가계량하든지 계량오차는 ±3%이다. 따라서, 누가계량하는 경우의 계량오차를 2배의 ±6%로 하는 것은 틀린다.

정답 (4)

[문제 15]

압축강도가 20~40 N/mm²인 콘크리트의 역학적 성질에 관한 다음의 일반적인 기술 중 틀린 것은 어느 것인가?
(1) 압축강도시의 변형은 $300 \sim 600 \times 10^{-6}$ 정도이다.
(2) 인장강도시의 변형은 $100 \sim 200 \times 10^{-6}$ 정도이다.
(3) 영계수는 $20 \sim 30 \, kN/mm^2$ 정도이다.
(4) 포와송 수는 5~7 정도이다.

● **해설과 해답** 〈☞정선문제 항목 Ⅳ.A.2〉

일반 콘크리트의 응력-변형도 곡선의 개념도를 그림 15.1에 나타낸다.

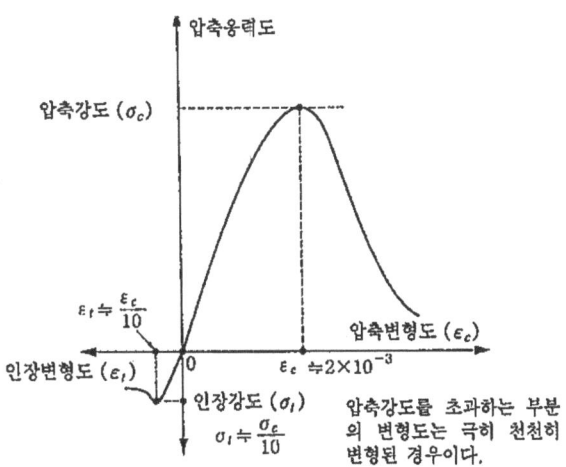

그림 15.1 콘크리트의 응력-변형도 곡선개념도

(1) 그림 15.1에서 압축강도시의 변형도는 2×10^{-3}, 즉 2000×10^{-6} 정도이다. 설문의 숫자는 극히 작으므로 틀린다.
(2) 그림 15.1에서 인장강도시의 변형도는 $0.1 \times 2 \times 10^{-3}$, 즉 200×10^{-6} 정도이다.
(3) 영 계수는 정탄성계수라고도 한다. 콘크리트의 경우, 압축강도의 1/3 시점에서 비례선탄성계수가 일반적으로 구조계산에 사용되고 있다. 압축강도 $24\ N/mm^2$의 경우 $25\ kN/mm^2$, $40\ N/mm^2$의 경우 $31\ kN/mm^2$를 부정정력이나 탄성변형 계산용의 영 계수로 되어 있다.
(4) 포와송 수란 포와송비의 역수이다. 물체에 축방향의 힘을 가하면 그 방향의 종 변형과 함께 직각방향의 횡 변형이 생긴다. 종 변형을 횡 변형으로 나눈 값이 포와송 수이다. 포와송 수는 응력도의 크기로 변화하지만, 허용응력도 부근까지는 5~7 정도이다.

정답 (1)

― [문제 16] ―
콘크리트의 건조수축에 관한 다음의 일반적인 기술 중 부적당한 것은 어느 것인가?
(1) 건조수축량은 단위 굵은 골재량이 많을수록 작아진다.
(2) 건조수축량은 단위 수량보다 영향을 현저하게 받는다.
(3) 건조수축량은 부재의 단면치수가 클수록 작아진다.
(4) 건조에 의한 변형이 구속되면 균열이 발생한다.

⊙ **해설과 해답** 〈☞정선문제 항목 Ⅳ.B〉

(1) 콘크리트 건조수축의 주요한 원인은 시멘트풀 경화체의 건조수축이다. 일반 골재는 시멘트풀보다 영 계수가 크게 변형되기 어렵고, 건조에 의해 수축하는 것도 적다. 따라서, 단위 굵은 골재량이 많다는 것은 건조 수축을 저해하는 재료가 많다는 것이며, 건조수축량은 작아진다.

(2) 콘크리트 건조수축의 주요한 원인은 시멘트풀 경화체의 건조수축이지만, 그림 16.1에 나타낸 것처럼 단위 수량의 영향이 크다. 동일 단위 수량의 것으로 단위 시멘트량을 크게 하면 건조수축은 약간 커진다. 이것은 시멘트풀량이 증대하는 것으로 변형되기 쉽게 되지만, 물 시멘트비가 작아져 강도가 커지기 위해 변형을 억제하기 때문이다. 따라서, 설문의 기술은 부적당하다.

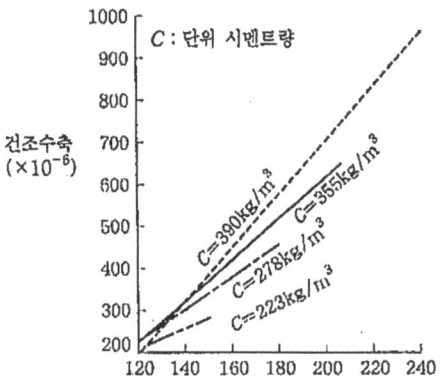

그림 16.1 단위 수량과 건조수축과의 관계

(3) 부재의 단면이 크다고 하는 것은 체적당의 표면적이 작아진다. 또 내부에서 표면까지의 거리가 크기 때문에 수분의 이동거리가 길어져 결과적으로 수분의 빠져나감이 적어진다. 따라서, 수분의 빠져나감이 주요 원인인 건조수축은 작아진다.

(4) 건조에 의한 변형이란 줄어드는 것이다. 이 줄어듦을 구속하면 부재에는 인장응력이 생긴다. 이때 발생된 인장응력이 콘크리트 자체가 가지고 있는 인장강도보다 크면 파단, 즉 균열로 된다.

정답 (2)

[문제 17]

콘크리트의 내구성에 관한 다음의 일반적인 기술 중 부적당한 것은 어느 것인가?

(1) 콘크리트의 내동해성은 기포 간격계수가 작을수록 증대한다.
(2) 경량 콘크리트의 내동해성을 확보하기 위해서는 골재를 기건상태로 사용하는 것이 좋다.
(3) 콘크리트의 중성화 깊이는 재령에 정비례해 커진다.
(4) 콘크리트의 중성화 속도는 온도가 높을수록 빨라진다.

◉ **해설과 해답** 〈☞정선문제 항목 Ⅳ.C.1〉

(1) 콘크리트 속에 기포가 분포하면 모세간극 속의 물이 동결될 때에 팽창압이 완화되기 때문에 동결 융해작용에 대한 저항성이 커진다. 기포 간격계수는 기포의 평균간격을 나타내고, 일반적으로는 기포 간격계수가 $200\mu m$보다 작으면 콘크리트의 내동해성은 향상된다.

(2) 흡수량이 많은 골재나 벽개성(劈開性)을 가진 골재를 이용하면 동결시에 골재 자체가 파괴되는 것도 있어 콘크리트의 동결 융해 저항성은 저하한다. 경량 골재는 흡수량이 크고 강도가 작기 때문에 골재의 함수상태가 경량 콘크리트의 동결 융해 저항성에 현저한 영향을 주므로, 경량 골재를 기건상태나 절건상태에서 사용하면 경량 콘크리트의 내동해성이 향상된다.

(3) 콘크리트가 탄산가스와 반응해 알칼리가 저하하는 것(탄산화)을 일반적으로는 중성화라고 한다. 대기 중의 탄산가스가 콘크리트 속으로 확산되는 것에 따라 표면에서 내부로 중성화가 진행되어 그 빠름은 대개 경과시간의 제곱근에 비례한다. 따라서, 설문의 기술은 부적당하다.
(4) 중성화는 시멘트의 수화생성물인 수산화칼슘($Ca(OH)_2$)와 탄산가스(CO_2)와의 화학반응으로, 온도가 높으면 중성화 속도가 빨라진다

정답 (3)

[문제 18]

콘크리트 속의 철근 부식에 관한 다음의 일반적인 기술 중 적당한 것은 어느 것인가?
(1) 염화물 이온 농도가 높은 콘크리트 속의 철근에는 공식(孔食)이 발생되기 쉽다.
(2) 철근의 부식이 질량으로 10% 정도이면, 콘크리트에 균열이 발생할 가능성이 적다.
(3) 철근이 아연과 접촉되면 철근의 부식은 현저해진다.
(4) 연직방향으로 배치된 철근은 수평방향으로 배치된 철근보다 부식되기 쉽다.

◉ 해설과 해답

콘크리트는 일반적으로 건조상태에서는 대부분 전기를 통하는 것은 없지만, 염화물 이온농도가 높으면 콘크리트의 전기 도전성이 증가하고, 또 철근 표면의 부동태 피막도 파괴되면 철근이 녹슬기 쉽다. 철근이 녹슬면 산화철의 조성이 달라져 그 체적이 약 2.2~6배로 팽창되어 콘크리트에 높은 압력이 작용되며, 콘크리트에 균열이 생기게 된다.

(1) 염화물 이온농도가 높은 콘크리트 속의 철근에는 공식(금속 표면에 작은 구멍이 생기고, 내부에 부식이 진행하는 것)이 발생되기 쉽다. 설문의 기술은 적당하다.
(2) 녹으로 인한 철근의 팽창은 주위의 콘크리트를 압박하여 콘크리트에 균열

을 일으킨다. 콘크리트의 피복 두께, 철근지름이나 형상 등에 따라 균열이 발생하는 정도가 다르다. 「철근의 부식이 질량으로 10% 정도라면 콘크리트에 균열이 발생할 가능성은 적다」라고 말하기는 어렵다.
(3) 이온화 경향은 철보다 아연 쪽이 크고, 아연이 부식하는 것에 따라서 철의 부식을 방호한다.
(4) 콘크리트의 블리딩으로 인해 수평방향으로 배치된 철근의 하단은 공동이 생기기 쉽다. 이 부위는 조건에 따라서 철근이 부식되기 쉽다.

정답 (1)

[문제 19]

콘크리트의 수밀성에 관한 다음의 일반적인 기술 중 부적당한 것은 어느 것인가?
(1) 물 시멘트비가 커지면 투수계수는 증대한다.
(2) 굵은 골재의 최대치수를 크게 하면 투수계수는 증대한다.
(3) 고로 슬래그 미분말을 첨가하면 수밀성은 향상한다.
(4) AE 콘크리트의 수밀성은 무근 콘크리트보다 낮다.

◉ 해설과 해답 〈☞정선문제 항목 Ⅳ.C.5〉

(1) 물 시멘트비가 큰 콘크리트에서는 경화체 조직이 치밀하지 않아 재료분리 등으로 인한 내부결함이 발생되기 쉽기 때문에 투수계수는 증대한다. 또한 수밀성이 요구되는 구조물에 대해서 콘크리트의 물 시멘트(결합재)비는 시방서에 55% 이하로 규정되어 있다.
(2) 굵은 골재의 최대치수가 크면 블리딩으로 인해 생기는 골재 아랫면의 틈새가 커져서 콘크리트의 투수계수를 증대시키는 원인이 된다.
(3) 고로 슬래그 미분말은 그 수경성 반응에 따라 생성물이 시멘트풀 경화체를 보다 치밀한 조직으로 하기 때문에 콘크리트의 수밀성 향상에 매우 유효하다. 또한 플라이애시나 실리카 흄 등 활성이 있는 광물질 미분말의 첨가도

수밀성 개선에 유효하다.
(4) AE제, AE 감수제 및 고성능 AE 감수제의 첨가에 따라 굳지 않은 콘크리트의 워커빌리티가 향상되어 치밀한 콘크리트를 시공할 수 있으므로 수밀성은 향상한다. 연행된 공기포는 독립되어 분포하므로 수밀성에 악영향을 미치지는 않는다. 따라서, 일반적으로 AE 콘크리트가 무근 콘크리트보다 수밀성이 우수하다. 설문의 기술은 부적당하다.

정답 (4)

[문제 20]

화재를 입은 콘크리트의 성상에 관한 다음의 일반적인 기술 중 부적당한 것은 어느 것인가?
(1) 화재를 입은 콘크리트의 강도가 저하하는 것은 주로 시멘트 수화물이 열로 인해 분해하기 때문이다.
(2) 화재를 입은 후 콘크리트의 영 계수는 1년 정도 경과되면 본래로 회복한다.
(3) 콘크리트가 고강도일수록 폭렬하기 쉽다.
(4) 석회석을 골재로 사용한 콘크리트는 강도가 저하되기 쉽다.

◉ 해설과 해답

(1) 콘크리트가 화재를 입으면 가열로 인해 시멘트 경화물이 탈수·분해되고, 동시에 시멘트 경화물과 골재의 팽창수축 거동의 차이로 인해 내부 조직의 파괴가 발생되어 압축강도가 저하된다.
(2) 화재를 입은 콘크리트의 압축강도나 영 계수는 가열온도가 500℃ 정도라면 화재 후 1년 정도의 시간이 경과되면 회복한다. 그러나 영 계수는 압축 강도에 비하면 열에 의한 저하가 현저해 그 후의 회복량도 작다. 실험에 의하면, 1년에 회복되는 것은 200℃로 가열된 것은 90% 정도, 500℃가 넘게 가열된 것은 50% 정도 밖에 안된다. 따라서, 설문의 기술은 부적당하다.
(3) 콘크리트가 가열되면 틈새 속에서 자유수가 수증기가 되어 팽창압으로 인

해 폭렬한다. 콘크리트가 고강도일수록 조직이 치밀하게 되어 수증기가 빠져나가기 어려워서 폭렬되기 쉽다.

(4) 석회석($CaCO_3$)을 골재로 사용하면 화재에 의한 고열로 인해 석회석이 500℃를 초과할 때부터 분해되어 CO_2를 방출하면서 800~900℃에서 붕괴되어 콘크리트의 압축강도가 저하한다.

정답 (2)

[문제 21]

아래 표는 믹서로 반죽된 콘크리트 속의 모르타르 차이 및 굵은 골재량의 차이 시험방법에 따라서 4가지 반죽 방법 a, b, c 및 d로 실시한 시험 결과이다. 레디 믹스트 콘크리트의 규정에 대조하여 콘크리트가 균등하게 반죽되었다고 판단되는 반죽방법은 몇 가지인가?

반죽 방법	콘크리트 속의 모르타르 단위 용적 질량의 차이 (%)	콘크리트 속의 단위 굵은 골재량의 차 (%)
a	0.30	7.3
b	0.78	5.4
c	0.54	3.2
d	0.99	2.5

(1) 1가지
(2) 2가지
(3) 3가지
(4) 없음

◉ 해설과 해답　　　　　　　　　　　　　　　　　〈☞정선문제 항목 V.2〉

레디 믹스트 콘크리트에서 믹서는 반죽 성능시험에 의해 시험된 값이 다음의 값 이하이면 콘크리트를 균등하게 반죽하는 성능을 갖는다고 주기가 되어 있다.
① 콘크리트 속의 모르타르 단위 용적 질량 차이·········0.8%
② 콘크리트 속의 단위 굵은 골재량의 차이·········5%

반죽방법 a, b, c, d의 시험결과를 이 규정에 대조해 보면 a는 양쪽, b는 ②, d는 ①의 조건을 만족시키지 않고, c만이 양쪽 조건을 만족시키고 있다. 따라서 1가지인 (1)이 맞는 답이다.

정답 (1)

[문제 22]

레디 믹스트 콘크리트에서 규정하는 제품을 호칭방법 「보통 24 12 20 L」의 콘크리트에 관한 다음의 기술 중 틀린 것은 어느 것인가?

단, 공기량에 대해서 구입자의 지정은 없는 것으로 한다.

(1) 시멘트는 보통 포틀랜드 시멘트이다.
(2) 굵은 골재의 최대치수는 20 mm이다.
(3) 하역시에 슬럼프의 허용범위는 9.5 cm 이상, 14.5 cm 이하이다.
(4) 하역시에 공기량의 허용범위는 3.0% 이상, 6.0% 이하이다.

◉ 해설과 해답 ⟨☞정선문제 항목 V.1⟩

레디 믹스트 콘크리트에서는 제품의 호칭방법은 콘크리트의 종류에 따라 기호, 호칭강도, 슬럼프, 골재의 최대치수, 시멘트의 종류에 따라 기호 순서로 기재하도록 정해져 있다. 이 문제의 기호 「보통 24 12 20 L」은 보통 콘크리트, 호칭강도가 24, 슬럼프가 12 cm, 굵은 골재의 최대치수가 20 mm이고, L은 저열 포틀랜드 시멘트가 사용되는 것을 나타내고 있다. 각 설문을 검토하면 된다.

(1) 보통 포틀랜드 시멘트의 기호는 N이기 때문에 이 설문은 틀린다.
(2) 굵은 골재의 최대치수는 20 mm가 좋다.
(3) 슬럼프 12 cm의 허용차는 ±2.5cm이므로 허용범위는 9.5 cm 이상, 14.5 cm 이하이면 된다.
(4) 공기량은 특히 구입자의 지정이 없는 경우는 4.5%, 허용차는 ±1.5%이며, 허용범위는 3.0% 이상, 6.0% 이하로 하면 된다.

정답 (1)

─[문제 23]─────────────────────────────────
레디 믹스트 콘크리트에 관한 다음의 기술 중 레디 믹스트 콘크리트의 규정에 대조하여 틀린 것은 어느 것인가?

(1) 알칼리 골재반응 억제효과를 가진 고로 시멘트 B종을 사용하면, 생산자는 알칼리 실리카 반응성에 의한 구분 B의 골재를 사용할 수 있다.
(2) 소요의 내구성을 확보하기 위해서 구입자에 의해 콘크리트의 물 시멘트비가 지정된 경우는, 생산자는 강도의 검사를 생략할 수 있다.
(3) 구입자의 승인을 얻으면, 생산자는 콘크리트의 염화물 함유량을 염화물 이온(Cl^-)량으로서 $0.60\,kg/m^3$ 이하로 할 수 있다.
(4) 건조수축 균열의 발생을 억제하기 위해서 구입자는 단위 수량의 상한값을 지정할 수 있다.

◉ 해설과 해답　　　　　　　　　　　　　〈☞정선문제　항목 V.1〉

레디 믹스트 콘크리트를 바르게 이해하고 있으면 쉽게 해답할 수 있는 문제이다.

(1) 알칼리 골재반응 억제효과를 가진 혼합시멘트(B종 혹은 C종)의 사용을 정한 것이며, 고로 시멘트 B종을 사용하면 알칼리 실리카 반응에 의한 구분 B의 골재에서도 사용할 수 있다.
(2) 구입자는 필요에 따라서 물 시멘트비의 상한치*를 지정할 수 있지만, 발주에는 호칭강도의 지정이 불가결하다. 그 경우, 강도상으로 정해진 배합의 물 시멘트비가 지정된 물 시멘트비의 상한치를 웃도는 경우에는 구입자는 물 시멘트비의 상한치를 만족시키는 호칭강도를 지정하고, 그 호칭강도에 대해서 검사를 실시하게 된다. 따라서, 강도 검사를 생략할 수 있다고 한 이 설문은 틀린다.

※ 지정할 수 있는 것은 물 시멘트비의 값이 아니고 물 시멘트비의 상한치이다.

(3) 콘크리트의 염화물 함유량은 염화물 이온(Cl^-)량으로서 $0.30\,kg/m^3$ 이하로 규정되어 있지만, 구입자의 승인을 받은 경우에는 $0.60\,kg/m^3$ 이하로 하는 것이 인정되고 있다.

(4) 최근, 건조수축 균열의 발생 억제나 내구성 향상을 위해 단위 수량이 규정되어 있다. 그래서, 레디 믹스트 콘크리트의 지정사항에 단위 수량의 상한치도 설정되어 있다.

정답 (2)

[문제 24]

콘크리트를 펌프압송할 때의 토출량과 관내 압력손실 관계를 모식적으로 나타낸 아래 그림의 공란 a, b, c 및 d에 들어가는 숫자를 조합시키기에 적당한 것은 어느 것인가?

	a	b	c	d
(1)	100	150	8	12
(2)	100	150	12	8
(3)	150	100	8	12
(4)	150	100	12	8

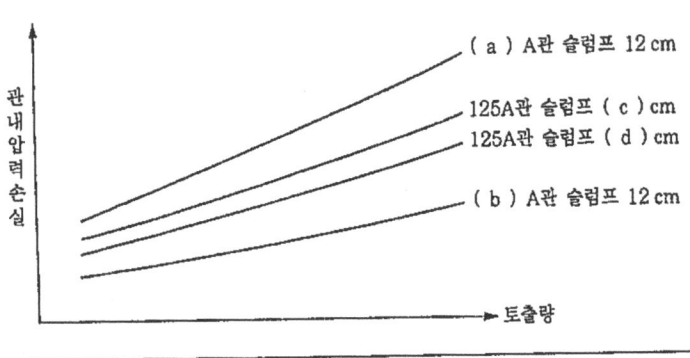

● 해설과 해답   〈☞정선문제 항목 Ⅵ.1〉

수송관의 관내 압력손실은 콘크리트의 토출량이 늘어남에 따라서 커지는데, 그 비율은 일반적으로 수송관의 지름이 가늘고, 슬럼프가 작아짐에 따라서 증대한다.

이 그림에서 슬럼프 12 cm의 경우를 비교하면, a쪽이 b보다 압력손실이 크므로 a가 100A관, b가 150A관이 된다. 또 125A관에 대해서 보면, c쪽이 d보다 압력손실이 크므로 c의 슬럼프가 8 cm, d의 슬럼프가 12 cm가 된다. 이러한 것으로 보면 (1)이 적당한 것이 된다.

정답 (1)

[문제 25]

콘크리트 운반에 관한 다음의 일반적인 기술 중 적당한 것은 어느 것인가?
(1) 레디 믹스트 콘크리트에서는 바깥기온이 25℃ 이하인 경우, 반죽 개시에서부터 하역까지 운반시간의 한도를 120분으로 규정되어 있다.
(2) 슬럼프 6.5 cm의 포장 콘크리트를 운반하는 경우, 덤프 트럭을 사용하도록 규정되어 있다.
(3) 콘크리트를 버킷에 받아서 크레인으로 운반하는 방법은, 콘크리트에 진동을 적게 주어 재료분리가 생기기 어렵게 한다.
(4) 경사 슈트는 수직 슈트보다 콘크리트의 재료분리가 생기기 어렵다.

◉ 해설과 해답   〈☞정선문제 항목 I.1〉

레디 믹스트 콘크리트 운반과 공사현장에서 운반에 의한 콘크리트 분리에 대한 문제이다.

(1) 레디 믹스트 콘크리트에서는 반죽 개시부터 운반 종료까지의 시간을 1.5시간 이내로 규정하고, 바깥기온에 대해서는 기재되어 있지 않으므로 설문은 적당하다고 할 수 없다. 단, 구입자와의 협의에 따라 운반시간의 한도를 변경할 수 있으므로 기온이 낮은 경우에 운반시간의 한도를 다소 연장하는 것도 가능하다.

(2) 레디 믹스트 콘크리트에서는 슬럼프가 2.5 cm의 포장 콘크리트에 한해 덤프 트럭을 사용할 수 있다고 규정되어 있다. 슬럼프 6.5 cm는 덤프 트럭으로 운반하기에는 너무 크다.

(3) 콘크리트의 재료분리가 적은 운반방법으로서 버킷(bucket)에 의한 운반방법이 가장 바람직하므로 이 설문이 적당하다고 할 수 있다.

(4) 경사 슈트는 슈트의 기울기가 낮으면 골재와 시멘트풀이 분리되기 쉬우므로 수직 슈트 쪽이 바람직하다. 부득이 경사 슈트를 사용하는 경우는 경사 각도를 30도 이상으로 한다.

정답 (3)

[문제 26]

콘크리트의 타설, 이어붓기 및 다짐에 관한 다음의 일반적인 기술 중 적당한 것은 어느 것인가?
(1) 타설 효율을 높이기 위해 봉형 진동기를 사용한 콘크리트를 옆으로 이동시키면서 빨리 타설했다.
(2) 다짐 효율을 높이기 위해 봉형 진동기를 철근에 밀어붙이면서 콘크리트를 다짐했다.
(3) 콜드 조인트를 방지하기 위해 지연형의 AE 감수제를 사용하여 겹쳐치기의 허용시간 간격을 길게 했다.
(4) 이어붓기의 일체화를 꾀하기 위해 구콘크리트의 표면에 5 mm 정도의 물을 뿌린 상태에서 신콘크리트를 타설했다.

⊙ **해설과 해답** 〈☞정선문제 항목 Ⅵ.2〉

(1) 내부 진동기를 사용한 다짐에서는 거푸집 안으로 운반된 콘크리트를 그 위치에서 거푸집 속을 충전시키기 위해 사용하는 것으로서, 옆으로 이동시켜 내부 진동기를 사용해서는 안 된다. 옆으로 이동되면 콘크리트는 재료 분리한다.

(2) 거푸집 안에 조립된 철근은 소정의 피복 두께를 확보하도록 설치되고 있지만, 반드시 강고하게 고정되지는 않고 임시 유치된 상태이다. 따라서 내부 진동기를 직접 철근에 접촉시키면, 진동력으로 인해 철근의 위치가 움직이게 되어 피복이나 주철근의 유효높이, 띠철근(stirrup)의 철근간격이 설계 도면대로 되지 않을 우려가 있다.

(3) 콜드 조인트는 허용 중복 타설 시간을 초과하여 신콘크리트를 타설함으로써 발생한다. 중복 타설 시간 간격 안에 신속하게 타설하도록 작업순서를 연구하든지, 중복 타설 시간 간격을 연장하도록 콘크리트의 품질을 바꾸는 것으로 콜드 조인트의 발생을 피할 수 있다. 따라서 지연형 AE 감수제를 사용해 중복 타설 시간 간격을 길게 하는 것은 적당하다. 기술한 대로이다.
(4) 구콘크리트에 계속 신콘크리트를 이어붓기 할 때는 구콘크리트 표면의 레이턴스, 품질이 나쁜 부분의 콘크리트나 느슨해진 골재 등을 제거하는 것이 중요하다. 또 구콘크리트의 표면이 건조되어 있는 경우는 흡수된 시멘트풀을 도포하거나 모르타르를 깔고 나서 신콘크리트를 타설하는 것이 바람직하다. 따라서 구콘크리트에 물을 뿌리는 것은 부적당하다.

정답 (3)

[문제 27]

콘크리트의 양생에 관한 다음의 일반적인 기술 중 적당한 것은 어느 것인가?
(1) 저열 포틀랜드 시멘트를 사용한 콘크리트의 습윤 양생을 보통 포틀랜드 시멘트를 사용한 콘크리트에 필요한 일수(日數)와 같이 했다.
(2) 서중 콘크리트는 강도발현이 빠르므로 타설한 다음날 습윤 양생을 중단했다.
(3) 매스 콘크리트의 온도상승을 가능한 작게 하기 위해 부재 내부가 최고온도에 달하기 전에 거푸집을 해체했다.
(4) 구조물이 보통의 노출상태로 되는 한중 콘크리트공사에서는 현장 수중 양생 공시체의 압축강도는 $5\,N/mm^2$에 달하므로 초기양생을 중단했다.

⊙ **해설과 해답** 〈☞정선문제 항목 Ⅵ.3〉

(1) 저열 포틀랜드 시멘트를 사용한 콘크리트의 강도 발현은 보통 포틀랜드시멘트의 경우보다 늦다. 따라서 습윤 양생기간은 2~3일 정도 연장할 필요가 있다.
(2) 습윤 양생기간은 한중 콘크리트 등 양생온도가 낮은 경우에 연장하는 경우

는 있지만, 서중 콘크리트에 대해 단축되어서는 안 된다.

(3) 매스 콘크리트에 한정되지 않고 거푸집의 해체 시기는 필요한 강도가 발현할 시기에 따라서 정할 수 있으며, 콘크리트 온도는 아니다. 매스 콘크리트의 온도상승을 억제하기 위해 거푸집의 해체 시기를 앞당기는 것은 있을 수 없다.

(4) 심한 기상조건을 받는 콘크리트의 양생 종료시 소요 압축강도의 표준으로서 단면두께에 관계없이 구조물의 노출상태가 보통인 경우는 $5\,\text{N/mm}^2$ 이상으로 되어 있다. 따라서 한중 콘크리트일지라도 $5\,\text{N/mm}^2$에 달하면 초기양생을 중단해도 된다. 한중 콘크리트의 초기양생 기간으로서 타설된 콘크리트에 압축강도 $5.0\,\text{N/mm}^2$가 얻어질 때로 정해져 있다. 압축강도를 관리하는 원주 공시체를 구조물에 타설된 콘크리트와 같은 상태로 양생된 콘크리트 공시체로 정해져 있다. 따라서, 설문의 기술은 적당하다.

정답 (4)

[문제 28]

온도가 20℃인 콘크리트를 높이 6 m의 기둥에 치올리는 속도 $R=6\,\text{m/h}$로 타설하는 경우, 거푸집의 최하부에 작용하는 설계용의 측압 P의 값으로서 적당한 것은 어느 것인가?

단, 측압의 산정에는 아래의 2가지 식에서 산정되는 값의 작은 쪽을 채용한다.

$$P = 7.8 \times 10^{-3} + \frac{0.78R}{T+20} \leq 0.15\,(\text{N/mm}^2)$$

$$P = 2.4 \times 10^{-2} H\,(\text{N/mm}^2)$$

여기서, P : 측압(N/mm²)

R : 치올리는 속도(m/h)

T : 거푸집 안의 콘크리트 온도(℃)

H : 고려한 점보다 위의 굳지 않은 콘크리트 높이(m)

(1) 0.150 N/mm²
(2) 0.144 N/mm²
(3) 0.125 N/mm²
(4) 0.117 N/mm²

◉ 해설과 해답　　　　　　　　　　　　　　〈☞정선문제　항목 Ⅵ.4〉

문제에 기록되어 있는 식은 시방서「콘크리트의 측압」에 규정되어 있는 것으로,「보통 포틀랜드 시멘트를 사용하고, 단위 용적 질량 2.40 t/m³, 슬럼프 10 cm 이하의 콘크리트를 내부 진동기를 사용해 타설할 경우의 측압 산정」에 사용되는 식이다.

2개의 식 중 윗 식을 ①, 아래 식을 ②로 한다. 문제의 조건에서 $T=20℃$, $R=6 m/h$를 ①식의 좌변에 대입하면 $P=0.125 N/mm^2$는 $0.15 N/mm^2$ 이하이기 때문에 ①식에서 구하는 측압은 $P=0.125 N/mm^2$이 된다. 거푸집의 최하부에 작용하는 측압을 구하는 것이므로 ②식에서「고려하는 점보다 위의 굳지 않은 콘크리트의 높이」H를 6 m로 대입하면, ②식에서 구하는 측압은, $P=0.144 N/mm^2$이 된다. 2개의 식에서 산정된 측압은 작은 쪽의 값을 채용하기 때문에 설계용의 측압은 $P=0.125 N/mm^2$이 된다.

정답 (3)

[문제 29]

아래 그림의 기둥과 벽으로 된 콘크리트 시험체의 위치 A, B, C 및 D에서 채취된 코어에 관한 다음의 기술 중 부적당한 것은 어느 것인가?

단, 이 시험체는 건물 내에서 제작되고, 콘크리트의 타설은 연속으로 한다. 재령 3일에 거푸집을 떼어낸 후 습윤 양생은 하지 않았다.

(1) A 코어와 B 코어에서의 압축강도는 B 코어 쪽이 크다.
(2) A 코어와 C 코어에서의 압축강도는 A 코어 쪽이 크다.
(3) B 코어와 D 코어에서의 영 계수는 D 코어 쪽이 크다.

(4) B 코어와 C 코어에서의 기건 단위 용적 질량은 B 코어 쪽이 크다.

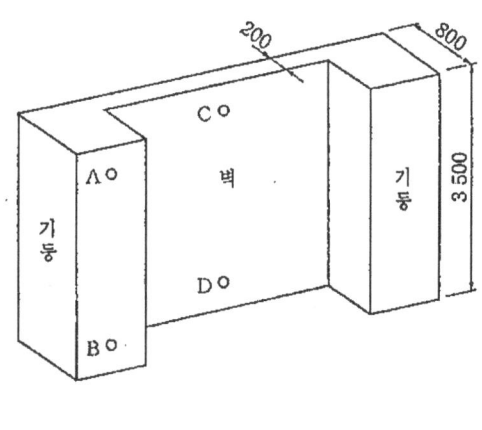

(단위 : mm)

⊙ **해설과 해답** 〈☞정선문제 항목 Ⅳ.A.1〉

콘크리트의 블리딩 영향으로 콘크리트 시험체의 상부는 하부보다 수량이 큰 것, 진동 다짐으로 공기가 상부로 가기 쉬운 것, 콘크리트 시험체의 하부는 상부에서 침하된 굵은 골재 비율이 큰 것, 단면이 두꺼운 기둥보다 단면이 얇은 벽 쪽이 굵은 골재가 분리되기 쉬운 것 등을 생각해서 풀면 된다.

(1) 블리딩의 영향으로 인해 콘크리트 시험체의 상부는 하부보다 수량이 크기 때문에 압축강도는 B 코어 쪽이 크다.

(2) 단면이 두꺼운 기둥 A보다 단면이 얇은 벽 C쪽이 굵은 골재가 분리되기 쉽고, 또한 건조도 빠르므로 동일 높이에서의 압축강도는 A코어 쪽이 크다.

(3) 단면이 두꺼운 기둥 B보다 단면이 얇은 벽 D 쪽이 굵은 골재가 분리되기 쉽고, 또한 건조도 빨라서 영 계수는 B 코어 쪽이 크다. 설문의 기술은 부적당하다.

(4) 블리딩의 영향으로 콘크리트 시험체의 상부는 하부보다 수량이 큰 것, 단면이 두꺼운 기둥보다 단면이 얇은 벽 쪽이 굵은 골재가 분리되기 쉽기 때문에 단위 용적 질량은 B코어 쪽이 크다.

정답 (3)

─[문제 30]──────────────────────────────
　철근의 가공 및 조립에 관한 다음의 일반적인 기술 중 부적당한 것은 어느 것인가?
　(1) 절곡 안치수(휨내 반경)은 철근의 항복점이 높을수록 크게 한다.
　(2) 철근의 휨 가공은 초기응력이 생기지 않도록 가능한 한 가열해서 하는 것이 좋다.
　(3) 띠철근이나 스터럽의 말단부에는 반드시 훅을 붙여야 한다.
　(4) 철근 간격의 최소치수는 부착을 확보하기 위하여 철근의 지름이 클수록 크게 한다.

◉ 해설과 해답　　　　　　　　　　　　　〈☞정선문제　항목 Ⅵ.5〉
(1) 절곡 안치수에 대해서는 「철근의 가공」에서 기술하였다. 일반적으로 철근의 지름이 클수록 절곡 안치수(휨내 반경)은 커진다. 철근의 종류 중에서 항복점이 클 때 절곡 안치수도 크다.
(2) 철근은 열처리를 하면 강재로서의 성능이 변하므로 철근의 휨 가공은 냉간 가공으로 한다. 설문의 기술은 부적당하다.
(3) 환강, 띠철근이나 스터럽, 기둥 및 보(기초보를 제외) 모서리의 철근, 굴뚝의 철근 말단부에는 훅을 붙인다. 띠철근이나 스터럽은 환강 및 이형철근과 함께 훅을 붙여야 한다.
(4) 철근과 콘크리트의 부착에 의해 응력 전달이 충분하여 콘크리트가 분리하는 일 없이 밀실하게 타설되도록 하기 위해 철근 상호의 간격은 철골재 최대치수의 1.25배 이상 또한 25 mm 이상, 또는 환강에서는 지름, 이형철근에서는 호칭명 수치의 1.5배 이상으로 한다. 설문의 기술은 맞다.

정답 (2)

─[문제 31]──────────────────────────────
한중 콘크리트에 관한 다음의 일반적인 기술 중 부적당한 것은 어느 것인가?

(1) 콘크리트 타설 후 28일까지의 평균기온을 기본으로 하고, 타설시의 일평균 기온을 기본으로 하여 한중 콘크리트의 적용 유무를 정하고 있다.
(2) 콘크리트의 비빔온도를 15℃ 정도로 하기 위해 시멘트를 가열해 사용했다.
(3) 하역시의 콘크리트 온도가 10℃를 밑돌지 않도록 했다.
(4) 타설 후의 콘크리트 온도가 5℃를 밑돌지 않도록 양생했다.

⊙ 해설과 해답 〈☞정선문제 항목 Ⅶ.3〉

(1) 콘크리트 타설에서 28일까지의 바깥기온에 따라 구해진 적산온도가 370°D·D 이하가 되는 기간은 한중 콘크리트를 적용하도록 규정되어 있다. 시방서에서는 타설시의 일평균기온이 4℃ 이하가 되는 것이 예상될 때 한중 콘크리트를 적용하도록 규정되어 있다.
(2) 한중의 시공에서는 비빔온도를 높이기 위해서 물 또는 골재를 가열해 사용하는 경우도 있다. 단, 시멘트를 가열하면 부분적으로 응결이 촉진되어 콘크리트의 품질이 불균일하게 되므로 시멘트는 가열해서는 안된다. 따라서, 설문의 기술은 부적당하다.
(3) 한중 콘크리트에서 저온으로 인한 응결·강도 증진 지연에 대응하기 위해서는 하역시의 온도를 10~20℃로 하여 운반 및 타설 중에 온도가 내려가지 않도록 조치를 취하면 좋다.
(4) 한중 콘크리트의 시공에서는 초기동해를 받을 우려가 없는 강도가 되기까지 타설 후의 콘크리트 온도를 5℃ 이상 유지할 필요가 있으며, 추위가 심한 경우나 부재두께가 얇은 경우 등에는 10℃ 정도로 하는 것이 바람직하다.

정답 (2)

─[문제 32]─
서중 콘크리트에 관한 다음의 일반적인 기술 중 부적당한 것은 어느 것인가?
(1) 슬럼프의 저하를 억제하기 위해 촉진형의 AE 감수제를 사용했다.
(2) 콘크리트의 비빔온도를 내리기 위해 굵은 골재에 물을 뿌렸다.

(3) 공기가 연행되기 어려워서 AE제의 사용량을 늘렸다.
(4) 콜드 조인트의 발생을 방지하기 위해 중복 타설 시간 간격을 짧게 했다.

◉ 해설과 해답 〈☞정선문제 항목 Ⅶ.4〉

(1) 서중 콘크리트 시공에서 슬럼프 저하를 억제하기 위해서는 고성능 AE 감수제나 유동화제를 사용한다. 또 콘크리트의 응결을 지연시키거나 블리딩량을 조정하기 위해서는 AE 감수제 지연형이나 감수제 지연형을 사용하는 것이 유효하다. 온도가 높아 응결이 빨라질 우려가 있는 서중 콘크리트에서 촉진형의 AE 감수제를 사용하는 경우는 없다. 따라서, 설문의 기술은 부적당하다.

(2) 콘크리트의 비빔온도가 높아지면 수송 중에 슬럼프 저하나 공기 저하가 일어나기 쉬워서 시멘트, 골재 및 물은 가능한 한 낮은 온도의 것을 사용한다. 특히, 콘크리트 속에 용적이 차지하는 비율이 큰 굵은 골재에 냉수를 뿌려 차게 해서 사용하는 것은 콘크리트의 비빔온도를 내리는 데에 효과적이다.

(3) 일반적으로 콘크리트 온도가 높아지면 공기가 연행되기 어렵게 된다. 그 때문에 AE제를 늘리든가, 공기량 조정제의 첨가량을 증가시킨 AE 감수제를 사용할 필요가 있다.

(4) 서중 환경에서 콘크리트를 타설하면 수분의 증발로 인해 콘크리트의 응결이 급속으로 진행되어 콜드 조인트가 발생되기 쉽게 된다. 그 때문에 콘크리트의 중복 타설 시간간격은 콘크리트 온도가 25℃ 이상 30℃ 미만인 경우에는 90분을 기준으로 하여 가능한 한 짧게 하는 것이 좋다.

정답 (1)

[문제 33]

매스 콘크리트의 온도 균열 대책에 관한 다음의 일반적인 기술 중 부적당한 것은 어느 것인가?

(1) 타설이 가능한 범위는 가능한 한 슬럼프가 작은 배합의 콘크리트를 사용했다.
(2) 콘크리트의 온도 상승을 억제하기 위해 혼화재로서 플라이애시를 사용했다.
(3) 레디 믹스트 콘크리트의 호칭강도를 보증하는 재령을 28일에서 56일로 변경했다.
(4) 기초 슬래브 위에 만드는 벽상 구조물의 타설 계획에서 1회의 타설 구획을 가능한 한 길게 했다.

◉ **해설과 해답** 〈☞정선문제 항목 Ⅶ.5〉

매스 콘크리트의 온도 균열 방지대책은 ① 콘크리트의 온도상승을 작게 함, ② 발생하는 온도응력을 작게 함, ③ 온도응력에 대해서 저항력을 부여함의 3가지로 요약할 수 있다.

(1) 슬럼프가 작은 배합의 콘크리트는 동일한 물 시멘트비로 하면 단위 수량이 적어지며, 결과로서 단위 시멘트량도 적어져 콘크리트의 온도상승이 작아지게 된다. 따라서 ①에 해당되어 적당하다.
(2) 플라이애시는 그것 자체에 잠재 수경성이 없어 발생하는 콘크리트의 온도 상승을 작게 하는 혼화재이다. 따라서 ①에 해당되어 적당하다.
(3) 호칭강도를 보증하는 재령을 28일에서 56일로 연장하는 것으로 초기강도를 억제할 수 있고, 단위 시멘트량을 적게 하는 것이 가능하다. 따라서, 콘크리트의 온도상승이 작아진다. 그러므로 ①에 해당되어 적당하다.
(4) 타설 구획을 길게 하면 한 번 타설되는 콘크리트량이 증가되어 발생하는 온도응력이 커진다. 따라서 ②에 반대이므로 부적당하다.

정답 (4)

─[문제 34]─
수밀 콘크리트의 배합 및 시공에 관한 다음의 일반적인 기술 중 부적당한 것은 어느 것인가?

(1) 수밀성을 높이기 위해 굵은 골재의 최대치수를 20 mm에서 40 mm로 변경했다.
(2) 연직타설 이음매는 누수의 원인이 되기 쉬우므로 지수판을 사용했다.
(3) 수밀성을 높이기 위해 타설 종료 1~2시간 후에 재진동 다짐을 했다.
(4) 건조수축 균열을 억제하기 위해 팽창재의 사용량을 30 kg/m³로 했다.

◉ **해설과 해답** 〈☞정선문제 항목 Ⅶ.7〉

(1) 굵은 골재의 최대치수를 크게 하면 블리딩에 따라 생기는 골재 밑면의 틈새가 커져 콘크리트의 투수계수를 증대시키는 원인이 된다. 이 때문에 수밀성을 향상시키기 위해서는 굵은 골재의 최대치수는 작게 하는 것이 일반적인 방법이다. 따라서, 설문의 기술은 부적당하다.

(2) 수밀 콘크리트에서는 연직타설 이음매를 수밀적으로 시공하는 것이 곤란하여 누수 원인이 되기 쉽기 때문에 최대한 피할 필요가 있다. 부득이 연직타설 이음매를 시공하는 경우는 지수판을 사용해 누수 등을 방지한다.

(3) 타설 종료 1~2시간 후에 재진동 다짐을 하면, 콘크리트 속의 틈새가 충전되어 잉여수의 제거, 연직타설 이음매의 물길이나 기포의 소거 등으로 내부결함이 감소되어 수밀성이 향상한다.

(4) 균열의 발생으로 인해 콘크리트의 수밀성은 크게 저하한다. 팽창재를 적량 첨가해 콘크리트의 건조수축 균열을 억제하는 것은 수밀성 향상에 매우 유효하다. 또한 수축 보상을 목적으로 한 경우 팽창재의 사용량은 보통 30 kg/m³ 정도이다.

정답 (1)

[문제 35]

콘크리트의 배합을 용적 백분율로 나타낸 아래 그림 중 분체계 고유동 콘크리트로서 적당한 것은 어느 것인가?

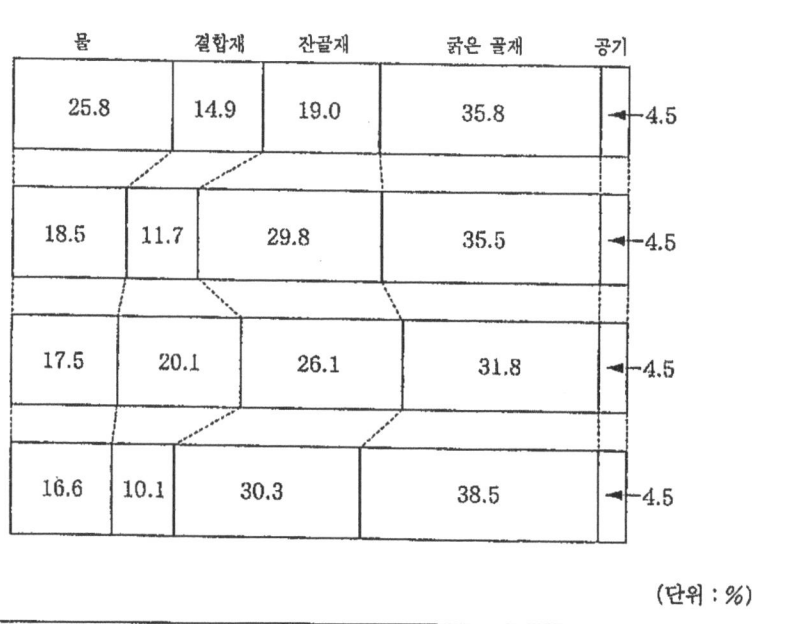

(단위 : %)

◉ **해설과 해답** 〈☞정선문제 항목 Ⅶ.11〉

고유동 콘크리트란 굳지 않았을 때의 재료분리 저항성을 손상시키지 않도록 유동성을 현저하게 개선된 콘크리트이며, 다짐이 불필요한 콘크리트, 고성능 콘크리트, 유동화 콘크리트 등으로 불리운다. 그 중 유동화 콘크리트를 제외하고, 재료분리 저항성을 부여하기 위해 무기분체의 증대, 증점제의 사용 또는 양자의 병용 방법 등이 있다. 문제는 분체계 고유동 콘크리트로 되어 있으므로 무기계의 분체, 즉 플라이애시나 고로 슬래그 미분말을 다량으로 사용하는 배합으로 생각한다.

(1) 물 25.8%, 즉 단위 수량이 258 l/m^3은 너무 크고, 잔골재량이 적어 잔골재율이 34.7%(19.0/(19.0+35.8)×100)라 너무 작은 콘크리트로 되어 재료분리 저항성이 크다고 할 수는 없다.

(2) 결합재량이 11.7%라 너무 적다. 결합재의 밀도를 3.0 g/cm³로 가정하면, 단위 결합재가 351 kg/m³(3.0×0.117×1000)이 되며, 일반 콘크리트와 큰 차가 없는 콘크리트가 되어 재료분리 저항성이 크다고는 할 수 없다.

(3) 단위 수량 175 l/m^3, 결합재의 밀도를 3.0 g/cm³로 가정하면, 단위 결합

재가 603 kg/m³, 잔골재율은 45.1%(26.1/(26.1+31.8)×100)로 되어 분체계 고유동 콘크리트의 배합으로 되었다. 따라서, 이 설문이 적당하다.

(4) 결합재 양이 10.1%가 적은 것이다. 결합재의 밀도를 3.0 g/cm³로 가정하면 단위 결합재가 303 kg/m³이 된다. 일반 콘크리트와 같은 양이며, 재료 분리저항성이 큰 콘크리트라고는 할 수 없다

정답 (3)

―[문제 36]―

철근 콘크리트의 단면계산 가정에 관한 다음의 일반적인 기술 중 부적당한 것은 어느 것인가?

(1) 단면에 생기는 압축력의 합계는 인장력의 합계와 같다.
(2) 압축 쪽 철근의 영 계수는 인장 쪽의 값과 같다.
(3) 콘크리트는 축방향 인장력을 부담하지 않는다.
(4) 전단력은 띠철근(stirrup)만이 부담한다.

◉ 해설과 해답 ⟨☞정선문제 항목 Ⅷ.1⟩

(1) 힘의 균형 때문에 단면에 생기는 압축력의 합계는 인장력의 합계와 같다.
(2) 철근의 응력−변형률 곡선은 압축 쪽과 인장 쪽은 동일한 것으로 가정되어 있다. 압축 쪽 철근의 영 계수는 인장 쪽 영 계수와 같다.
(3) 인장력은 모두 철근이 부담하고, 콘크리트는 부담하지 않는다.
(4) 전단력은 전단력이 콘크리트의 전단내력을 초과하여 균열이 생기므로 띠철근(stirrup) 및 절곡 철근으로 부담한다. 설문 기술은 부적당하다.

정답 (4)

―[문제 37]―

휨모멘트를 받는 아래 그림의 철근 콘크리트 단면에 관한 다음의 기술 중 틀린 것은 어느 것인가?

단, 위치 E에 있는 인장철근의 응력은 300 N/mm²이고, 위치 C의 콘크리트 변형은 0이다. 또 철근의 영 계수는 200 kN/mm², 철근과 콘크리트의 영 계수비는 15로 한다.

(1) 위치 A의 콘크리트 압축변형은 0.075%이다.
(2) 위치 B의 콘크리트 압축응력은 5 N/mm²이다.
(3) 위치 D의 콘크리트는 균열이 발생되었다.
(4) 위치 E 철근의 인장변형은 0.20%이었다.

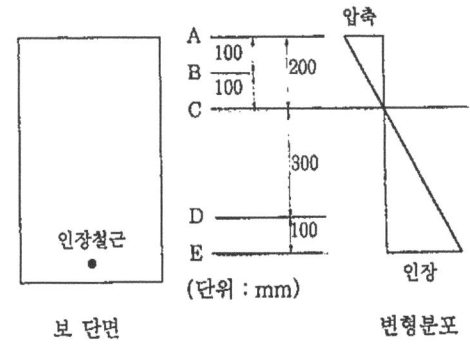

◉ 해설과 해답 〈☞정선문제 항목 Ⅷ.1〉

(1) 위치 E에 있는 인장 철근의 응력은 300 N/mm²이고, 철근의 영 계수는 200 kN/mm²이므로 σ_s : 철근에 작용하는 응력, E_s : 철근의 영 계수, ε_s : 철근에 작용하는 변형으로 하면, ①식에 나타내는 응력과 변형의 관계에서 ②식에 나타내는 인장 철근의 변형을 계산할 수 있다.

$$\sigma_s = E_s \cdot \varepsilon_s \qquad ①$$

$$\varepsilon_s = \sigma_s / E_s = 300/(200 \times 1000) = 0.15\% \qquad ②$$

변형은 중립축으로부터의 거리에 비례(평면 유지의 가정)하므로, 즉 변형이 0의 위치에 있는 위치 C로부터의 거리에 비례한다. 위치 A는 위치 C로부터 200 mm 거리에 있으며, 위치 E는 위치 C로부터 400 mm 거리에 있다. 따라서, ③식이 성립한다.

위치 A의 변형 : 위치 E의 변형＝200 : 400   ③

따라서 위치 A의 콘크리트 압축변형은 0.15%·(200/400)＝0.075%이다.

(2) 위치 B는 위치 C로부터 100mm 거리에 있으며, 마찬가지로 위치 B의 변형은 0.15%·(100/400)＝0.0375%이다. 철근과 콘크리트의 영 계수비는 15이므로 E_c : 콘크리트의 영 계수로 하면 ④식이 성립된다.

$$E_s/E_c=15 \quad ④$$

그리고, 콘크리트의 압축응력을 σ_c로 하면 ⑤식이 성립된다.

$$\sigma_c=E_c \cdot \varepsilon_c \quad ⑤$$

따라서, $\sigma_c=(E_s/15) \cdot \varepsilon_c=(200\times1000/15) \cdot 0.0375\%=5$가 된다. 즉, 위치 B의 콘크리트 압축응력은 5 N/mm^2이다.

(3) 위치 D는 위치 C로부터 300mm 거리에 있어서 앞과 같이 계산하면, 위치 D의 변형은 0.15%·(300/400)＝0.1125%이다. 변형 0.1125%의 콘크리트는 균열이 발생된다.

(4) ②식에서 위치 E 철근의 인장변형은 0.15%이다. 설문 기술은 틀린다.

정답 (4)

[문제 38]

기둥 및 보로 둘러싸인 철근 콘크리트벽에 생기는 건조수축균열을 모식적으로 나타낸 다음 도면 중에 부적당한 것은 어느 것인가?

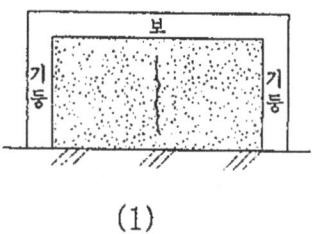
(1)

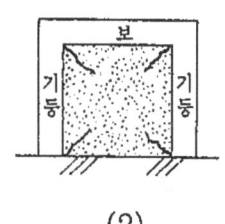
(2)

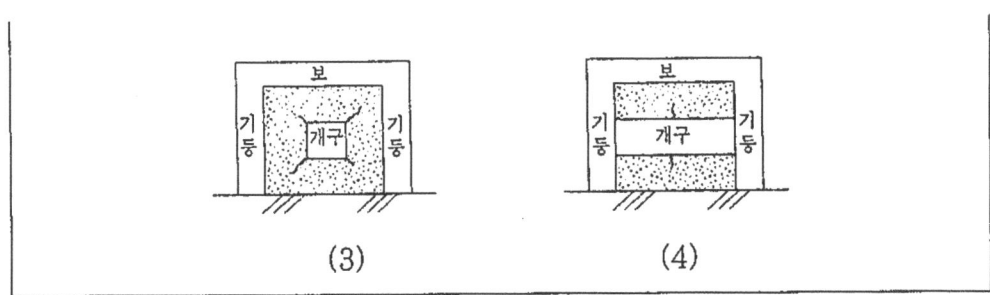

⊙ 해설과 해답　　　　　　　　　　　　　　　〈☞정선문제　항목 Ⅷ.1〉

(1) 설문의 그림과 같이 세로의 길이 1에 대해 가로의 길이가 2인 직사각형 벽인 경우, 기둥, 보, 바닥에 콘크리트가 구속되어 건조수축에 따라 콘크리트는 긴 쪽으로 직각 균열이 생긴다.

(2) 세로의 길이 1에 대해 가로의 길이가 1인 정사각형 벽인 경우, 균열은 그림 38.1과 같이 생긴다. 설문 그림의 균열은 부적당하다.

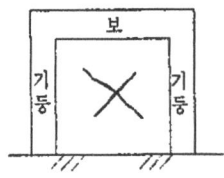

그림 38.1 (2)의 균열이 생긴 것

(3) 기둥, 보, 바닥에 콘크리트가 구속된 것으로, 개구부 구석에 균열이 생기기 쉽다.

(4) 개구부에서 세로의 길이 1에 대해 가로의 길이가 2 이상인 직사각형 벽이며, 건조수축에 따라 콘크리트는 긴 쪽으로 직각 균열이 생긴다.

정답 (2)

―[문제 39]――――――――――――――――――――――――――――――
　프리스트레스트 콘크리트에 관한 다음의 일반적인 기술 중 부적당한 것은 어느 것인가?

(1) PSC 강재를 긴장시켜 콘크리트를 타설하여 양생한 후, PSC 강재의 정착을 느슨히 하여 프리스트레스를 도입하는 방식을 프리텐션 방식이라고 한다.
(2) PSC 강재의 릴렉세이션은 도입된 프리스트레스가 감소하는 원인이 된다.
(3) 콘크리트의 크리프는 도입된 프리스트레스가 감소하는 원인이 된다.
(4) 콘크리트에 프리스트레스의 도입은 압축강도가 설계기준강도에 달하고 나서 실시해야 한다.

◉ **해설과 해답**　　　　　　　　　　　　　　　　〈☞정선문제　항목 Ⅷ.2〉

(1) 프리스트레스트 콘크리트의 제조에는 PSC 강재에 프리스트레스를 도입하는 시기의 차이에 따라 프리텐션 방식과 포스트텐션 방식의 2종류가 있다. 프리텐션 방식은 콘크리트 타설 전에 PSC 강재를 긴장시키고, 콘크리트 경화 후에 PSC 강재의 정착을 느슨하게 하여 콘크리트와 강재의 부착에 의해 콘크리트에 프리스트레스를 도입하는 방식으로, 주로 공장제품 제조에 사용되는 방식이다. 한편, 포스트텐션 방식은 미리 콘크리트 구체 내에 PSC 강재를 배합한 쉬스(sheath)를 배치하고, 콘크리트 경화 후에 시스 내의 PSC 강재를 긴장시켜 정착구를 사용해 부재 끝에서 강재를 정착시키는 것으로 콘크리트에 프리스트레스를 도입하는 방식이며, 주로 현장타설 공법에 사용되는 방식이다. 프리텐션 방식에 관한 설문 기술은 적당하다.

(2)(3) 도입된 프리스트레스가 감소하는 원인으로는 PSC 강재의 릴렉세이션(응력완화)와 콘크리트의 크리프 및 수축(건조수축과 자기수축)에 의한 치수 감소가 있다. 도입하는 프리스트레스의 크기는 이러한 요인에 의한 프리스트레스의 감소량을 고려해 사전에 계획적으로 결정된다.

(4) 토목학회 시방서 시공편에서는 긴장재의 긴장에 필요한 콘크리트 강도는 긴장으로 인해 상태가 나빠지지 않는 강도로 설정해야 한다고 규정되어 있으며, 그 기준은 긴장에 따라 생기는 콘크리트의 최대압축응력도의 1.7배 이상으로 되어 있다. 즉, 일반적으로 프리스트레스의 도입은 콘크리트의 압

축강도가 설계기준강도에 달하는 이전부터 실시된다. 따라서, 설문 기술은 부적당하다.

정답 (4)

[문제 40]

콘크리트제품 제조에 관한 다음의 일반적인 기술 중 적당한 것은 어느 것인가?
(1) 외부 진동기를 사용하는 진동다짐에서는 진동시간이 길수록 좋다.
(2) 즉시 탈형방식은 큰 단면이나 복잡한 형상의 제품에 적합하다.
(3) 가압 성형에서는 가압 탈수시의 압력을 유지한 상태로 증기양생을 한다.
(4) 원심력 다짐을 실시했던 제품은 단면 내의 밀도 및 강도가 균일하게 된다.

◉ **해설과 해답** 〈☞정선문제 항목 Ⅶ.12〉

(1) 콘크리트제품 제조에 사용되는 콘크리트의 슬럼프는 일반적으로 작은 것이 많아 진동다짐에 의한 재료분리는 적지만, 지나치게 진동다짐을 하면 골재의 침강으로 재료분리가 생겨서 균일한 콘크리트가 되지 않는다. 따라서, 외부 진동기를 사용해 진동다짐을 하는 경우 콘크리트의 배합, 슬럼프, 1회의 타설 높이, 거푸집의 치수·형상, 진동기의 성능 등에 따라 최적의 진동시간을 정한다.

(2) 즉시 탈형 방식은 초경연 콘크리트를 압력과 강력한 진동으로 성형시키고, 즉시 탈형해 제조되기 때문에 큰 단면이나 복잡한 형상의 제품에는 다짐이나 콘크리트의 충전이 불충분하게 되는 곳이 생긴다. 이 때문에 일반적으로 이 방식은 인터로킹 블록(interlocking block) 등 소형으로 단순한 형상의 제품 제조에 적용되고 있다.

(3) 가압 성형은 거푸집에 가압판을 얹어 유압에 의해 고압력을 걸고, 압력 유지장치로 이 압력를 유지한 채 90~100℃의 고온으로 증기양생을 하는 것이 일반적이다. 가압 콘크리트 널말뚝 등의 제조에 사용되고 있다. 설문 기술은 적당하다.

(4) 원심력 다짐을 하면 거푸집의 회전시 진동에 의한 다짐 효과와 원심력에

의해 밀도가 작은 수분이 내부로 이동해 짜내져 물 시멘트비가 저하하게 되어 강도와 밀도가 높은 콘크리트를 얻을 수 있다. 이 때 밀도가 큰 굵은 골재는 외부로 이동하기 때문에 콘크리트 단면 내의 조성은 불균일하게 되며, 밀도 및 강도는 단면의 바깥쪽 정도로 커진다.

정답 (3)

문제 41~60은 「맞음 혹은 적당함」 기술인지, 또는 「틀린다 혹은 부적당함」 기술인지를 판단하는 ○×문제이다.
「맞음 혹은 적당함」 기술은 해답용지의 ◎란을, 「틀린다 혹은 부적당함」 기술은 ⊗란을 검게 칠해 주십시오. 또한 틀린 해답은 감점(마이너스점)이 됩니다.

※문제 41~60에 대해서는 해답과 해설을 pp.49~55에 기록한다.

[문제 41] 콘크리트용 화학혼화제에 규정된 혼화제의 품질은, 동결 융해에 대한 저항성과 슬럼프 및 공기량의 경시변화량을 제외하고, 혼화제를 사용하지 않는 기준 콘크리트와 혼화제를 사용한 시험 콘크리트를 비교하는 것으로서 판정된다.

[문제 42] 콘크리트용 화학혼화제에 규정된 혼화제의 품질로서 전알칼리량은 혼화제 속의 알칼리량을 질량 백분율로 표시한 것이다.

[문제 43] 콘크리트용 화학혼화제에 규정된 고성능 AE 감수제는 재령 1일의 압축강도에 따라 표준형, 지연형 및 촉진형으로 구분된다.

[문제 44] 콘크리트용 팽창재에서는 소정의 팽창성을 확보하기 위해 모르타르 시험에서 재령 28일의 길이 변화율이 부과되는 것만은 아니다.

[문제 45] PAN계 탄소섬유 보강재는 PSC 강재에 비해서 인장강도는 작지만, 영 계수는 크다.

[문제 46] 수밀성을 필요로 하는 콘크리트의 물 시멘트비는 시방서에는 55% 이하를 표준으로 하고 있다.

〔문제 47〕 굳지 않은 콘크리트의 공기량 압력에 의한 시험방법에서 압력계에 표시되는 공기량은 연행 공기(entrained air) 및 갇힌 공기(entrapped air)의 양을 합한 것이 된다.

〔문제 48〕 콘크리트의 압축강도는 물 시멘트비가 일정할 때 공기량이 1% 증가하면 대체로 4~6% 감소한다.

〔문제 49〕 압축강도의 시험치는 원주공시체 지름에 대한 높이 비가 적을수록 크다.

〔문제 50〕 3등분점 재하에 의한 휨 강도의 시험치는 중앙점 재하에 의한 휨 강도의 시험치보다 작다.

〔문제 51〕 동결 융해시험에서 300회의 반복에 견딜 수 없는 경우는 상대 동탄성계수가 60%로 저하된 반복횟수 300회에 대한 비에 60을 곱한 값으로 내구성 지수를 구한다.

〔문제 52〕 강도관리재령이 28일에서 공시체를 표준양생으로 하는 경우, 1회의 시험에서 3개 공시체의 압축강도 평균치가 품질기준강도 이상이라면 구조체 콘크리트의 압축강도 검사는 합격이다.

〔문제 53〕 서중 콘크리트 공사에서는 콘크리트의 비빔온도가 높아 소요 슬럼프가 확보되기 어려우므로 단위 수량을 표준시기보다 다소 많게 하면 좋다.

〔문제 54〕 포장용 콘크리트에 사용하는 굵은 골재로는 로스엔젤레스 시험기에 의한 굵은 골재의 마모시험방법에 의한 마모 감량이 35% 이하인 것을 사용한다.

〔문제 55〕 일반 포장 콘크리트의 반죽질기는 슬럼프 시험에 의한 슬럼프 혹은 진

동대식 반죽질기 시험에 의한 침하도를 판정한다.

[문제 56] 매스(mass) 콘크리트에서는 구조물의 표면과 내부와의 온도차에 따르는 내부 구속 및 기설 콘크리트나 암반 등의 외부 구속으로 인해 온도 균열이 발생한다.

[문제 57] 고유동 콘크리트는 블리딩이 거의 생기지 않기 때문에 슬래브 등의 콘크리트 표면은 타설 후 건조되지 않도록 덮개를 하거나, 분무양생을 할 필요가 있다.

[문제 58] 감마선이나 X선의 차폐에는 중량 콘크리트가 사용되기도 하지만, 보통의 콘크리트에서도 벽두께를 두껍게 하면 같은 효과가 얻어진다.

[문제 59] 프리팩트 콘크리트에 사용하는 굵은 골재는 주입 모르타르의 충전성에 큰 영향을 미치기 때문에 토목학회 시방서에서는 최대치수의 상한치가 정해져 있다.

[문제 60] 정상부에 수평방향의 집중하중을 받는 철근 콘크리트 기둥부분에 인장 주철근 및 전단보강철근을 그림과 같이 배치했다. 단, 그림에서는 조립된 철근은 생략하였다.

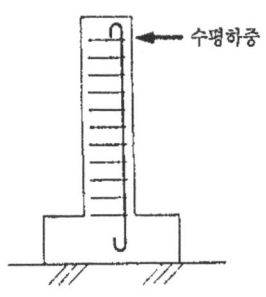

〈문제 41~60 해답과 해설〉

[문제 41] 정답 ○

　　화학혼화제는 AE제, 감수제, AE 감수제 및 고성능 AE 감수제에 대해서 규정되어 있다. 혼화제의 품질은 감수율, 블리딩량의 비, 응결시간의 차, 압축강도비, 길이 변화비에 대해서 규정되어 있다. 이들은 혼화제를 사용하지 않는 기준 콘크리트와의 비교이다. 단, 동결 융해에 대한 저항성은 AE제, AE 감수제, 고성능 AE 감수제에 규정되어 있다. 또 슬럼프, 공기량의 경시 변화량은 고성능 AE 감수제에 규정되어 있다. 이들은 일정치를 클리어하면 좋고, 기준 콘크리트와의 비교는 아니다.

[문제 42] 정답 ×

　　각 혼화제의 품질로서 염화물 이온량에 의한 규정 외에 전알칼리량에 의한 규정이 있다. 혼화제에 따라 도입되는 전알칼리량은 콘크리트 $1\,m^3$당 $0.30\,kg$ 이하로 규정되어 있다. 콘크리트용 화학혼화제 속의 전알칼리량이란 혼화제 속의 나트륨량, 칼륨량을 원자흡광에 의해 측정된 것이며, 칼륨량을 환산하여

　　전알칼리량=산화나트륨 함유량+0.658×산화칼륨 함유량으로서 수치를 정리한다.

　　콘크리트 속의 화학혼화제의 전알칼리량(kg/m^3)
　　=$1\,m^3$당 화학혼화제의 사용량(kg/m^3)×화학혼화제 속의
　　　전알칼리량(%)×0.01

을 구한다.

[문제 43] 정답 ×

　　이 문제는 2군데 틀린 곳이 있다. 콘크리트용 화학혼화제의 고성능 AE 감수제에는 표준형과 지연형이 있으며, 촉진형은 없다. 촉진형이 있는 것은 감수제, AE 감수제이다. 고성능 AE 감수제의 표준형과 지연형의 차이는 응결시간의 차이와 블리딩량의 비이다.

〔문제 44〕 정답 ×

　콘크리트용 팽창재의 품질에 의하면 팽창성은 길이 변화시험을 하여 재령 7일, 28일의 규정이 있는데, 7일에는 0.025% 이상, 28일에는 −0.015% 이상으로 되어 있다. 그밖에도 비표면적, 1.2 mm 체 잔류분, 응결, 압축강도 등의 품질 규정이 있다.

〔문제 45〕 정답 ×

　PAN계 탄소섬유 소재의 인장강도 및 영 계수는 양자 모두 PSC 강재보다 제법 큰 값이다. 그러나 설문의 합성수지와 조합해 제조된 PAN계 탄소섬유 보강재의 강도와 영 계수에 대해서는 일반적으로 PSC 강재보다 인장강도는 크지만, 영 계수는 동등하거나 작다. 따라서, 설문의 기술은 틀린다.

〔문제 46〕 정답 ○

　물 시멘트비가 55% 이상이 되면 콘크리트의 투수계수가 갑자기 커진다. 그 때문에 시방서와 같이 수밀 콘크리트의 물 시멘트비의 상한을 55%로 하고 있다.

〔문제 47〕 정답 ○

　연행 공기는 AE제 또는 공기 연행(AE) 작용이 있는 혼화제를 사용해 콘크리트 속으로 진행시킨 독립된 미세한 공기포(직경은 0.02~0.2 mm 정도의 범위)이며, 갇힌 공기는 혼화제를 사용하지 않을 때 콘크리트 속에 자연히 함유되는 공기포(직경은 연행 공기보다 크다)이다. AE제 등의 혼화제를 사용하면, 갇힌 공기의 대부분은 연행 공기가 되지만(정선문제 문 Ⅲ−8 해설 참조), 골재 속의 공기포나 골재 주변의 갇힌 공기는 남아 있다. 압력을 더하였을 때 콘크리트 속의 공기가 줄어드는 것에 따라 저하하는 압력을 측정하고, 그 내려간 압력을 외관의 공기량으로 환산된 값으로서 우선 판독한다. 그리고, 콘크리트의 공기량=외관의 공기량−골재 수정계수로 구한다. 또한, 골재 수정계수는 골재 속의 공기 및 골재 자체가 압력에 의해 줄어드는 양을 공기량으로 환산한 값이다.

그 때문에 압력계에 나타난 외관의 공기량에는 연행 공기와 갇힌 공기가 포함된다.

〔문제 48〕 정답 ○

물 시멘트비가 일정할 때 공기량 1%의 증가에 따라 콘크리트의 압축강도는 4~6% 감소한다. 설문의 기술은 맞다. 단, 공기량을 증가시키는 것으로서 소정의 워커빌리티(workability)를 얻기 위해 필요한 단위 수량을 감소시킬 수 있으므로 슬럼프와 단위 시멘트량을 일정하게 한 경우에는 공기량을 늘려도 압축강도는 거의 같게 된다.

〔문제 49〕 정답 ○

그림 49.1에 원주 공시체의 높이와 지름의 비와 압축강도비 관계의 일례를 나타낸다. 종축은 높이와 지름의 비가 2.0일 때의 압축강도를 1.0으로 한 경우의 압축강도비를 나타낸다. 횡축은 원주 공시체의 높이와 지름의 비를 나타내고 있다. 이것에서 압축강도의 시험치는 원주 공시체의 지름에 대한 높이비가 작을수록 큰 것을 알 수 있다.

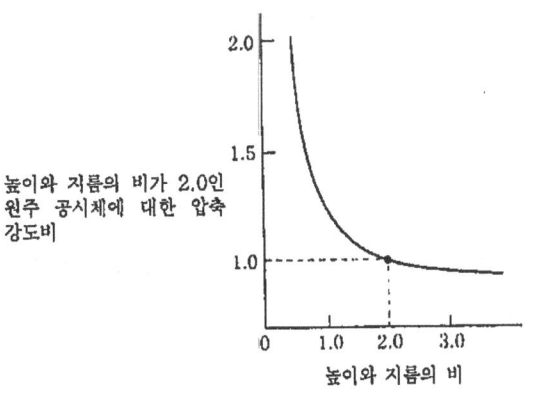

그림 49.1 원주 공시체의 높이와 지름의 비와 압축강도비의 일례

〔문제 50〕 정답 ○

그림 50.1에 나타낸 것처럼 중앙점 재하의 휨모멘트가 최대가 되는 단면은

하나이다. 이것에 대해서 그림 50.2에 나타낸 것처럼 3등분점 재하의 휨모멘트가 최대가 된 단면은 2개의 재하점 사이에 존재하고, 이 존재범위가 넓어지기 때문에 휨 강도의 시험치는 작아진다. 설문의 기술은 맞다.

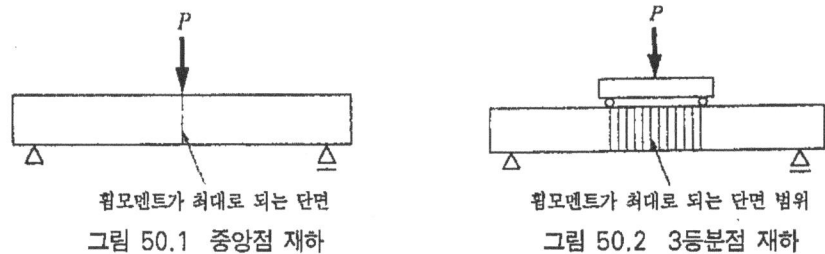

그림 50.1 중앙점 재하   그림 50.2 3등분점 재하

[문제 51] 정답 ○

 콘크리트의 동결 융해작용에 대한 저항성은, 동결 융해시험을 실시해 내구성 지수로 평가한다. 콘크리트의 동결 융해 시험방법에서는 시험의 종료 및 내구성 지수의 산출법을 다음과 같이 규정하고 있다.

 시험의 종료 : 시험의 종료는 300사이클로 하고, 거기까지 상대동탄성계수가 60% 이하로 되는 것은 그 사이클에서 종료로 한다.

 내구성 지수 : 내구성 지수는 다음 식으로 산출하고, 사사오입하여 정수로 반올림한다.

$$DF = \frac{P \times N}{M}$$

여기서, DF : 내구성 지수

        P : N사이클일 때의 상대동탄성계수(%)

        N : 상대동탄성계수가 60%가 되는 사이클수, 또는 300사이클의 어느 것이든 작은 것

        M : 300사이클

따라서 설문의 기술은 맞다.

[문제 52] 정답 ×

 강도 관리재령이 28일일 때, 공시체를 현장 수중양생으로 한 경우는 3개의

공시체 압축강도의 평균치가 품질기준강도(F_q) 이상이면 합격이지만, 표준양생의 경우에는 품질기준강도에 기온에 의한 강도의 보정치(T)를 더했던 값 이상이 아니면 합격으로 판정할 수 없다. 따라서, 품질기준 강도 이상이라는 것은 틀린다. 또한, 보통 포틀랜드 시멘트를 사용한 콘크리트에서는, 예상 평균기온이 16℃ 이상이면 기온에 의한 강도의 보정치는 0이므로 품질기준강도 이상이면 합격이 된다.

[문제 53] 정답 ×

서중 환경하에서는 비빔온도가 높을수록 바깥기온 1℃ 증가에 의한 슬럼프의 저하가 크다. 즉, 동일 슬럼프의 콘크리트를 얻기 위해 필요한 단위 수량은 비빔 온도가 높을수록 증대하고, 예를 들면, 비빔온도가 20℃에서 10℃ 높아지면 슬럼프를 일정하게 유지하는 데는 단위 수량을 3~5% 증가해야 한다. 그러나, 단위 수량을 증가시키는 것은, 건조수축 증대나 균열 발생의 증대로 이어지기 때문에 바람직하지 않다. 그래서, 서중 콘크리트 공사에서 콘크리트의 비빔온도가 높을 경우에는 경시변화가 적은 AE제나 보조 AE제를 사용, 골재의 입도를 조정, 반죽 방법을 변경하는 등의 조치를 하여 단위 수량이 표준시기의 것과 비교해 크게 되지 않도록 하는데, 재료를 냉각해 비빔온도를 내리는 것이 좋다.

[문제 54] 정답 ○

포장 콘크리트의 마모 저항성의 향상으로는 마모 저항이 큰 양질의 골재를 사용하는 것이 중요하다. 포장 콘크리트용 굵은 골재의 마모 감량은 35% 이하를 표준으로 하고, 적설 한랭지 장소의 25% 이하가 바람직하다.

[문제 55] 정답 ○

토목학회 시방서 포장편에서는 포장 콘크리트의 반죽질기 표준치는 슬럼프는 2.5 cm, 침하도는 30초로 정해져 있다. 따라서 반죽질기는 슬럼프와 침하도에 따라 판정한다는 기술은 맞다.

[문제 56] 정답 ○

　매스 콘크리트는 시멘트의 수화열로 인해 내부의 온도가 상승되고, 콘크리트 표면에서의 방열이나 열전도에 의하여 상승온도가 강하한다. 이 온도차에 따라 내부 콘크리트의 팽창과 외부 콘크리트의 수축에 의한 응력으로 인해 균열이 발생한다. 또 콘크리트의 수화열에 의한 팽창을 기설 콘크리트나 암반이 구속하면 외적으로 구속되어 균열이 발생한다.

[문제 57] 정답 ○

　고유동 콘크리트는 유동성의 증대와 재료분리 저감을 꾀하기 위해서 고성능 감수제를 사용하여 단위 수량을 감소시킨 콘크리트로서 결합재가 많은 것이 특징이다. 그 때문에 일반 콘크리트에 비교해 블리딩이 매우 적어서 마무리가 어렵다고 하는 문제가 생긴다. 따라서, 슬래브 등의 콘크리트 표면은 타설 후 건조에 유의하는 것이 중요하며, 그 때문에 덮어두거나 분무 양생하는 것이 유효하다.

[문제 58] 정답 ○

　감마선이나 X선의 차폐에 자철광, 갈철광, 중정석(barite) 등 중량 골재를 사용한 단위 용적 질량이 큰 중량 콘크리트가 사용되는 것은, 감마선의 차폐량이 단위 면적당 콘크리트의 질량에 거의 비례하기 때문이다. 따라서, 보통의 콘크리트를 사용하여도 벽두께를 두껍게 하면 단위 면적당의 질량은 중량 콘크리트를 사용했을 때와 같게 되므로 그 경우는 감마선이나 X선의 차폐량도 같다.

[문제 59] 정답 ×

　굵은 골재의 최소치수가 클수록 주입 모르타르의 충전성이 좋아지므로 굵은 골재의 최소치수는 15 mm 이상(대규모의 프리팩트 콘크리트인 경우는 40 mm 정도 이상)으로 규정되어 있다. 최대치수에 대해서는 상한치는 정해지지 않지만, 골재의 충전을 고려해 부재 최소치수의 1/4 이하로, 또한 철근 콘크리트인 경우에는 철근 간격의 2/3 이하를 표준으로 규정하고 있다.

[문제 60] 정답 ○

그림 60.1에 전단력도를, 그림 60.2에 모멘트도를 나타낸다. 전단력이 작용하는 개소에 전단보강철근을 배치한다. 모멘트도의 모멘트가 돌출된 개소가 균열을 일으키기 쉬워 인장주철근을 배치한다. 따라서, 이 배근은 맞다.

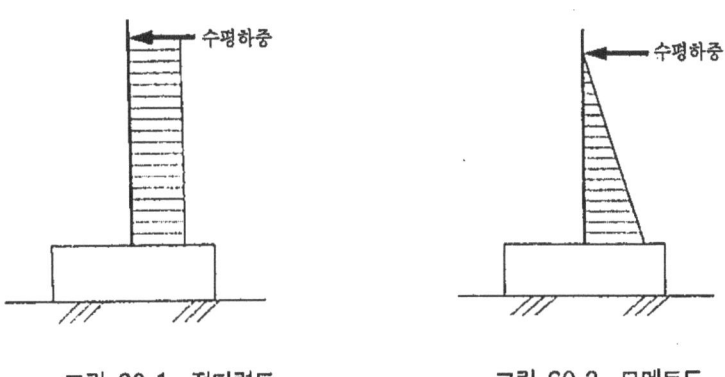

그림 60.1 전단력도   그림 60.2 모멘트도

2002년도 문제

---[문제 1]---

각종 시멘트의 일반적인 용도에 관하여 다음의 기술 중 부적당한 것은 어느 것인가?

(1) 저열 포틀랜드 시멘트는 고유동 콘크리트에 적합하다.
(2) 중용열 포틀랜드 시멘트는 포장 콘크리트에 적합하다.
(3) 고로 슬래그 시멘트 B종은 긴급공사용 콘크리트에 적합하다.
(4) 플라이애시 시멘트 B종은 매스 콘크리트에 적합하다.

● **해설과 해답** ⟨☞정선문제 항목 Ⅰ.1⟩

(1) 저열 포틀랜드 시멘트는 주로 베라이트(belite)상($\beta-C_2S$)을 주요 광물로 하는 클링커(clinker)가 많이 포함되어 있다. 이 클링커는 둥그스런 구상이기 때문에 콘크리트의 유동성을 향상시킨다. 따라서, 고유동 콘크리트에 적합하다. 한편, 에라이트(alite)상(주요 광물은 C_3S)은 모난 형상으로, 콘크리트의 유동성을 저하시킨다.

(2) 중용열 포틀랜드 시멘트는 C_3S가 45%, C_3A가 4% 정도 함유되었으며, 단기강도는 보통 포틀랜드 시멘트보다 뒤떨어지는데, 수화열은 낮고, 건조수축도 작다. 또 화학 저항성도 있으므로 도로포장용에 적합하다.

(3) 고로 슬래그 시멘트 B종은 고로 수쇄 슬래그 미분말을 30% 초과 60% 이하로 혼합한 시멘트이다. 고로 수쇄 슬래그를 혼합하는 것에 의해 초기강도의 저하나 응결의 지연이 일어난다. 슬래그 혼합량이 많아지면 이 경향은 한층 더 현저하게 된다. 따라서 긴급공사용의 콘크리트에는 대응하지 못한다. 설문의 기술은 부적당하다.

(4) 플라이애시 시멘트 B종은 플라이애시를 10% 초과 20% 이하로 혼합된 시

멘트이다. 이 시멘트는 초기강도의 저하나 응결의 지연이 일어나지만, 반면 현저한 저열성을 나타내기 때문에 매스 콘크리트에 적합하다.

정답 (3)

─[문제 2]─────────────────────────────
골재의 성질이나 그 시험에 관한 다음의 일반적인 기술 중 부적당한 것은 어느 것인가?
(1) 혼합된 골재의 조립률은, 각각의 골재 조립률과 혼합비에서 계산하는 것이다.
(2) 흡수율이 큰 골재일수록 안정성 시험의 손실질량 백분율이 크다.
(3) 굵은 골재의 마모 저항성의 판정에는 로스엔젤레스 시험기가 사용된다.
(4) 골재의 입도가 적당하면 최대치수가 클수록 단위 용적 질량은 작다.

◉ **해설과 해답**　　　　　　　　　　　　　　〈☞정선문제 항목 Ⅰ.2〉

(1) 조립률(fineness modulus)이란 80, 40, 20, 10, 5, 2.5, 1.2, 0.6, 0.3, 0.15 mm의 각 체가름으로 남아 있는 골재의 질량 백분율 총합을 100으로 나눈 것이다. 혼합골재의 조립률을 구하는 경우, 그 혼합골재를 사용해 직접 구한다. 각각의 골재를 개별로 구해 혼합비로 계산해 구하는 것도 같다.

(2) 골재의 안정성 시험이란 내동해성을 간접적으로 알기 위해서 골재를 16~18시간 황산나트륨 포화용액 속에 침지시킨 후, 4~6시간 100~110℃에서 건조하는 것을 반복하는 것이다. 토목학회 시방서에는 이 횟수를 5회로 했을 때의 손실질량의 한도를 잔골재는 10%, 굵은 골재는 12%로 되어 있다. 골재의 흡수율이 크면 황산나트륨액이 침투되기 쉬워 그 결정압에 의해 골재가 파괴되기 쉽다.

(3) 포장이나 댐 등의 구조물에서는 공용기간 중 주행차량이나 유수로 인한 마모에 대한 저항성이 필요하다. 콘크리트의 마모 저항성에는 특히 굵은 골재의 마모 저항성이 크게 영향을 미친다. 마모 저항성을 시험하는 데는 로

스엔젤레스 시험기에 의한 굵은 골재의 마모 시험방법에 규정되어 있는 강구(鋼球)를 사용한 로스엔젤레스 시험기가 사용된다. 포장용 콘크리트의 굵은 골재 마모 감량 한도는 레디 믹스트 콘크리트(JIS A 5308 : 1998)에서는 35%, 댐(토목학회 시방서)에서는 40%로 정해져 있다.

(4) 단위 용적 질량이란 단위 용적(m^3, l)당 골재의 질량(t, kg)이며, 일반적으로는 kg/m^3, kg/l로 표시된다. 이 값은 표 2.1에 나타낸 것처럼 골재의 입도가 적당하고, 또 골재의 종류가 동일하면 최대치수가 크고, 굵은 입자에서 작은 입자까지 연속적인 입도분포를 갖는 것일수록 단위 용적 질량 및 실적률은 커진다.

정답 (4)

표 2.1 골재의 단위 용적과 실적률의 표준적인 값

골재의 종류		단위 용적 질량 (kg/l)	실적률 (%)
자갈	최대치수 25 mm	1.70	65.4
	최대치수 20 mm	1.65	63.5

[문제 3]

플라이애시를 사용한 콘크리트의 성질에 관한 다음의 일반적인 기술 중 부적당한 것은 어느 것인가?

(1) 미연탄소 함유율이 작을수록 소요의 공기량을 연행하는 데 필요한 AE제의 양이 많아진다.

(2) 시멘트 질량의 20% 정도 이상을 플라이애시로 치환하면, 알칼리 골재 반응이 억제된다.

(3) 습윤 양생이 충분하지 않으면, 초기강도의 저하나 동해로 인한 표면 열화를 초래하기 쉽다.

(4) 수화가 충분히 진행되면 치밀한 조직이 되기 때문에 해수에 대한 저항성이 커진다.

◉ **해설과 해답** 〈☞정선문제 항목 I.3〉

(1) 플라이애시에는 구상의 미연카본(C)가 함유되어 있으며, 사용하는 석탄의 품질에 따라 그 함유량은 변동한다. 일반적으로 화학혼화제를 첨가하면 미연카본에 흡착되어 본래의 공기 연행성이나 분산 효과가 손상될 우려가 있다. 미연카본량이 적은 쪽이 화학혼화제의 흡착량도 감소하기 때문에 첨가량은 적게 된다. 따라서, 설문의 기술은 부적당하다.

(2) 알칼리 골재반응이란 시멘트나 화학혼화제에 함유된 알칼리분(Na, K 등)과 반응성 골재가 결합되어 콘크리트가 팽창을 일으키는 반응을 말한다. 시멘트의 알칼리분은 0.75% 이하로 규정되어 있지만, 이 반응을 억제하기 위해 0.6% 이하로 된 저알칼리형 시멘트가 있다. 억제방법으로서 플라이애시나 고로 수쇄 슬래그 미분말 등을 다량(20% 이상) 혼합한다. 또한 소량이면 효과는 적지만 역효과로 되는 경우가 있다.

(3) 플라이애시를 사용한 콘크리트는 초기강도의 발현이 지연, 경화시간도 연장되는 경향이 있으므로 습윤 양생을 실시한다. 온도와 충분한 습윤 양생을 실시하는 것으로 수화반응을 활발하게 진행시킨다. 콘크리트 표면을 보다 치밀한 구조로 하여 강도의 증진을 꾀하지 않으면, 동해 등에 의해 표면부터 열화되기 시작된다. 그 때문이라도 충분한 습윤 양생이 필요하다.

(4) 콘크리트 표층부에서 해수에 함유되어 있는 염분이 침입하면, 철근의 부식 등으로 염해가 생긴다. 이것을 억제하는 데는 수화가 충분히 진행되어 염화물 이온(Cl^-)의 침입을 억제하는 치밀한 콘크리트가 좋다.

정답 (1)

[문제 4]
화학혼화제에 관한 다음의 일반적인 기술 중 부적당한 것은 어느 것인가?

(1) AE제는 독립된 공기포가 많이 연행되는 혼화제이며, 콘크리트의 워커빌리티 및 내동해성을 향상시키기 때문에 사용된다.
(2) AE 감수제는 시멘트의 분산작용과 공기 연행 작용을 병용하는 혼화제이며, 일반적인 콘크리트에 이용한다.
(3) 고성능 감수제는 공기 연행성이 없고, 응결의 지연도 약간 있기 때문에 고강도 콘크리트에 사용된다.
(4) 유동화제는 슬럼프 유지 성능이 크고, 장기에 걸쳐서 강도의 증진작용을 하기 때문에 고유동 콘크리트에 사용된다.

⊙ 해설과 해답   〈☞정선문제 항목 Ⅰ.3〉

(1) AE제는 공기 연행제의 약칭이다. 다수의 독립된 공기포를 똑같이 분포시키는 것으로서 콘크리트의 워커빌리티를 향상시킨다. 또 공기포의 존재에 의해 동해를 방지하는 효과가 있다.
(2) AE 감수제는 AE제와 감수제의 양쪽 효과를 가진 화학혼화제이다. 이것은 표준형, 지연형, 촉진형의 3종류가 있다. 공기 연행제로서의 효과와 시멘트 입자를 분산시키는 것으로 소요의 슬럼프를 얻는 데 필요한 단위 수량을 감소시키는 효과를 가진 혼화제이다.
(3) 고성능 감수제는 본래의 감수제보다 고성능이라는 의미로 사용되고 있는 용어이다. 이것에는 표준형, 지연형의 2종류가 있으며, 촉진형은 없다. 감수성은 있지만 응결의 지연도 약간 있으며, 공기 연행성은 따르지 않는다.
(4) 유동화제는 미리 반죽시킨 콘크리트에 첨가해 이것을 교반하여 유동성을 증대시키는 것을 주목적으로 사용한다. 장기에 걸쳐 강도의 증진을 기대할 수 없다. 설문의 기술은 부적당하다.

정답 (4)

[문제 5]
철근 콘크리트용 봉강 및 PSC 강봉에 규정되어 있는 강재에 관한 다음의 기술 중 틀린 것은 어느 것인가?

(1) SR 250은 항복점이 250 N/mm² 이상의 환강을 나타낸다.
(2) SD 300 B는 항복점이 300 N/mm² 이상이며, 또한 그 상한치가 정해져 있는 이형봉강을 나타낸다.
(3) D 22는 공칭단면적이 2.2 cm²의 이형봉강을 나타낸다.
(4) SBPR 785/1030은 내력 785 N/mm² 이상, 인장 강도 1030 N/mm² 이상의 PSC 강봉을 나타낸다.

⊙ 해설과 해답　　　　　　　　　　　　　　　　　〈☞정선문제 항목 I.4〉

철근 콘크리트용 봉강을 나타내는 기호는 SR 250이나 SD 350과 같이 기록된다. 최초의 기호 S는 강(Steel)을, 제2번째의 기호 R과 D는 각각 환강(Round) 및 이형봉강(Deformed)을 나타내고 있다. 기호 뒤에 계속되는 숫자는 각 봉강의 기계적 성질인 항복점 또는 0.2% 내력을 N/mm²의 단위로 표시한 것이다. PSC 강봉을 나타내는 SBPR의 기호는 Steel, Bar, Prestressed, Round의 머리글자를 따서 나타낸 것이다.

(1) SR 250의 SR은 환강을, 250은 그 항복점 또는 내력이 250 N/mm² 이상인 것을 나타내는 것이며, 설문의 기술은 맞다. 또한 환강은 항복점의 상한치는 규정되어 있지 않다.
(2) SD 300 B는 항복점이 295~390 N/mm² 인 이형봉강으로 항복점의 상한치가 정해져 있다. 한편, SD 300 A는 항복점이 295 N/mm² 이상인 이형봉강으로 항복점의 상한치가 정해져 있지 않다. 또한, SD 300 A를 제외한 이형봉강에서는 항복점의 하한값과 상한값이 정해져 있다.
(3) D22는 공칭직경 d=22.2 mm, 공칭단면적 S=3.871 cm²인 이형봉강의 호칭명이다. 이형봉강의 공칭직경 및 공칭단면적은 이형봉강의 단위 질량과 동일한 단위 질량을 가진 환강의 직경 및 단면적을 나타낸 것이다. 따라서, 설문의 기술은 틀리다.
(4) 기호 SBPR은 PSC 강봉을 나타내고, 그 뒤에 계속되는 숫자 785/1030은 순서대로 내력 및 인장강도를 나타내고 있다.

　　　　　　　　　　　　　　　　　　　　　　　　　　　　　　정답 (3)

―[문제 6]―――――――――――――――――――――――――――
동일한 슬럼프를 얻기 위해 필요한 콘크리트 배합의 보정에 관한 다음의 일반적인 기술 중 부적당한 것은 어느 것인가?
(1) 굵은 골재의 최대치수를 크게 한 경우, 단위 수량을 작게 한다.
(2) 굵은 골재의 실적률이 작아진 경우, 단위 수량을 작게 한다.
(3) 굵은 골재를 부순자갈에서 하천자갈로 교체하는 경우, 잔골재율을 작게 한다.
(4) 잔골재의 조립률이 작아진 경우, 잔골재율을 작게 한다.

⦿ **해설과 해답** 〈☞정선문제 항목 Ⅱ〉

굵은 골재 입자 사이의 틈새에 모르타르(물, 시멘트, 잔골재, 공기포)가 가득 차 있는 상태를 생각한다. 정선문제 메모 Ⅱ ① 참조.

(1) 굵은 골재의 최대치수가 커져서 굵은 입자의 골재가 들어갔다고 한다. 그러면, 그 입자가 밀어낸 만큼 굵은 골재의 최대치수의 작은 콘크리트가 불필요하기 때문에 단위 수량(일반적으로 W/C가 일정하면 단위 시멘트량도), 단위 잔골재량(잔골재율)을 줄일 수 있다.

(2) 굵은 골재의 실적율이 작아지면 굵은 골재의 입자와 입자 사이의 틈새가 늘어난다. 늘어난 만큼 모르타르를 메울 필요가 있기 때문에 단위 수량, 단위 잔골재량(잔골재율)을 크게 한다.

(3) 하천자갈이 부순자갈보다 둥근 모양을 보이므로 실적율은 크다. 그 때문에 하천자갈을 콘크리트에 많이 넣을 수 있는 것과, (2)와 같은 원리로 줄어든 입자 사이의 틈새를 메우는 잔골재의 양을 줄일 수 있다. 따라서 잔골재율을 작게 한다.

(4) 잔골재의 조립률이 작아지면, 즉 가늘게 되면 골재 전체의 평균적인 입경이 작아진다. 그 때문에 상대적으로 입경이 큰 굵은 골재를 늘리고, 잔골재를 줄이므로 잔골재율을 작게 한다.

정답 (2)

[문제 7]
콘크리트 배합에 관한 다음의 일반적인 기술 중 부적당한 것은 어느 것인가?
(1) 공기량은 내동해성과 소요의 워커빌리티가 얻어지는 범위에서 가능한 한 작게 한다.
(2) 굵은 골재의 최대치수는 타설 등에 지장이 없는 범위에서 가능한 한 크게 한다.
(3) 단위 수량은 소요의 슬럼프가 얻어지는 범위에서 가능한 한 작게 한다.
(4) 잔골재율은 소요의 워커빌리티가 얻어지는 범위에서 가능한 크게 한다.

◉ **해설과 해답** 〈☞정선문제 항목 Ⅱ〉

(1) 어느 한계(일반적으로 5~7% 정도)까지는 공기량이 늘면 내동해성도 향상한다. 그러나, 그것을 초과해 한계점에 도달해 공기량이 10% 이상이 되면 반대로 공기량과 함께 내동해성은 저하한다. 한편, 공기포는 강도를 부담하지 않기 때문에 공기량 1%의 증대로 콘크리트의 압축강도가 5% 정도 저하한다. 이런 이유로 소요의 내동해성과 워커빌리티가 얻어지는 범위에서 공기량을 적게 하는 것이 좋다.

(2) 굵은 골재의 최대치수를 크게 하면 동일 슬럼프를 얻기 위해서 필요한 단위 수량을 줄일 수 있고, 동일한 강도를 얻기 위한 단위 시멘트량도 줄일 수 있다(정선문제 메모 Ⅱ ① 참조). 그 때문에 건조수축, 크리프, 수화열의 감소에도 유효하며, 타설 등에 지장이 없는 범위에서 가능한 한 최대치수가 큰 굵은 골재를 선정하는 것이 바람직하다. 그러나, 레디 믹스트 콘크리트에서는 저장시설 관계 때문에 최대치수가 40 mm와 20 mm(또는 25 mm)의 굵은 골재로 한정되는 것이 일반적이다.

(3) 배합설계의 기본이다.

(4) 잔골재율이 극단적으로 커져 모르타르와 같이 되면 필요한 단위 수량(및 단위 시멘트량)이 현저하게 크게 된다. 굵은 골재가 모르타르 속으로 들어오면, 그 부분의 모르타르가 불필요해 단위 수량을 줄일 수 있다. 그러나, 반대로 골재가 극히 적어져 굵은 골재 만이라면, 굵은 골재 입자의 틈새를

모르타르 뿐만 아니라 시멘트풀로 메울 필요가 생겨서 필요한 단위 수량이 현저하게 커진다. 그 때문에 적절한 잔골재율(최적잔골재율:정선문제 메모 Ⅱ ① 참조)이 존재한다. 콘크리트의 유동성을 확보하기 위해 굵은 골재 및 잔골재의 입자끼리 직접 접촉하지 않을 정도의 여유있는 상태로 그들 입자 사이의 틈새를 시멘트풀로 메워지는 상태를 상상하면 좋다.

정답 (4)

[문제 8]

아래 표의 조건에서 콘크리트의 시방배합의 계산 결과에 관한 다음의 기술 중 틀린 것은 어느 것인가?

단, 시멘트의 밀도는 $3.15 g/cm^3$, 잔골재 및 굵은 골재의 표건밀도는 각각 $2.57 g/cm^3$ 및 $2.67 g/cm^3$이며, 골재는 표건상태를 나타내는 것으로 한다.

물 시멘트비 (%)	잔골재율 (%)	공기량 (%)	단위 수량 (kg/m³)
50.0	43.0	5.0	170

(1) 단위 시멘트량은 340 kg/m³이다.
(2) 단위 잔골재량은 798 kg/m³이다.
(3) 단위 굵은 골재량은 1,023 kg/m³이다.
(4) 단위 용적 질량은 2,276 kg/m³이다.

◉ 해설과 해답 〈☞정선문제 항목 Ⅱ〉

물 시멘트비 (W/C), 잔골재율 (s/a), 단위 수량 (W)의 3가지 조건과 시방배합인 것에서 콘크리트의 전용적이 $1,000 l$이라고 하는 조건의 합계 4가지 조건에서 W, C, S, G의 4가지 미지수를 연립방정식으로 구하면 된다.

정선문제 메모 Ⅱ ② 참조.

▶1단계 : 단위 시멘트량 (C)를 구한다.

　단위시멘트량＝단위수량÷물 시멘트비

$$=170 \div (50.0/100)$$
$$=340 (\text{kg/m}^3)$$

▶2단계 : 골재 전체의 절대용적 (a)을 구한다.

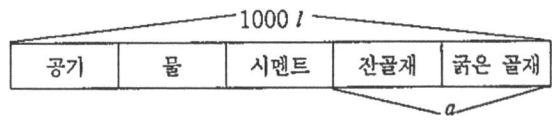

그림 8.1

$a = 1,000 - (\text{공기의 절대용적}) - (\text{물의 절대용적}) - (\text{시멘트의 절대용적})$

$ = 1,000 - 1,000 \times \dfrac{\text{공기량}(\%)}{100} - \dfrac{W}{\text{물의 밀도}} - \dfrac{C}{\text{시멘트의 밀도}}$

$ = 1,000 - 1,000 \times \dfrac{5}{100} - \dfrac{170}{1.0} - \dfrac{340}{3.15}$

$ = 672.1 \, (l)$

▶3단계 : 단위잔골재량 (S) 및 단위 굵은 골재량 (G)를 구한다.

$S = \underbrace{a \times \dfrac{s/a}{100}}_{(\text{잔골재의 절대용적})} \times \text{잔골재의 표건밀도}$

$ = 672.1 \times \dfrac{43.0}{100} \times 2.57$

$ = 743 \, (\text{kg/m}^3)$

$G = \underbrace{a \times \left(1 - \dfrac{s/a}{100}\right)}_{(\text{굵은 골재의 절대용적})} \times \text{굵은 골재의 표건밀도}$

$ = 672.1 \times \left(1 - \dfrac{43.0}{100}\right) \times 2.57$

$ = 1,023 \, (\text{kg/m}^3)$

▶4단계 : 콘크리트의 단위 용적 질량을 구한다.

단위 용적 질량 = 각 단위량의 합계

$$= W + C + S + G$$
$$= 170 + 340 + 743 + 1,023$$
$$= 2,276 \text{ (kg/m}^3\text{)}$$

정답 (2)

[문제 9]

콘크리트의 블리딩에 관한 다음의 일반적인 기술 중 부적당한 것은 어느 것인가?

(1) 단위 시멘트량이 많을수록 블리딩량이 많다.
(2) 공기량이 적을수록 블리딩량은 많다.
(3) 잔골재의 조립률이 클수록 블리딩량은 많다.
(4) 콘크리트 온도가 낮을수록 블리딩량은 많다.

◉ **해설과 해답** 〈☞정선문제 항목 III.3〉

(1) 시멘트나 혼화재 등의 분체는 그 표면에 약한 힘으로 물을 구속한다. 그 때문에 단위 시멘트량이 증가하면 구속되는 수량도 많아지고, 블리딩량은 감소한다.

(2) 공기량을 줄이면 동일한 슬럼프를 얻기 위해서 단위 수량을 늘릴 필요가 있는 것과, 연행 공기 주위에 약한 힘으로 구속되고 있는 물의 양이 감소되는 것에 따라서 블리딩량은 증가한다.

(3) 잔골재 입자 표면에는 약한 힘으로 구속되고 있는 물이 존재한다. 잔골재의 조립률이 크게 되는 즉 꺼칠꺼칠해지면 골재 입자의 총표면적이 작아져서 구속되는 물의 양이 감소되어 블리딩량은 증가한다.

(4) 블리딩은 시멘트나 골재 등의 고체 입자가 물속으로 가라앉아 콘크리트 표면에 물이 분리되는 현상이다. 온도가 낮을수록 콘크리트의 굳기 시작하기까지의 시간이 길어져 블리딩량은 많아진다.

정선문제 메모 III ② 참조.

정답 (1)

[문제 10]
콘크리트의 응결에 관한 다음의 일반적인 기술 중 부적당한 것은 어느 것인가?
(1) 고성능 AE 감수제를 사용하면 응결이 지연되는 경향이 있다.
(2) 콘크리트 온도가 낮을수록 응결이 지연되는 경향이 있다.
(3) 슬럼프가 작을수록 응결이 지연되는 경향이 있다.
(4) 물 시멘트비가 클수록 응결이 지연되는 경향이 있다.

◉ 해설과 해답　　　　　　　　　　　　　　　　　　〈☞정선문제　항목 Ⅲ.4〉

(1) 고성능 AE 감수제는 고성능 감수제나 유동화제를 사용한 콘크리트의 슬럼프 저하가 크다는 결점을 개선한 것이다. 그 때문에 고성능 AE 감수제의 첨가량이 증가하면 시멘트 표면이 고성능 AE 감수제로 덮히는 면적이 늘어나서 응결이 지연되는 경향이 있다. 정선문제 문 Ⅲ-8 해설 참조.
(2) 콘크리트의 응결은 시멘트의 수화반응(화학반응)에 따라 생긴다. 온도가 낮아지면 수화반응이 천천히 되고 응결은 지연된다.
(3) 콘크리트의 응결시간은 반죽시의 주수시각으로부터 콘크리트에서 체가름한 모르타르에 바늘을 꽂을 때의 저항(관입 저항)이 소정의 값이 되기까지의 시간으로 나타낸다. 슬럼프가 작으면 단위 수량이 작은 것과 체가름한 모르타르가 굳어져 관입 저항이 커지기 쉽고, 응결은 짧아지는 경향이 있다.
(4) 물 시멘트비가 크게 되면 체가름한 모르타르에 바늘의 관입 저항이 커지기까지의 시간은 길어지고, 응결은 지연되는 경향이 있다.
정선문제 메모 Ⅲ ③ 참조.

정답 (3)

[문제 11]

콘크리트의 공기량에 관한 다음의 일반적인 기술 중 부적당한 것은 어느 것인가?

(1) 굵은 골재의 최대치수가 작은 콘크리트일수록 많은 공기량을 필요로 한다.
(2) 슬럼프와 단위 시멘트량을 일정하게 한 경우, AE제에 따라 공기량을 증가시켜도 강도는 대부분 변하지 않는다.
(3) AE제의 사용량을 일정하게 한 경우, 콘크리트의 온도가 높을수록) 공기량은 많아진다.
(4) 경화 콘크리트 속의 공기량이 일정한 경우 기포의 평균직경이 작을수록 기포 간격 계수는 작아진다.

⊙ 해설과 해답 〈☞정선문제 항목 Ⅲ.2〉

(1) 굵은 골재의 최대치수를 작게 하면 콘크리트 속의 모르타르량을 늘릴 필요가 있다. 그 때문에 시멘트풀량이 증가된다. 공기포는 시멘트풀 속에 연행되는 것이기 때문에 공기량을 증가시킬 필요가 있다. 정선문제 메모 Ⅱ ① 참조.

(2) 물 시멘트비가 일정한 경우, 공기량이 1% 증가하면 콘크리트의 압축강도는 약 5% 저하한다. 한편, 슬럼프가 일정한 경우 공기량을 1% 증가시키면 단위 수량을 약 3% 줄일 수 있다(정선문제 메모 Ⅱ ① 참조). 그 때문에 슬럼프와 단위 시멘트량이 일정한 경우, 공기량의 증대에 따른 강도 저하와 단위 수량의 감소에 따르는 물 시멘트비의 저하에 의한 강도 상승이 거의 상쇄된다. 또한 슬럼프와 단위 시멘트량이 일정한 경우 하천자갈을 부순자갈로 바꿔도 콘크리트의 압축강도는 대부분 변하지 않는다.

(3) 콘크리트의 온도가 높아지면 콘크리트의 점성이 저하되어 공기가 빠지기 쉽게 되어 공기량은 저하한다. 정선문제 메모 Ⅲ ① 참조.

(4) 공기포의 직경이 작아지면 공기포 1개당의 체적은 작게 된다. 한편, 콘

크리트 속의 공기포 개수는 공기량을 1개당의 공기포 체적의 평균치로 나눈 값이다. 따라서 공기포의 직경이 작아지면 콘크리트 속의 공기포 개수가 증가되므로 기포와 기포의 평균적인 간격은 작아진다.

정답 (3)

[문제 12]

콘크리트의 역학적 특성 중 압축강도가 크게 될수록 작아지는 것은 다음의 어느 것인가?
(1) 영계수
(2) 압축강도에 대한 인장강도비
(3) 압축강도시의 변형
(4) 지압강도

◉ **해설과 해답** 〈☞정선문제 항목 Ⅳ.A.2〉

콘크리트의 압축강도에 관한 기본적 지식을 묻고 있다.

(1) 콘크리트의 영계수(정탄성계수) E는 압축강도 F_c와 밀접한 관계가 있으며, 다음 식과 같은 실험식의 일례가 있다.

$$E = 450 \cdot \rho^{1.5} \cdot F_c^{0.5} \, (\text{N/mm}^2)$$

여기서, E : 영계수(정탄성계수), F_c : 압축강도, ρ : 기건비중

이 식에서 압축강도가 크게 될수록 영계수가 크게 되는 것을 알 수 있다.

(2) 그림 12.1에 나타낸 것처럼 압축강도가 크게 될수록 인장강도도 크게 된다. 그러나, 압축강도에 대한 인장강도의 비는 약 1/10에서 1/13이며, 압축 강도가 크게 될수록 압축강도에 대한 인장강도의 비는 작아진다.

(3) 콘크리트의 압축강도시 변형은 0.2~0.25%이며, 콘크리트의 압축강도가 크게 되어도 그다지 변하지 않는다.

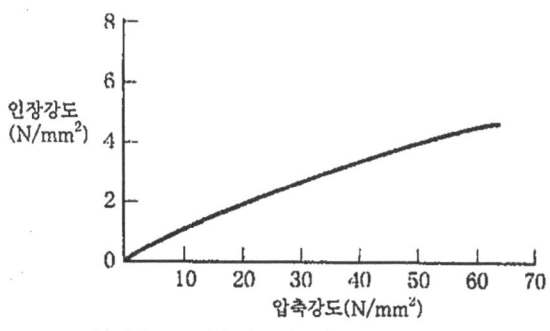

그림 12.1 압축강도와 인장강도의 관계

(4) 지압강도는 그림 12.2에 나타낸 국부 가압 시험에서 구해진다. 압축강도와 지압강도에는 다음 식과 같은 관계가 있다.

$$F_c' = k^n \cdot (A/A')^{0.5} \cdot F_c \, (\text{N/mm}^2)$$

여기서, F_c' : 지압강도,

F_c : 압축강도,

k : 재료계수(보통 콘크리트는 1.0),

n : 정수(1.5~3),

A : 공시체면적,

A' : 가압판면적

이 식에서, 압축강도가 크게 될수록 지압강도도 크게 되는 것을 알 수 있다.

정답 (2)

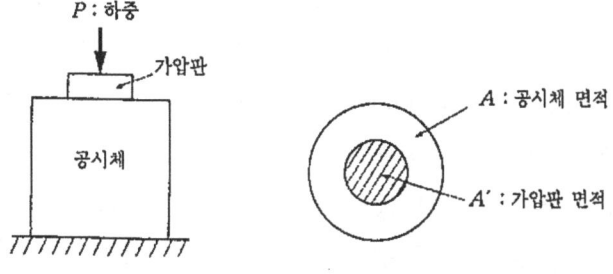

그림 12.2 국부가압시험

┌─[문제 13]─────────────────────────────────
│   콘크리트의 압축강도시험에 관한 다음의 기술 중 콘크리트의 강도시험용 공
│ 시체 제작방법 및 콘크리트의 압축강도 시험방법의 규정에 대조하여 틀린 것은
│ 어느 것인가?
│   (1) 조립재의 최대치수가 40 mm인 콘크리트의 압축강도 시험을 하기 때문
│   에 직경 15 cm, 높이 30 cm의 원주 공시체를 제작했다.
│   (2) 수중양생 후의 공시체를 대기 중에서 2~3시간 건조시킨 다음 압축강도
│   시험을 했다.
│   (3) 압축강도시험에서 압축응력도의 증가가 매초 $0.6 \pm 0.4 \, N/mm^2$가 되도
│   록 하중을 가했다.
│   (4) 공시체의 직경은 d(mm), 최대하중은 P(N)으로 할 때, 압축강도를
│ $\dfrac{P}{\pi (d/2)^2}$ (N/mm^2)에서 산출했다.
└──

⊙ **해설과 해답**　　　　　　　　　　　　　　　〈☞정선문제 항목 Ⅳ.A.1〉

(1) 「공시체는 직경의 2배 높이를 갖는 원주로 한다. 이 직경은 굵은 골재 최
    대치수의 3배 이상, 10 cm 이상으로 한다」. 「참고 공시체의 표준직경은
    10 cm, 12.5 cm, 15 cm이다」. 따라서, 굵은 골재의 최대치수가 40 mm
    인 콘크리트의 압축강도 시험을 하기 때문에 직경 15 cm, 높이 30 cm의
    원주 공시체를 제작한 것은 맞는다.

(2) 「공시체는 소정의 양생이 끝난 직후의 상태에서 시험하는 것으로 한다」
    「콘크리트 강도는 공시체의 건조상태나 온도에 따라 상당히 변화하는 경
    우도 있으므로, 양생이 끝난 직후의 상태에서 시험할 필요가 있다」. 그러
    므로 수중양생 후의 공시체는 대기 중에서 2~3 시간 건조시킨 다음 압축
    강도 시험을 하는 것은 틀린다.

(3) 「공시체에 충격을 주지 않도록 일정한 속도로 하중을 가한다. 하중을 가
    한 속도는 압축응력도의 증가가 매초 $0.6 \pm 0.4 \, N/mm^2$이 되도록 한다」.
    그러므로 설문의 기술은 맞다.

(4) 다음과 같은 압축강도의 산출식이 기술되어 있다.

$$f_c = \frac{P}{\pi(d/2)^2}$$

여기서, f_c : 압축강도(N/mm^2)

P : 최대하중 (N)

d : 공시체의 직경(mm)

따라서, 설문의 기술은 맞다.

정답 (2)

[문제 14]

콘크리트의 수축 및 크리프에 관한 다음의 일반적인 기술 중 부적당한 것은 어느 것인가?
(1) 고강도 콘크리트의 자기 수축은 보통 강도의 콘크리트에 비해 커진다.
(2) 콘크리트의 크리프 변형은 재하시 재령이 짧을수록 작아진다.
(3) 콘크리트의 건조수축은 체적에 대한 표면적의 비율이 작을수록 작아진다.
(4) 콘크리트의 크리프 변형은 단위 시멘트풀량이 많을수록 커진다.

◉ 해설과 해답 〈☞정선문제 항목 Ⅳ.B〉

(1) 콘크리트의 자기 수축은 건조수축과 달리 물이 외부로 빠져나가지 않는 상태로 수축한다. 수축량은 시멘트풀로 인해 시멘트량이 많고, 단위 수량이 적은 것이 커지게 된다. 즉, 콘크리트의 물 시멘트비가 작을수록, 바꿔 말하면 콘크리트가 고강도가 될수록 자기 수축은 커진다.

(2) 크리프란 지속하중이 작용하면, 시간의 경과와 함께 변형이 증대하는 현상을 말한다. 증대된 변형을 크리프 변형이라고 한다. 크리프 변형에는 콘크리트 속의 시멘트풀량, 굵은 골재의 종류나 수량의 영향이 크다. 재하하는 재령이 짧다는 것은 시멘트풀의 수화가 아직 충분히 진행되지 않은 상태로 시멘트풀의 결합력이 작아 크리프 변형은 크게 된다.

(3) 콘크리트 건조수축의 큰 원인은 수분이 빠져나감에 있으며, 수분이 많이

빠져나갈수록 건조수축도 커진다. 체적에 대한 표면적이 작다고 하는 것은 수분이 빠져나가는 면적이 작다는 것이므로 건조수축은 필연적으로 작아진다.

(4) 크리프 변형은 콘크리트 속의 시멘트풀량, 골재의 종류나 수량의 영향이 크다. 시멘트풀량이 많을수록 건조수축 및 크리프 변형은 커진다.

정답 (2)

[문제 15]

콘크리트의 내동해성에 관한 다음의 일반적인 기술 중 부적당한 것은 어느 것인가?
(1) 연행 공기는 내동해성을 향상시키는 효과가 있다.
(2) 흡수율이 큰 연석은 동결시에 pop out을 일으킨다.
(3) 공기량이 동일한 경우, 기포 간격계수가 클수록 내동해성은 향상한다.
(4) 내동해성은 동결 융해가 반복된 공시체의 동탄성계수를 근거로 평가한다.

⊙ 해설과 해답 〈☞정선문제 항목 IV.C.3〉

(1) AE제나 AE 감수제 등의 표면활성작용에 의해 연행되는 연행 공기는 직경이 $10 \sim 100 \mu m$ 정도의 구상 기포로 콘크리트 속에 균등하게 분포되는 것이며, 동결 융해에 대해 쿠션적인 작용을 해 얼음의 팽창압을 흡수하는 역할을 한다.

(2) 동결 팽창이나 알칼리 탄산염 반응이 원인으로 일어난 골재입자의 팽창압에 따라 콘크리트표면이 벗겨져 나가 원추상으로 얕게 패인 것을 폽 아웃(pop out)이라고 한다. 연석은 흡수율이 커서 압축강도가 작으므로 폽 아웃을 일으키기 쉽다.

(3) 동결 융해작용에 대한 저항성은 콘크리트 속에 입경이 작은 기포가 짧은 간격으로 분포되어 있을수록 크다. 따라서, 공기량이 같으면 평균 간격을 나타내는 기포 간격 계수가 작을수록 콘크리트의 내동해성은 향상한다. 일

반적으로 기포 간격 계수가 200μm 보다 작으면 콘크리트의 동결 융해작용에 대한 저항성은 크다.

(4) 콘크리트의 동결 융해시험은 동결 및 융해가 급속한 반복으로 시험하는 방법이 콘크리트의 동결 융해 시험방법에 규정되어 있다. 동결 융해작용에 대한 저항성은 다음에 나타내는 내구성 지수로 평가한다.

$$DF = \frac{P \times N}{M}$$

여기에, DF : 내구성지수

P : N사이클일 때의 상대동탄성계수(%)

N : 상대동탄성계수가 60%가 되는 사이클수, 또는 300사이클의 어느 쪽이든 작은 것

M : 300사이클

정답 (3)

[문제 16]

콘크리트의 중성화에 관한 다음의 일반적인 기술 중 부적당한 것은 어느 것인가?

(1) 대기 중에서 콘크리트의 중성화가 진행하는 경우, 중성화 깊이는 경과시간의 제곱근에 비례한다.

(2) 마무리가 없는 콘크리트 벽면에서는 실외측의 방향이 실내측보다 중성화 속도가 빠르다.

(3) 플라이애시 시멘트 B종을 사용한 콘크리트의 중성화 속도는 보통 포틀랜드 시멘트를 사용한 것보다 빠르다.

(4) 물 시멘트비가 큰 콘크리트일수록 중성화 속도가 빠르다.

◉ 해설과 해답 〈☞정선문제 항목 Ⅳ.C.2〉

(1) 콘크리트가 탄산가스와 반응되어 알칼리가 저하하는 현상을 중성화라 한다. 대기 중의 탄산가스가 콘크리트 속으로 확산해 나가는 것에 따라 중성화가

콘크리트표면에서 내부로 진행되는 것으로 가정된 경우에 중성화 깊이는 경과시간의 제곱근에 비례하게 된다.

(2) 탄산가스 농도가 커지면 중성화 속도는 빨라지고, 습도가 70% 이상에서는 습도가 높을수록 중성화 속도는 늦어진다. 따라서, 실내측은 실외측에 비해 탄산가스 농도가 높아 습도가 낮은 환경이 되므로 실내측의 중성화 속도는 실외측보다 빠르다.

(3) 콘크리트가 중성화하는 것은 시멘트의 수화생성물인 수산화칼슘($Ca(OH)_2$)이 탄산가스와 반응되어 탄산 화합물인 탄산칼슘($CaCO_3$)으로 변화하기 때문이다. 플라이애시 시멘트 B종은 보통 포틀랜드시멘트에 비교하면 수산화칼슘의 보유가 적어서 일반적으로 플라이애시 시멘트 B종을 사용한 콘크리트의 중성화 속도는 빨라진다.

(4) 물 시멘트비가 큰 쪽이 시멘트풀부가 밀실되지 않아 콘크리트의 확산계수가 커진다. 따라서, 물 시멘트비가 큰 콘크리트는 탄산가스가 콘크리트 속으로 쉽게 확산되어 중성화 속도는 빨라진다.

정답 (2)

[문제 17]

콘크리트의 수밀성에 관한 다음의 일반적인 기술 중 부적당한 것은 어느 것인가?
(1) 굵은 골재의 최대치수가 작을수록 수밀성은 향상한다.
(2) 플라이애시 등의 혼화재를 첨가하면 수밀성은 향상한다.
(3) 습윤 양생기간이 짧을수록 수밀성은 저하한다.
(4) AE제 또는 AE 감수제를 사용하면 수밀성은 저하한다.

◉ 해설과 해답 〈☞정선문제 항목 Ⅳ.C.5〉

(1) 콘크리트의 수밀성을 나타내는 지표에 투수계수가 있다. 일반적으로 투수계수가 작은 콘크리트일수록 수밀성이 높은 것으로 평가된다. 굵은 골재의 최대치수가 작을수록 블리딩으로 인해 골재 밑면에 생기는 틈이 작아지기

때문에 콘크리트의 투수계수는 작아지고, 수밀성은 향상한다.
(2) 플라이애시는 비표면적이 3,200~6,300 cm^2/g의 미세분말 상태의 포졸란이다. 플라이애시를 사용한 콘크리트는 재령과 함께 시멘트의 수화반응 뿐만 아니라 플라이애시의 포졸란 반응도 서서히 진행되어, 장기 재령에서는 사용하지 않는 것에 비해 조직이 치밀해져 투수계수가 대폭적으로 작아진다. 이 때문에 장기 습윤 양생을 계속할 수 있는 콘크리트에서는 양질의 플라이애시 등의 포졸란을 함유한 혼화재의 사용이 수밀성 개선에 매우 유효하다.
(3) 콘크리트는 습윤 양생에 의해 시멘트의 수화반응이 진행되면 시멘트 겔의 생성량이 증대되어 조직이 치밀해져 수밀성이 향상한다. 그러나, 습윤 양생 기간이 짧으면 시멘트의 수화반응이 충분히 진행되지 않아 콘크리트의 조직은 꺼칠꺼칠하게 되어 수밀성은 저하한다.
(4) 일반적으로 콘크리트의 수밀성은 공기량이 증가할수록 저하한다. 그러나, 양질의 AE제나 AE 감수제를 사용해 권장치 정도의 공기량을 연행시키면, 워커빌리티가 개선되어 충분한 다짐이 가능하게 되고, 또 블리딩도 감소하기 때문에 콘크리트의 수밀성은 향상한다. 따라서, 설문의 기술은 부적당하다.

정답 (4)

[문제 18]

콘크리트의 성질에 관한 다음의 일반적인 기술 중 부적당한 것은 어느 것인가?
(1) 콘크리트가 200℃로 가열된 경우, 압축강도는 상온시의 반 정도로 저하한다.
(2) 콘크리트의 열팽창계수나 비열 등의 열적 성질은 골재의 종류 및 콘크리트 함수율의 영향을 강하게 받는다.
(3) 백화(efflorescence)는 시멘트 경화체 속의 가용성 성분이 용해된 물이 표면에 스며나와서 물의 증발에 따라 용해되었던 성분이 표면에 석출된 것이다.
(4) X선이나 γ선의 차폐를 목적으로 한 콘크리트에는 중량 콘크리트가 사용된다.

◉ 해설과 해답　　　　　　　　　　　　　〈☞정선문제 항목 Ⅳ.C.1〉

(1) 시멘트 경화물과 골재의 복합재료인 콘크리트는 시멘트 경화물과 골재의 팽창 수축 거동이 다르기 때문에 생기는 내부조직 파괴 등으로 온도가 높아짐에 따라 압축강도의 저하는 커진다. 온도 상승에 의한 콘크리트 강도의 변화 상황은 콘크리트의 배합이나 골재의 성질에 따라 다르지만, 일반적으로 온도가 500℃ 정도에서 콘크리트의 압축강도는 상온시의 약 1/2이 저하한다.

(2) 보통 콘크리트의 열팽창계수는 보통의 온도 범위에서 $7 \sim 14 \times 10^{-6}$ 정도이지만 골재의 종류나 석질에 따라 다르다. 석영질의 골재를 사용한 콘크리트가 가장 크고 석회암을 사용한 콘크리트는 작으며, 경량 콘크리트는 보통 콘크리트의 70~80% 정도로 작다. 또 봉한 상태에서 콘크리트의 열팽창량은 물의 열팽창량이 가산되므로 건조상태의 값보다 커진다.

　　한편, 보통 콘크리트의 비열은 $0.88 \sim 1.09\,\text{kJ}/(\text{kg}\cdot\text{K})$ 정도이며, 골재의 비열이 클수록 크다. 또 경량 콘크리트의 비열은 보통 콘크리트보다 크다. 또한 함수율이 크면 콘크리트의 비열은 커진다. 예를 들면, 1 kg의 절건 콘크리트 비열을 $0.80\,\text{kJ}/(\text{kg}\cdot\text{K})$, 물의 비열을 $4.2\,\text{kJ}/(\text{kg}\cdot\text{K})$로 가정해 함수율이 3%인 경우, 콘크리트의 비열은 $(0.8+0.03 \times 4.2)/1.03 = 0.90\,\text{kJ}/(\text{kg}\cdot\text{K})$가 되어 절건 상태보다 커진다.

(3) 시멘트 경화체 속의 가용성 성분이 물의 스며나옴으로 인해 콘크리트 표면에 용출되고, 물의 증발에 따라 석출된 백색 물질 혹은 그것이 탄산화된 것을 백화라고 한다. 주체가 되는 성분으로는 $CaCO_3$, $Ca(OH)_2$, Na_2SO_4, K_2SO_4, $CaSO_4$, Na_2CO_3, K_2CO_3 등이 있다.

(4) X선이나 γ선의 차폐성능은 거의 차폐체의 밀도 즉 콘크리트의 단위 용적 질량에 비례한다. 따라서, X선이나 γ선의 차폐 목적으로 단위 용적 질량이 $2.5\,\text{kg/m}^3$ 이상인 중량 콘크리트가 사용된다.

정답 (1)

―[문제 19]―

재료의 계량에 관한 다음의 기술 중 레디 믹스트 콘크리트의 규정에 대조하여 **틀린** 것은 어느 것인가?

(1) 물의 계량은 용적으로 해도 된다.
(2) 고로 슬래그 미분말의 계량오차는 1회 계량분량에 대해 1% 이내로 해야 한다.
(3) 잔골재와 굵은 골재는 누가계량을 해도 된다.
(4) 계량기는 골재의 표면수율 보정장치를 구비해야 한다.

⊙ **해설과 해답**　　　　　　　　　　　　　〈☞정선문제　항목 V.2〉

(1) 물의 계량은 설문과 같이 질량 또는 용적에 의한다.
(2) 보통 혼화재료의 계량오차는 ±2%이다. 따라서, 이 설문은 틀린다.
(3) 레디 믹스트 콘크리트의 개별 심사사항에서 잔골재와 굵은 골재 또는 입도가 다른 재료를 누가계량해도 된다고 기록되어 있다.
(4) 골재의 계량기에는 표면수율의 보정장치를 구비해야 한다. 단, 굵은 골재에 대해서는 표면수율의 변동이 적으므로 계량치의 보정을 계산으로 해도 된다고 되어 있다.

정답 (2)

―[문제 20]―

콘크리트강도에 관한 다음의 기술 중 레디 믹스트 콘크리트의 규정에 대조하여 **틀린** 것은 어느 것인가?

(1) 강도시험에서 공시체의 재령은 구입자의 지정이 없는 경우 28일로 한다.
(2) 1회의 시험결과는 임의의 1 운반차에서 채취된 시료로 만든 3개의 공시체 시험치의 평균치로 표시한다.
(3) 강도시험용의 공시체는 주고받는 당사자간의 협의에 따라 탈형 후에 현장 수중 양생한 것으로 할 수 있다.

(4) 검사를 위한 시험 회수는 주고받는 당사자간의 협의에 따라 150m³에 대해서 1회의 비율로 할 수 있다.

◉ **해설과 해답** 〈☞정선문제 항목 V.3〉

(1) 강도시험의 재령은 구입자가 지정하지 않은 경우(보통의 경우)는 28일로 한다. 단, 구입자가 호칭강도를 보증하는 재령을 지정한 경우에는 그 재령으로 강도시험을 한다.
(2) 1회의 시험결과는 설문과 같이 1운반차에서 3개의 공시체를 채취하고, 3개의 시험결과 평균치로 표시한다.
(3) 레디 믹스트 콘크리트의 호칭강도 시험방법은 콘크리트 강도시험용 공시체의 제작방법에 따르고 있으며, 거기에는 공시체의 양생온도를 20±3℃로 한다고 기록되어 있다. 따라서, 주고받는 당사자간의 협의에 따라 현장 수중양생이 가능하다고 한 이 설문은 틀린다.
(4) 강도시험은 주고받는 당사자간의 협의에 따라 검사 로트의 크기를 정할 수 있는데, 그 횟수는 150 m³에 대해서 1회의 비율로 하는 것이 바람직하다고 기록되어 있다. 강도시험의 횟수는 보통 콘크리트, 경량콘크리트 및 포장 콘크리트에서는 150 m³에 대해서 1회의 비율을 표준으로 한다.

정답 (3)

[문제 21]

콘크리트의 압축강도 시험결과의 평균치가 32.0 N/mm², 표준편차가 3.0N/mm²이었다. 불량률을 2.28%까지 허용되었을 때의 강도치로서 맞는 것은 어느 것인가?

단, 콘크리트의 압축강도는 정규분포하는 것으로 하고, 평균치를(m), 표준편차를 (σ)이라고 한 경우, $m\pm\sigma$, $m\pm2\sigma$, $m\pm3\sigma$에 들어가는 대개의 확률은 각각 0.6827, 0.9545, 0.9973이다.

(1) 23.0 N/mm²

(2) 24.5 N/mm²
(3) 26.0 N/mm²
(4) 27.5 N/mm²

◉ **해설과 해답**　　　　　　　　　　　　　　　〈☞정선문제 항목 V.4〉

이 문제는 정규분포의 특성을 알고 있으면 쉽게 해답할 수 있다.

정규분포에서는 평균치(m)의 좌우를 표준편차(σ)로 구분하면, 그 중에 포함되는 비율은 m이나 σ에 관계없이 일정하여 $m \pm k\sigma (k : 1, 2, 3)$ 사이에 들어갈 확률은 설문에 기록된 값으로 된다(그림 21.1 참조). 그래서, $m - k\sigma$를 밑도는 비율(불량률)은 k가 1, 2, 3일 때 아래와 같이 산출된다.

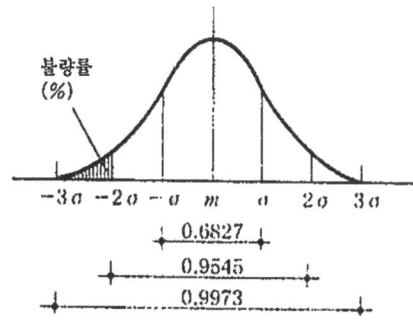

그림 21.1 정규분포에서 표준편차와 불량률의 관계

$k=1$　$(1-0.6827)/2=0.1587$

$k=2$　$(1-0.9545)/2=0.0228$

$k=3$　$(1-0.9973)/2=0.0014$

즉, 불량률이 2.28%로 되는 것은 k가 2일 때이며, 허용되는 강도는

$$m - 2\sigma = 32.0 - 2 \times 3.0 = 26.0$$

으로 되어 (3)이 정답이다.

정답 (3)

[문제 22]

콘크리트의 품질에 관한 다음의 기술 중 레디 믹스트 콘크리트의 규정에 대조하여 틀린 것은 어느 것인가?

(1) 공기량은 구입자가 지정한 값에 대해서 ±1.5% 이내라야 한다.
(2) 염화물 함유량은 구입자의 승인을 받지 않은 경우는 염화물 이온(Cl^-)량으로서 $0.3\,kg/m^3$ 이하라야 한다.
(3) 슬럼프는 구입자가 지정한 슬럼프치가 21 cm인 경우, 21±1.5 cm 범위 내라야 한다.
(4) 콘크리트의 강도는 3회의 시험결과 평균치가 구입자가 지정한 호칭강도 강도치의 85% 이상이라야 한다.

● 해설과 해답   〈☞정선문제 항목 V.1〉

(1) 콘크리트의 공기량은 보통 콘크리트와 포장 콘크리트가 4.5%, 경량 콘크리트는 5.0%로 되어 있는데, 그 허용차는 콘크리트 종류와 관계없이 ±1.5%로 규정되어 있다. 구입자는 상기와 다른 값을 지정할 수도 있지만, 그 경우도 허용차는 ±1.5%로 생각하면 된다.

(2) 콘크리트의 염화물 함유량은 염화물 이온(Cl^-)량으로서 $0.30\,kg/m^3$ 이하로 해야만 된다고 규정되어 있다. 또한 구입자의 승인을 받은 경우에는, $0.60\,kg/m^3$ 이하로 할 수 있다는 단서가 있다. 또 염화물 함유량의 상한치가 지정되어 있는 경우는 그 값으로 하는 것이 주기가 되어 있다.

(3) 슬럼프의 허용차는 슬럼프의 크기에 따라 아래와 같이 정해진다.

슬럼프 2.5 cm	±1 cm
5 cm, 6.5 cm	±1.5 cm
8 cm 이상 18 cm 이하	±2.5 cm
21 cm	±1.5 cm

(4) 콘크리트 강도는 각 1회의 시험결과는 구입자가 지정한 호칭강도의 85% 이상이면 되는데, 3회의 시험결과 평균치는 호칭강도의 강도치 이상이라야만 된다. 따라서, 이 설문이 틀린다.

정답 (4)

[문제 23]
레디 믹스트 콘크리트의 발주에 있어서 구입자가 생산자와 협의한 후 지정할 수 있는 사항으로서 부적당한 것은 어느 것인가?
(1) 단위 시멘트량의 상한치
(2) 단위 수량의 하한치
(3) 물 시멘트비의 상한치
(4) 콘크리트의 최저온도

◉ **해설과 해답** 〈☞정선문제 항목 V.1〉

레디 믹스트 콘크리트에서 구입자는 생산자와 협의하여 시멘트의 종류, 골재의 종류, 굵은 골재의 최대치수, 알칼리 실리카 반응 억재 대책방법의 4항목을 지정하는 외에, 필요에 따라 지정할 수 있는 몇 가지 항목이 정해져 있다. 이 문제는 그러한 항목에 대한 설문이다.
(1) 단위 시멘트량에 대해서는 하한치 또는 상한치를 지정할 수 있다.
(2) 단위 수량이 많아지면 콘크리트의 품질 저하를 초래할 우려가 있으므로, 그 상한치를 지정할 수 있지만, 하한치에 대해서는 규정된 것이 없다. 따라서, 이 설문은 부적당하다.
(3) 물 시멘트비에 대해서도 단위 수량과 마찬가지로 상한치를 지정할 수 있다.
(4) 콘크리트 온도는 최고 또는 최저의 온도를 지정할 수 있다.

정답 (2)

[문제 24]
트럭 애지테이터에 의한 콘크리트의 운반시간 및 타설 종료까지의 시간에 관한 다음의 기술 중 틀린 것은 어느 것인가?
(1) 바깥기온이 30℃일 때, 콘크리트의 반죽 개시부터 타설 종료까지의 시간 한도를 90분으로 하고 있다.

(2) 레디 믹스트 콘크리트의 규정에서는 바깥기온이 30℃일 때, 콘크리트의 반죽 개시부터 하역까지의 시간 한도를 90분으로 하고 있다.

(3) 철근 콘크리트공사에서는 바깥기온이 20℃일 때, 콘크리트의 반죽 개시부터 타설 종료까지의 시간 한도를 120분으로 하고 있다.

(4) 바깥기온이 20℃일 때 콘크리트의 반죽 개시부터 하역까지의 한도를 120분으로 하고 있다.

◉ 해설과 해답　　　　　　　　　　　　　　　　〈☞정선문제 항목 Ⅵ.1〉

콘크리트는 기온이 높아지면 응결이 빨라져 워커빌리티가 저하하기 때문에 바깥기온에 따라 반죽 개시부터 타설 종료까지의 한도를 아래와 같이 규정하고 있다. 바깥기온의 구분에 대해서는 약간 차이가 있다.

　　바깥기온이 25℃ 이하일 때　　　――2시간
　　　　　　25℃를 넘을 때　　　　　――1.5시간

따라서, (1)과 (3)은 맞다.

이것에 대해서 레디 믹스트 콘크리트에서는 반죽을 개시부터 1.5시간 이내에 하역하도록 규정되어 있으며, 바깥기온에 대해서는 저촉되지 않는다. 그래서, 바깥기온을 고려하지 않는 것으로 간주하면 (2)의 90분은 맞지만, (4)의 120분은 틀린다.

　　　　　　　　　　　　　　　　　　　　　　　　　　　　정답 (4)

[문제 25]

콘크리트의 펌프압송에 관한 다음의 일반적인 기술 중 부적당한 것은 어느 것인가?

(1) 단위 시멘트량이 적은 배합의 콘크리트는 막히기 쉽다.

(2) 고강도 콘크리트의 압송에는 피스톤식보다 스퀴즈(squeeze)식이 적합하다.

(3) 펌프 압송하는 콘크리트에 인공경량 골재를 사용하는 경우, 골재를 미리 충분히 흡수시켜 두는 것이 좋다.
(4) 콘크리트의 슬럼프나 공기량은 펌프압송에 의해 저하하는 경향이 있다.

◉ 해설과 해답 〈☞정선문제 항목 Ⅵ.1〉

(1) 단위시멘트량이 적은 콘크리트에서는 수송관의 벽면에 시멘트가 붙어 워커빌리티가 저하하기 때문에 막히기 쉽다.
(2) 고강도 콘크리트는 점성이 높아서 압송저항이 크기 때문에 스퀴즈식보다도 최대 토출압이 큰 피스톤식이 적합하다. 따라서, 이 설문이 부적당하다.
(3) 인공경량 골재는 내부에 틈이 많이 있어서 압송압으로 인해 콘크리트의 수분이 골재에 흡수되기 때문에 막히는 사고가 일어나기 쉽다. 이것을 방지하기 위해서 미리 골재를 충분히 흡수시킬 필요가 있다.
(4) 콘크리트의 종류나 배합, 배관, 압송방법 등에 따라 차이가 있는데, 일반적으로 펌프압송에 의해 슬럼프나 공기량은 저하하는 경향이 있다.

정답 (2)

─[문제 26]─

콘크리트의 타설 및 다짐에 관한 다음의 일반적인 기술 중 적당한 것은 어느 것인가?

(1) 봉형 진동기를 사용하는 경우, 슬럼프가 작은 콘크리트일수록 삽입 간격을 작게 하는 것이 좋다.
(2) AE 콘크리트를 타설한 경우, 가능한 한 봉형 진동기의 사용은 피하고, 거푸집 진동기를 사용하는 것이 좋다.
(3) 봉형 진동기를 사용하는 경우, 콘크리트를 수평방향으로 유동시키면서 콘크리트 표면이 거의 수평이 될 때까지 다지는 것이 좋다.
(4) 콜드 조인트를 방지하는 데는 하층의 콘크리트가 굳어지기 시작할 무렵에 상층의 콘크리트를 타설하는 것이 좋다.

◉ 해설과 해답　　　　　　　　　　　　　　〈☞정선문제　항목 Ⅵ.2〉

　콘크리트의 타설이나 다짐은 재료분리나 콜드 조인트 등의 결합을 발생시키지 않도록 밀실하게 거푸집 안을 충전하는 것이 중요하다.
(1) 삽입 간격은 슬럼프가 작은 콘크리트일수록 봉형 진동기와 같은 내부 진동기는 콘크리트에 진동이 전달되기 어려워 다짐 범위가 좁다. 슬럼프가 작아짐에 따라서 삽입 간격을 작게 할 필요가 있다. 따라서 설문의 기술은 적당하다.
(2) AE 콘크리트와 무근 콘크리트는 달라서 봉형 진동기와 같은 내부 진동기와 거푸집 진동기와 같은 외부 진동기의 사용에 좋고 나쁨은 없다.
(3) 콘크리트는 터널의 2차 복공 콘크리트나 자기 충전성을 갖는 고유동 콘크리트 이외는 원칙으로서 콘크리트를 옆으로 이동시켜 다짐해서는 안된다.
(4) 콜드 조인트를 방지하는 데는 하층의 콘크리트가 굳어지기 시작하기 전에 상층의 콘크리트를 타설해야만 한다. 굳어지기 시작할 무렵에는 지연되어 중복 타설 시간 간격의 한도는 바깥 온도가 25℃ 미만인 경우는 150분, 25℃ 이상인 경우는 120분을 기준으로 되어 있다.

　　　　　　　　　　　　　　　　　　　　　　　　　　　　정답 (1)

[문제 27]

　콘크리트의 이어붓기에 관한 다음의 일반적인 기술 중 부적당한 것은 어느 것인가?
　(1) 이어붓기면은 부재의 압축력에 직교하는 방향으로 만드는 것이 좋다.
　(2) 보 및 바닥의 시공 이음은 지간의 단부에 만드는 것이 좋다.
　(3) 수밀성을 요하는 콘크리트의 연직 시공 이음에서는 지수판을 사용하면 좋다.
　(4) 수평 타설 이음면에서는 레이턴스를 제거하고, 충분히 흡수시킨 콘크리트를 이어붓는 것이 좋다.

◉ 해설과 해답　　　　　　　　　　　　　　　〈☞정선문제　항목 Ⅵ.2〉

　콘크리트의 이어붓기부는 구조적으로 완전히 일체화하지 않으므로 수밀성이나 내구성의 결함으로 되기 쉬워 구조내력의 약점이 되기 쉽다. 따라서 이어붓기 시공은 가능한 한 결함이나 약점이 발생하지 않도록 하는 것이 중요하다.

(1) 이어붓기면은 인장력이 발생하지 않는 부위에 만드는 것이 바람직하다. 따라서 부재의 압축력에 직교하는 방향으로 만드는 것은 적당하다.

(2) 단순보 이외의 RC 구조물에서는 보나 바닥의 지간 단부는 자중이나 적재 하중이 누적되어 전단력이 발생하기 때문에 시공 이음을 만드는 것은 적당하지 않다.

(3) 수밀성을 요하는 콘크리트의 연직 시공 이음에서는 수평 시공 이음과 달리 연직방향으로 물의 이동을 완전히 차단하는 것은 불가능하므로 지수판의 설치가 필요하다.

(4) 완전한 수평 타설 이음면을 만들기 위해서는 구콘크리트를 꼼꼼하게 시공하는 것이 가장 중요하며, 면의 레이턴스를 제거하여 완화된 골재나 잡물을 제거하고 씻어내어 충분히 흡수시킨 뒤에 신콘크리트를 타설하는 것이 좋다.

　　　　　　　　　　　　　　　　　　　　　　　　　　　정답 (2)

[문제 28]

　콘크리트의 양생 및 표면마무리에 관한 다음의 일반적인 기술 중 부적당한 것은 어느 것인가?

(1) 바깥기온이 낮은 경우 양생기간을 길게 한다.
(2) 바깥기온이 높은 경우 살수하면서 표면마무리를 한다.
(3) 플라스틱 수축 균열을 방지하기 위해서는 일사나 바람의 영향을 받지 않도록 양생한다.
(4) 콘크리트가 굳어지기 시작할 때까지 발생한 균열은 탬핑으로 제거한다.

◉ 해설과 해답　　　　　　　　　　　　　　　〈☞정선문제　항목 Ⅵ.3〉

(1) 바깥기온이 낮은 경우 콘크리트의 초기강도 발현이 늦어지므로, 양생기간

을 길게 하는 것은 적절한 조치이다.
(2) 콘크리트는 바깥기온의 고저와 관계없이 블리딩수가 발생되는 동안 살수하면 물이 더해지는 것과 같은 효과가 된다. 따라서 살수하면서 표면마무리를 하면, 경화 후 살수된 부분에 건조 수축 균열이 발생하게 되어 이 처리는 부적당하다.
(3) 플라스틱 수축 균열이 발생되기 쉬운 환경 조건의 하나로 건조상태가 있다. 따라서, 양생 중인 콘크리트에 직접 일광이나 바람이 닿지 않도록 하는 것은 적절한 조치이다.
(4) 콘크리트가 응결하기 전에 발생된 침하 균열이나 플라스틱 수축 균열은, 흙손을 사용해 콘크리트 표면의 균열 부분을 강하게 누르는 탬핑으로 제거하는 것이 가능하다. 따라서 이 조치는 적절하다.

정답 (2)

[문제 29]

거푸집 및 지보공에 관한 다음의 일반적인 기술 중 적당한 것은 어느 것인가?
(1) 거푸집에 작용하는 콘크리트의 측압은 콘크리트 온도가 높을수록 커진다.
(2) 거푸집 지보공의 도괴 사고로 이어지는 수평방향 하중으로서는 거푸집에 작용하는 콘크리트의 측압이 지배적이다.
(3) 지간이 큰 슬래브나 보를 설계도대로 만드는 데는 콘크리트 자중에 의한 변형량을 고려하여 지보공을 위로 넘겨서 만든다.
(4) 콘크리트의 압축강도가 $5\,N/mm^2$ 이상인 것을 확인하면, 보 밑의 거푸집널을 해체하기 위해서 지보공을 떼어도 된다.

◉ **해설과 해답** 〈☞정선문제 항목 VI.4〉

(1) 일반적으로 타설할 때 콘크리트 온도가 높을수록 응결·경화시간이 빨라지기 때문에 콘크리트의 측압은 작아진다. 측압의 크기에 영향을 주는 그 외의 요인으로서는 콘크리트의 치올리는 속도가 늦을수록, 기온이 높을수록, 콘크리트의 슬럼프가 작을수록, 단위 용적질량이 작을수록 측압은 작게 된다.

(2) 거푸집·지보공에 작용하는 수평방향 하중으로서 고려하는 요인은 작업시 기계종류의 시동, 정지, 주행 등에 따른 진동·충격하중, 콘크리트의 타설시 등에 발생하는 편재하중, 풍압, 유수압, 지진 등이 있으며, 거푸집에 작용하는 콘크리트의 측압은 포함되지 않는다.

(3) 지보공의 설계에서는 시공시 및 완성 후 콘크리트 자중에 의한 침하, 변형을 고려해 적절하게 위로 넘겨서 설치할 것을 규정하고 있다. 시공시에 상정되는 구조물의 침하, 변형에는 콘크리트 자중에 의한 구조물의 처짐이나 지보공의 침하 등이 있으므로, 지보공의 위로 넘김은 콘크리트 구조물을 설계도대로 제조하기 위해서 시공상 필요한 대책이다. 따라서, 설문의 기술은 적당하다.

(4) 바닥슬래브 밑, 지붕슬래브 밑 및 보 밑의 거푸집널은 원칙으로서 지보공을 제거한 후에 떼내는 것, 또 슬래브 밑, 보 밑의 지보공은 설계기준 강도의 100% 이상으로 콘크리트의 압축강도가 얻어진 것이 확인된 후에 떼어내는 것으로 규정되어 있다. 설문의 기술은 부적당하다.

정답 (3)

─[문제 30]─

거푸집 내의 배근을 모식적으로 나타낸 아래 그림에서 x, y, u 및 v 중 피복두께 및 철근의 간격을 나타낸 조합으로서 맞는 것은 어느 것인가?

	피복 (두께)	철근의 간격
(1)	x	u
(2)	x	v
(3)	y	u
(4)	y	v

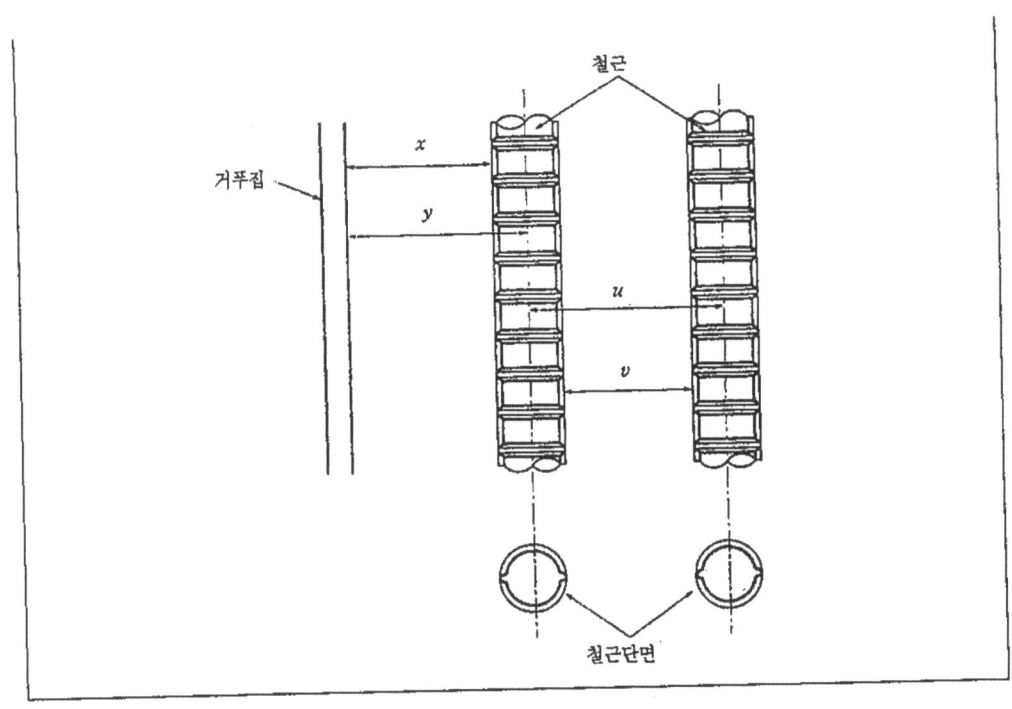

◉ 해설과 해답 〈☞정선문제 항목 Ⅵ.5〉

피복두께는 철근의 표면과 그것을 덮는 콘크리트의 외측표면까지의 최단거리인 것이다. 따라서, x가 맞다. 철근의 간격은 철근 상호의 표면간 최단거리이다. 따라서, v가 맞다.

정답 (2)

[문제 31]

한중 콘크리트에 관한 다음의 일반적인 기술 중 부적당한 것은 어느 것인가?

(1) 타설시의 콘크리트 온도가 30℃ 정도가 되도록 관리했다.
(2) 물에 젖는 것이 없는 부분이었으므로 콘크리트의 압축강도가 5 N/mm² 이상이 된 것을 확인하여 초기양생을 중단했다.
(3) 일평균기온이 3℃로 예상되었으므로 한중 콘크리트로서 시공하는 것으로 했다.

(4) 초기양생 기간 중에는 지붕을 설치해 가열 양생하고, 콘크리트의 온도가 5℃ 이상 되도록 관리했다.

◉ 해설과 해답 〈☞정선문제 항목 Ⅶ.3〉

(1) 한중 콘크리트의 시공에서는 타설시의 콘크리트 온도가 낮으면 초기동해를 받기 쉽고, 너무 높으면 경화과정에서 냉각이 빨라 콘크리트에 균열이 발생하는 위험이 있다. 따라서 타설시의 콘크리트 온도는 10~20℃로 하는 것이 적당하며, 구조물의 부재조건이나 기상조건에 따라서는 5℃까지 내릴 수 있다.

(2) 한중 콘크리트에서 초기양생의 목적은 초기동해의 방지이다. 콘크리트의 압축강도가 5 N/mm² 이상이 되면 초기에 받는 동결 융해의 반복됨을 감당할 수 있으므로, 보통은 이 강도가 얻어진 것을 확인해 초기양생을 중단한다. 단, 항상 혹은 자주 물에 닿는 부재는 콘크리트의 압축강도가 10~15 N/mm² 정도가 될 때까지 초기양생 할 필요가 있다.

(3) 일평균기온이 4℃ 이하가 되는 것이 예상될 때에 한중 콘크리트를 적용하도록 규정되어 있다.

(4) 한중 콘크리트의 가열 양생은 콘크리트 경화에 필요한 온도를 유지를 위해 실시된다. 보통은 강설이나 급격한 기온의 저하를 대비해 지붕을 설치하여 그 내부공간을 히터 등으로 가열해 콘크리트의 양생온도가 5℃ 이상이 되도록 관리한다.

정답 (1)

[문제 32]
서중 콘크리트에 관한 다음의 일반적인 기술 중 부적당한 것은 어느 것인가?
(1) 초기의 강도발현은 빠르지만, 장기의 강도 증진은 작다.
(2) 서중 콘크리트란 타설시의 콘크리트 온도가 35℃를 초과하는 콘크리트를 말한다.
(3) 서중 콘크리트에서는 소정의 슬럼프를 얻기 위해 단위 수량은 많아진다.

(4) 운반 중에 슬럼프 저하를 막기 위해서는 지연형의 AE 감수제 및 고성능 AE 감수제의 사용이 효과적이다.

◉ 해설과 해답 〈☞정선문제 항목 Ⅶ.4〉

(1) 서중 콘크리트는 콘크리트온도가 높아져 수화반응이 촉진되어 강도의 발현이 빨라진다. 그러나 한편으로는 시멘트입자의 표면이 조기에 수화로 인한 껍질과 같은 것이 생성되어 그 후의 수화를 방해하여서 장기의 강도증진은 반대로 작아진다.

(2) 서중 콘크리트란 일평균기온이 25℃를 넘는 것처럼 기온이 높을 때 제조, 타설되는 콘크리트이며, 타설시의 콘크리트 온도와는 관계없다. 단, 서중 콘크리트는 운반 중에 슬럼프가 저하되기 쉽고, 표면에서 급격하게 수분이 증발되어 균열이 발생하는 위험도 크므로, 타설시의 콘크리트 온도는 35℃로 해야 한다.

(3) 서중 콘크리트의 단위 수량은 비빔온도가 높을수록 증대한다. 슬럼프를 일정하게 유지하기 위해서는 일반적으로 비빔온도가 10℃ 상승하면 단위 수량을 3~5% 증가시켜야만 한다.

(4) 지연형의 AE 감수제는 콘크리트의 응결을 지연하는 효과가 있다. 또 고성능 AE 감수제에는 콘크리트의 슬럼프 저하를 억제하는 작용이 있어서 상온시에 사용하는 것보다도 고온시에 서중 콘크리트로 사용하는 편이 훨씬 효과가 있다.

정답 (2)

[문제 33]

매스 콘크리트의 온도 균열 방지에 관한 다음의 일반적인 기술 중 부적당한 것은 어느 것인가?

(1) 콘크리트의 중심부와 표면부와의 온도차를 가능한 한 작게 한다.
(2) 콘크리트의 온도 상승량을 가능한 한 작게 한다.

(3) 강도 발현이 빠른 시멘트를 사용한다.
(4) 콘크리트 온도가 최고에 달한 후에도 가능한 한 거푸집을 남긴다.

⊙ **해설과 해답**　　　　　　　　　　　　　　　〈☞정선문제 항목 Ⅶ.5〉

매스 콘크리트의 온도 균열 방지대책은 ① 콘크리트의 온도 상승을 작게 한다, ② 발생하는 온도 응력을 작게 한다, ③ 온도 응력에 대해 저항력을 부여한다의 3가지로 요약할 수 있다.

(1) 콘크리트의 중심부와 표면부와의 온도차이를 작게 하는 것은, 앞의 ②에 해당하며, 온도 상승 자체가 커져도 내외의 온도차이를 작게 하는 것으로서 온도 응력을 작게 할 수 있다.
(2) 콘크리트의 온도 상승량을 가능한 한 작게 하는 것은, 앞의 ①에 해당되어 적당하다.
(3) 강도 발현이 빠른 시멘트를 사용하면, 수화반응이 빨라지기 때문에 콘크리트의 온도 상승이 커진다. 따라서 ①에 반대이기 때문에 부적당하다.
(4) 콘크리트 온도가 최고에 달한 후 거푸집을 남기는 기간을 길게 하면, 내외의 온도차이를 작게 하여 콘크리트 구체의 자중에 의한 응력을 억제하는 것으로서 온도 응력 이외에 발생하는 응력을 작게 하므로 ①과 ③의 효과가 있다.

정답 (3)

─[문제 34]─────────────────────────

현장타설 말뚝 및 지하 연속벽에 사용하는 수중 콘크리트에 관한 다음의 기술 중 적당한 것은 어느 것인가?
(1) 슬럼프 8 cm의 딱딱한 반죽 콘크리트를 사용했다.
(2) 단위 시멘트량이 300 kg/m³의 콘크리트를 사용했다.
(3) 타설할 때에 트레미관의 끝을 콘크리트 속에 약 30cm 삽입했다.
(4) 콘크리트 표면의 여유높이를 100 cm로 했다.

◉ 해설과 해답　　　　　　　　　　　　　　　　　　〈☞정선문제　항목 Ⅶ.6〉

현장타설 말뚝 및 지하 연속벽에 사용하는 콘크리트의 각 표준치 슬럼프, 물시멘트비, 단위 시멘트량이 18~21 cm, 55% 이하, 350 kg/m³ 이상과 현장타설 말뚝 60% 이하·지하 연속벽 55% 이하가 다른 점이 있으므로 정리해 두는 것이 필요하다.

(1) 슬럼프 8 cm의 콘크리트는 현장타설 말뚝 및 지하 연속벽에 사용하는 콘크리트에는 슬럼프가 작기 때문에 부적당하다.
(2) 단위 시멘트량이 300 kg/m³는 부적당하다.
(3) 타설할 때에 안정액에 콘크리트가 토출되지 않도록 트레미 끝을 콘크리트 속에 삽입할 필요가 있으며, 그 길이는 2 m 이상으로 30 cm는 너무 적기 때문에 부적당하다.
(4) 콘크리트 표면의 여유높이를 100 cm로 하는 것은 적합하다. 따라서 이 여유높이는 적당하다.

　　　　　　　　　　　　　　　　　　　　　　　　　　　　　정답 (4)

[문제 35]

고유동 콘크리트 시공에 관한 다음의 일반적인 기술 중 부적당한 것은 어느 것인가?

(1) 거푸집 설계에 사용하는 측압은 굳지 않은 콘크리트의 단위 용적 질량에 의한 액압으로 했다.
(2) 펌프압송 계획에 있어서 압송시의 압력 손실을 보통의 콘크리트와 같은 것으로 했다.
(3) 플라스틱 수축 균열의 우려가 있어서 콘크리트표면에 막양생제를 분무하는 것으로 했다.
(4) 타설시의 최대 수평 이동거리를 10 m로 했다.

⊙ 해설과 해답 〈☞정선문제 항목 Ⅶ.11〉

(1) 고유동 콘크리트 거푸집에 작용하는 측압의 산정에는, 안전 때문에 액압이 작용하는 것으로 한다. 여기에서의 액압이란 굳지 않은 콘크리트의 단위 용적 질량 또는 밀도이다.

(2) 고유동 콘크리트의 압송성에 대해서는 아직 충분한 데이터가 없고, 압송 중에 슬럼프 플로우값이 크게 변화하는 사례도 있다. 따라서, 고유동 콘크리트의 압송계획은 충분한 검토 데이터를 갖추었는지 시험 압송 등을 실시해 신중하게 정할 필요가 있다.

(3) 플라스틱 수축 균열은 콘크리트 타설 직후에 수분이 급격하게 빠져나감에 따라 일어나는 건조수축이 주요 원인이다. 따라서, 콘크리트 표면에 막양생을 실시하는 것은 수분의 빠져나감을 방지하여 건조수축을 작게 한다는 관점에서 바람직한 방법이다.

(4) 고유동 콘크리트는 매우 유동되기 쉽기 때문에, 1군데에서 계속 타설하면 자유 유동거리가 지나치게 커져 재료분리가 생기기 쉽게 된다. 품질좋은 콘크리트가 얻어지는 것은 실험적으로는 자유 유동거리가 최대 20 m 정도이다.

정답 (2)

[문제 36]

단면이 160×160 mm의 철근 콘크리트 주상 공시체에 중심축 압축력 200 kN을 작용시켰을 때 생기는 축방향 변형으로서 맞는 것은 어느 것인가?

단, 철근의 영계수는 200 kN/mm², 영계수비는 15, 철근의 총단면적은 500 mm²로 한다.

(1) 3.4×10^{-4}
(2) 4.0×10^{-4}
(3) 4.6×10^{-4}
(4) 5.2×10^{-4}

◉ 해설과 해답　　　　　　　　　　　　　　　〈☞정선문제　항목 Ⅷ.1〉

　　철근 콘크리트 주상 공시체에 중심축 압축력을 작용시키면 철근과 콘크리트는 일체로서 변형하기 때문에 철근과 콘크리트는 같은 길이로 줄어들게 된다. 양자의 본래 길이는 같기 때문에 각각의 변형은 같다.

　　훅의 법칙을 사용하여 철근에 작용하는 응력과 변형의 관계를 ①식에 나타낸다.

$$\sigma_s = P_s/A_s = E_s \cdot \varepsilon_0 \qquad ①$$

단, σ_s : 철근에 작용하는 응력

　　P_s : 철근이 부담하는 힘

　　A_s : 철근의 단면적

　　E_s : 철철의 영계수

　　ε_0 : 철근에 작용하는 변형

같은 콘크리트에 작용하는 응력과 변형의 관계를 ②식에 나타낸다.

$$\sigma_c = P_c/A_c = E_c \cdot \varepsilon_0 \qquad ②$$

단, σ_c : 콘크리트에 작용하는 응력

　　P_c : 콘크리트가 부담하는 힘

　　A_c : 콘크리트의 단면적

　　E_c : 콘크리트의 영계수

　　ε_0 : 콘크리트에 작용하는 변형(철근에 작용하는 변형과 같기 때문에 같은 기호로 한다)

철근이 부담하는 힘과 콘크리트가 부담하는 힘의 합계는 중심축 압축력과 같다. 따라서, ③식이 성립된다.

$$P_s + P_c = E_s \cdot A_s + E_c \cdot A_c = \varepsilon_0(E_s \cdot A_s + E_c \cdot A_c) = 200 \qquad ③$$

또, 콘크리트의 영계수에 대한 철근의 영계수비인 영계수비 n을 ④식에 나타낸다.

$$n = E_s/E_c = 15 \qquad ④$$

③식과 ④식에서, ⑤식에 나타낸 축방향 변형을 구할 수 있다.
$$\varepsilon_0 = 200/(E_s \cdot A_s + E_c \cdot A_c) = 200/(E_s \cdot A_s + E_s \cdot A_c/n) \quad ⑤$$
여기서, $E_s=200$, $A_s=500$,
$A_c=160 \times 160 - 500 = 25,100$ (공시체의 단면적에서 철근의 총단면적을 이끌어낸 면적)

이상으로 $\varepsilon_0 = 4.6 \times 10^{-4}$가 구해진다. 따라서 정답은 (3)이다. 단, 변형에는 단위가 없는 것에 주의한다.

정답 (3)

[문제 37]

철근 콘크리트 보의 휨 균열폭을 작게 하는 방법으로서 부적당한 것은 어느 것인가?
단, 보의 단면크기 및 인장 주철근의 총단면적이 동일하다.
(1) 지름이 가는 철근으로 변경했다.
(2) 항복점이 높은 철근으로 변경했다.
(3) 환강을 이형봉강으로 변경했다.
(4) 건조수축이 작은 콘크리트로 변경했다.

◉ 해설과 해답 ⟨☞정선문제 항목 Ⅷ.1⟩

(1) 같은 인장 주철근의 총단면적이라면 지름이 가는 철근을 많이 사용하는 쪽이 부착면적이 늘어나 1군데에 집중되어 균열이 발생하는 것도 적어져 균열폭은 작아진다.
(2) 항복점이 높은 철근으로 변경하여도 균열폭은 변하지 않는다.
(3) 환강을 이형봉강으로 변경하면 콘크리트와의 부착면적이 늘어나 1군데에 집중되어 균열이 발생하는 것도 적어져 균열폭은 작아진다.
(4) 콘크리트의 건조수축이 일어나면 철근과 콘크리트 사이의 변형차가 증가되어 균열폭이 증대한다. 따라서, 건조수축이 작은 콘크리트로 변경하면 균열

폭이 작아진다.

정답 (2)

[문제 38]

2점 집중 하중을 받는 단순보의 인장 주철근 및 띠철근(stirrup)의 배치를 나타낸 그림 (a)~(d) 중 적당한 것은 어느 것인가?

또한, 그림 속에는 조립 철근을 생략하였다.

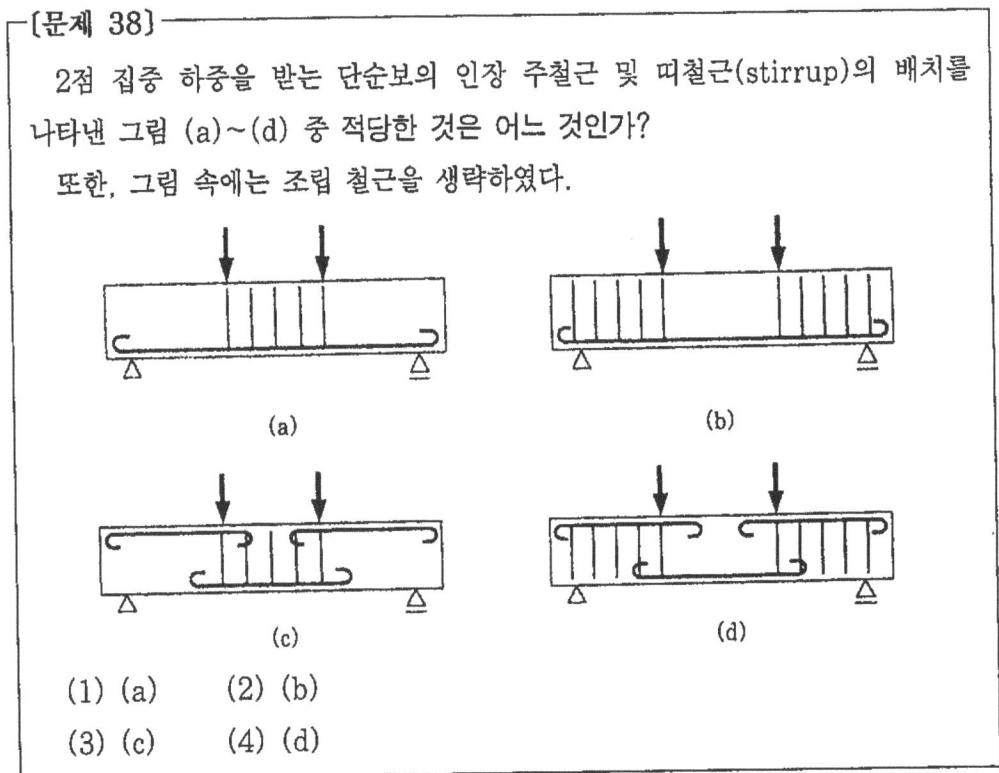

(1) (a)   (2) (b)
(3) (c)   (4) (d)

◉ 해설과 해답 〈☞정선문제 항목 Ⅷ.1〉

이 문제를 풀기 위해서는 전단력도와 휨모멘트도를 작성할 필요가 있다. 전단력이 작용하는 개소에 전단보강근의 띠철근을 배치한다. 또 부재에서 휨모멘트도가 돌출하는 쪽으로 휨 인장응력이 작용하기 때문에 인장응력이 작용되고 있는 부위에 인장 주철근을 배치할 필요가 있다. 따라서 (b)가 적당하다.

정답 (2)

그림 38.1 2점 집중하중을 받는 단순보

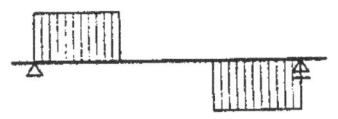

그림 38.2 전단력도

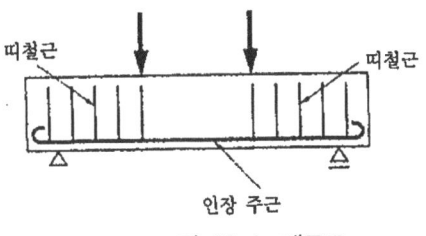

그림 38.3 모멘트도   그림 38.4 배근도

[문제 39]

콘크리트 제품에 관한 다음의 일반적인 기술 중 부적당한 것은 어느 것인가?

(1) 원심력 다짐을 행하면 치밀한 콘크리트가 가능하다.
(2) PSC 파일은 포스트텐션 방식으로 제조된다.
(3) 상압 증기 양생은 성형 후 몇 시간 경과된 뒤에 실시한다.
(4) 오토클레이브(autoclave) 양생된 콘크리트제품은 그 후 양생을 하지 않아도 된다.

◉ **해설과 해답**　　　　　　　　　　　　〈☞정선문제　항목 Ⅶ.12〉

(1) 원심력 다짐을 하면 콘크리트 속의 수분이 일부 외부로 짜내지기 때문에 실질적인 물 시멘트비가 작아지는 효과와 회전시 거푸집의 미진동으로 인한 다짐효과에 따라 고강도의 치밀한 콘크리트 제품을 제조할 수 있다.

(2) PSC 말뚝은 원심력 다짐으로 제조하는 것과 진동 다짐으로 하는 것이 있다. 원심력으로 다져진 PSC 말뚝에는 프리텐션 방식과 포스트텐션 방식으로 프리스트레스를 도입한 것이 있지만, 현재 KS에 규정되어 있는 것은 원심력으로 다져진 프리텐션 방식의 것만이며, 이 방법으로 제조된 것이 많다. 따라서, 설문의 기술은 부적당하다.

(3) 상압증기 양생은 성형 후 즉시 하지 않고, 상온에서 몇 시간 경과된 뒤에 실시한다. 이 시간을 일반적으로 전양생이라고 한다. 전양생은 보통의 경우, 2~4시간 행해지고, 콘크리트의 W/C가 작은 경우는 짧게 해도 좋지만, W/C가 큰 경우는 길게 할 필요가 있다. 전양생의 목적은 증기 양생에 의해 콘크리트가 온도 상승하는 과정에서 열팽창으로 인한 균열을 막을 정

도의 강도를 얻는 것이다.
(4) 오토클레이브 양생 등 특수한 촉진 양생을 실시했던 콘크리트는 양생 후의 재령에 따르는 강도의 증가는 거의 기대할 수 없다. 그 때문에 일반적으로 오토클레이브 양생된 콘크리트 제품은 그 후의 습윤 양생 등은 하지 않는다.

정답 (2)

[문제 40]

프리스트레스트 콘크리트에 관한 다음의 일반적인 기술 중 부적당한 것은 어느 것인가?
(1) 철근 콘크리트에 비해 보 단면을 작게 하는 것이 가능하여 장지간 구조에 적합하다.
(2) 철근 콘크리트에 비해 일시적인 과대 하중을 받은 후의 잔류변형이 작다.
(3) 고강도 콘크리트 및 고장력강을 유효하게 이용할 수 있다.
(4) 도입된 프리스트레스는 콘크리트의 크리프나 건조수축에 따라 증가한다.

◉ **해설과 해답** 〈☞정선문제 항목 Ⅷ.2〉

(1) 프리스트레스트 콘크리트 구조의 보에서는 압축응력을 받는 단면의 비율이 철근 콘크리트 구조의 경우보다 커지기 때문에 동일한 하중조건에서는 보 단면을 작게 할 수 있다. 이것에 따라 부재의 자중이 경감되기 때문에 장지간 구조(장대교나 장지간 가구)에 적합하다.

(2) 프리스트레스트 콘크리트에 사용되는 PSC 강재는 철근 콘크리트용 봉강보다 인장강도가 2~4배 큰 것 및 콘크리트는 프리스트레스를 받고 있기 때문에 일시적인 과대 하중에 따라 균열, 변형이 생겨도 제하 후에는 즉시 복원하는 것에 의해 철근 콘크리트 경우에 비해 잔류변형이 작아진다.

(3) 일반적으로 프리스트레스트 콘크리트의 성능은 콘크리트에 도입할 수 있어 프리스트레스가 높을수록 향상한다. 이 때문에 높은 프리스트레스의

도입으로 감당할 수 있는 고강도 콘크리트와 고장력강을 사용하는 것으로 보다 성능이 높은 프리스트레스트 콘크리트를 제조할 수 있다.

(4) 프리스트레스트 콘크리트에 도입되었던 프리스트레스는 주로 PSC 강재의 릴렉세이션(relaxation) 및 콘크리트의 건조수축과 크리프에 의해 감소한다. 프리스트레스가 감소하면 프리스트레스트 콘크리트 부재의 내력은 저하하므로 릴렉세이션이 작은 PSC 강재 및 건조수축과 크리프가 작은 콘크리트를 사용하는 것이 바람직하다. 또 설계에서는 이들에 의한 프리스트레스의 감소를 고려하여 도입하는 프리스트레스트의 크기를 결정한다. 설문의 기술은 부적당하다.

정답 (4)

문제 41~60은「맞음 혹은 적당함」기술인가, 또는「틀린다 혹은 부적당함」기술인지를 판단하는 ○×문제이다.
「맞음 혹은 적당함」기술은 해답용지의 ◎란을,「틀린다 혹은 부적당함」기술은 ⊗란을 검게 칠해 주십시오. 또한 틀린 해답은 감점(마이너스점)이 됩니다.

※문제 41~60에 대해서는 해답과 해설을 pp.105~110에 기록한다.

[문제 41] 시멘트 속의 규산3칼슘(C_3S)은 해수나 토양 속의 황산염과 반응되어 콘크리트를 팽창 파괴시키는 원인이 된다.

[문제 42] 시멘트 속의 규산2칼슘(C_2S)은 장기에 걸쳐 수화가 진행되어 콘크리트 강도를 증대시키는 효과를 가진다.

[문제 43] 인공경량골재를 사용한 콘크리트의 내동해성은 반죽 전의 골재를 충분히 흡수시키는 것으로서 개선할 수 있다.

[문제 44] 혼화재의 활성도 지수는 보통 포틀랜드 시멘트를 사용한 기준 모르타르의 압축강도에 대한 혼화재를 사용하는 시험 모르타르의 압축강도비를 백분율로 표시한 것이다.

[문제 45] 상수도물 이외의 물을 반죽수로 사용하는 경우에는 염화물 이온량은 200 ppm 이하로 해야 한다.

[문제 46] 슬럼프를 8 cm에서 18 cm로 변경되었으므로 단위 굵은 골재량을 적게 했다.

[문제 47] 유동화 콘크리트는 보통 콘크리트에 비해 슬럼프의 경시변화가 크다.

〔문제 48〕 고강도 콘크리트에서는 보통강도 콘크리트에 비해서 최대응력에 달한 후의 응력은 느릿하게 저하한다.

〔문제 49〕 콘크리트의 건조수축량은 골재의 탄성계수가 클수록 작아진다.

〔문제 50〕 콘크리트 구조물 속의 철근은 항상 물보라를 받는 부분보다 항상 바닷물 속에 있는 부분이 부식되기 어렵다.

〔문제 51〕 알칼리 실리카 반응에 의한 균열은 빗물이 닿지 않는 곳이 빗물에 닿는 곳보다 발생되기 쉽다.

〔문제 52〕 공정이 관리상태에 있는 경우, 특성치는 중심선으로부터 $\pm 2\sigma$ (σ : 표준편차)의 범위로 랜덤으로 타점된다.

〔문제 53〕 쇠흙손 마무리를 지나치게 하면 표면에 시멘트풀이 모여 수축 균열이 발생되기 쉽게 된다.

〔문제 54〕 콘크리트 표층부의 품질향상을 꾀할 목적으로, 잉여수나 기포를 거푸집 밖으로 배출하는 투수성 거푸집이 사용된다.

〔문제 55〕 철근을 가스압접으로 접합하는 경우, 압접부의 부풀어오르는 직경 및 길이를 가능한 한 작게 하는 것이 좋다.

〔문제 56〕 포장 콘크리트에서는 마모 저항성을 향상시키기 위해서 보통 콘크리트보다 공기량을 적게 한다.

〔문제 57〕 매스 콘크리트의 온도 상승량을 작게 하기 위해서는 굵은 골재의 최대치수를 작게 하면 된다.

〔문제 58〕 철근 콘크리트 보의 내력은 콘크리트의 압축강도에 비례해 증대한다.

〔문제 59〕 철근 콘크리트 보의 파괴에 이르기까지의 변형성능은 인장 철근량에 비례해 증대한다.

〔문제 60〕 철근 콘크리트 기둥에 탄소섬유 시트를 감아 붙이는 것으로 기둥의 전단내력을 향상시킬 수 있다.

〈문제 41~60 해답과 해설〉

〔문제 41〕 정답 ×

시멘트 속의 규산3칼슘(C_3S) 광물은 보통 포틀랜드 시멘트 속에는 50몇% 함유되어 있지만 황산염과는 반응하지 않는다. 따라서, 이 기술은 틀린다. 단, 알루민산3칼슘(C_3A)은 황산염과 반응되어 에트링가이트를 생성해 팽창한다. 에트링가이트는 $C_3A \cdot 3CaSO_4 \cdot 32H_2O$로 표시되며, 많은 결정수가 함유되어 있다. C_3S와 C_3A를 혼동하지 않도록 한다.

〔문제 42〕 정답 ○

시멘트 속의 규산2칼슘(C_2S) 광물은 보통 포틀랜드 시멘트 속에는 20몇% 함유되어 있다. 수화열은 작아서 단기강도의 발현은 작지만, 장기강도의 발현이 크다. 이와 같은 특성이 있어서 매스 콘크리트용에 사용되고 있다. 이 기술은 맞다. 규산3칼슘(C_3S) 광물과 대비해 기억해 둘 필요가 있다.

〔문제 43〕 정답 ×

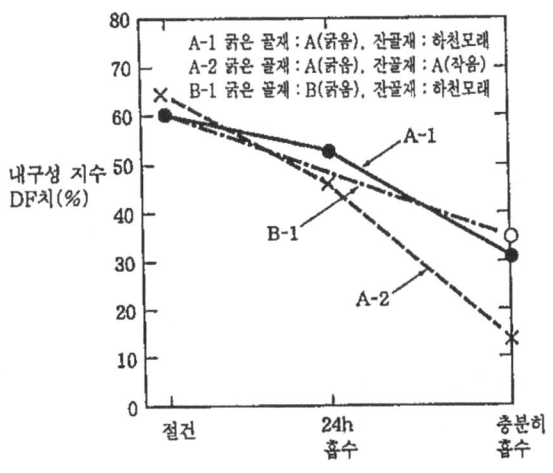

그림 43.1 골재의 함수상태와 내구성 지수와의 관계

인공경량골재를 사용하는 경우, 트럭 애지테이터에 의한 수송 중의 슬럼프 저하나 펌프압송시의 압력흡수에 의한 펌프 막힘을 방지하기 위해서 미리 충분히 흡수시키는 것이 많다. 그러나 골재에 충분히 흡수시킨 경우의 내동해성은 그 수분으로 인해 꽤 뒤떨어지는 것을 실험으로 확인할 수 있다. 그 예를 그림 43.1에 나타낸다. 따라서, 이 기술은 틀린다.

〔문제 44〕 정답 ○

설문의 기술과 같다. 예를 들면 고로 슬래그 미분말의 활성도 지수란 콘크리트용 고로 슬래그 미분말에 따라서 시험하고, 보통 포틀랜드 시멘트를 결합재로서 사용한 기준 모르타르의 압축강도에 대해 보통 포틀랜드 시멘트를 고로 슬래그 미분말로 50% 치환했을 때 시험 모르타르의 압축강도비를 백분율로 표시한 것이다. 또 플라이애시의 활성도 지수는 콘크리트용 플라이애시에 따라서 시험하고, 마찬가지로 25% 치환된 경우의 압축강도비를 백분율로 표시한 것이다.

〔문제 45〕 정답 ○

상수도물 이외의 물을 반죽수로 사용하는 경우는 레디 믹스트 콘크리트 반죽에 사용하는 물의 상수도물 이외 물의 품질로서 염화물 이온량은 200 ppm 이하로 정해져 있다.

〔문제 46〕 정답 ○

슬럼프를 크게 하는 것으로 단위 수량을 증가시킨다. 일반적으로 물 시멘트비는 변화시킬 수 없으므로 단위 시멘트량도 증가된다. 즉, 단위 수량과 단위 시멘트량이 늘어난 양만큼 골재의 양이 감소한다. 또 슬럼프를 8 cm에서 18 cm로 크게 하면 재료분리되기 쉬워지기 때문에 잔골재율을 약간 크게 하는 경우도 많이 있어서 단위 굵은 골재량은 감소한다.

〔문제 47〕 정답 ○

유동화제를 사용해 묽어진 콘크리트의 슬럼프 저하는 크다. 그 때문에 현장에서 유동화제를 첨가해 묽게 하고(유동화), 묽은 동안 콘크리트를 타설한다. 또한 「화」란 현장에서 변화시킨다는 의미를 포함하고 있다.

〔문제 48〕 정답 ×

콘크리트는 고강도화에 따라 응력-변형율 곡선은 완전탄성-취성파괴형 거동에 가까워 최대응력에 달한 후의 응력은 급속히 저하한다.

〔문제 49〕 정답 ○

콘크리트의 건조수축은 콘크리트 속의 수분이 빠져나가는 것이 주된 원인이며, 골재는 수축을 구속하는 작용을 하고 있다. 골재의 탄성계수가 크다고 하는 것은 변형되기 어렵다는 것으로 구속이 보다 유효하게 작용한다는 것이다. 참고로 그림 49.1에 골재의 탄성계수와 종국 건조수축 예를 나타낸다.

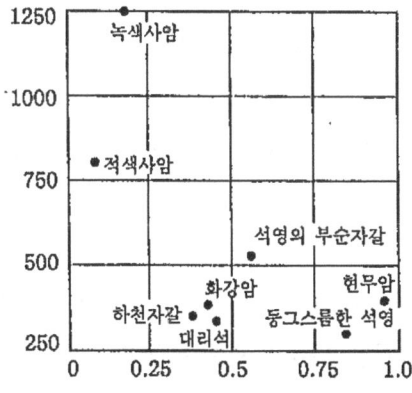

그림 40.1 골재의 탄성계수와 종국 건조수축

〔문제 50〕 정답 ○

항상 물보라를 받는 부분은 항상 바닷물 속에 있는 부분에 비해 충분한 산소가 존재하는 것과 바닷물의 작용과 건습의 반복을 받는 것으로 콘크리트 속의 철근 부식이 빨라진다.

〔문제 51〕 정답 ×

　　알칼리 실리카 반응(ASR)은 콘크리트 속의 가는구멍 용액 중에 존재하는 알칼리 골재 속에 함유되어 있는 반응성 실리카 광물과의 반응이다. 반응생성물은 흡습되어 팽창된 콘크리트에 균열을 일으키고, 심한 경우는 콘크리트를 붕괴시킨다. 알칼리의 주된 것으로서 시멘트에 함유된 Na^+나 K^+ 등의 금속이온이 있으며, 반응성 실리카 광물에는 비석영질의 오팔, 트리지마이트, 크리스트바라이트, 실리카 글래스와 반응성을 나타내는 석영 등이 있다. 알칼리 실리카 반응은 ① 알칼리의 농도가 높고, ② 골재 속에 한계량 이상의 반응성 실리카가 함유되어 있고, ③ 충분한 수분이 있는 3가지 조건이 모두 만족되었을 때 일어난다. 따라서, 빗물에 닿는 곳이 빗물에 닿지 않는 곳보다 알칼리 실리카 반응에 의한 균열이 발생되기 쉽다.

〔문제 52〕 정답 ○

　　보통 시험 데이터(특성치)는 정규분포를 한다고 생각된다. 그 경우, 특성치가 관리도의 중심선에서 $\pm 1\sigma$에 들어갈 확률은 68.3%, $\pm 2\sigma$에 들어갈 확률은 95.5%, $\pm 3\sigma$에 들어갈 확률은 99.7%이다. 따라서, 공정이 관리상태에 있는 경우는 타점이 중심선의 $\pm 2\sigma$ 범위를 벗어날 확률은 적다.

〔문제 53〕 정답 ○

　　나무흙손보다 쇠흙손이 콘크리트 표면을 보다 평평하고 매끄럽게 마무리할 수 있다. 쇠흙손 마무리 시기는 나무흙손보다 늦게 콘크리트 응결이 시작되고 나서가 좋다. 그렇지만, 쇠흙손 마무리를 너무 꼼꼼히 하면 콘크리트 자체는 아직 응결이 종결되지 않았기 때문에 표면에 시멘트풀이 너무 많이 모여져 수축 균열의 발생원인이 된다.

〔문제 54〕 정답 ○

　　투수성 재료를 거푸집의 거푸집널을 부착한 투수성 거푸집을 사용하면 콘크리트 속의 잉여수나 기포가 거푸집 밖으로 배출되고, 거푸집 근처 콘크리트의 물 시멘트비가 작아진다. 이 때문에 경화 후 콘크리트 표층부의 조직이 밀실하게 되기 때문에 콘크리트 표면의 강도나 내구성이 향상되고, 또 곰보자국이나 기포(pinhole)의 발생이 저감되어 콘크리트 표층부의 품질을 향상시킬 수 있다.

[문제 55] 정답 ×

가스압접 이음은 압접부의 부풀어오른 직경은 주근 등 지름의 1.4배 이상으로 하고, 또한 그 길이를 주근 등 지름의 1.1배 이상으로 하는 것이다. 따라서, 가능한 한 작게 하는 것이 좋다는 기술은 부적당하다.

[문제 56] 정답 ×

포장 콘크리트의 마모 저항성 향상에는 로스엔젤레스 시험기에 의한 굵은 골재의 마모 시험방법에서 요구되는 마모 저항이 큰 양질의 골재를 사용하는 것이 중요하다. 또 단위 시멘트량을 확보하여 물 시멘트비율 작게 하면 수축이 적어져 강도가 높은 콘크리트로 하는 것도 효과가 있다. 한편, 공기량을 작게 하면 동결융해 저항성이 뒤떨어져서 마모 저항 향상에는 효과가 없다.

[문제 57] 정답 ×

매스 콘크리트의 온도 상승량은 시멘트 경화체에 관계되며, 단위 시멘트량과 시멘트 종류에 의존한다. 일반적으로 굵은 골재의 최대치수를 작게 하면 단위 시멘트량이 커지게 되어 온도 상승량이 커진다.

[문제 58] 정답 ×

휨 종국강도는 다음 식으로 약산할 수 있다. 이것에 따르면, 철근 콘크리트 보의 휨 내력은 콘크리트의 압축강도에 비례해 증대되지 않는다.

$$M_u = 0.9 \times a_t \times \sigma_y \times d$$

여기서, M_u : 휨 종국강도

a_t : 인장철근 단면적

σ_y : 인장철근의 항복강도

d : 보의 유효높이(압축 쪽 콘크리트 바깥테두리에서 인장철근 중심까지의 거리)

[문제 59] 정답 ×

　　인장 철근량이 크면 철근콘크리트 보의 압축 쪽 콘크리트가 압괴하는 압축파괴역이 되고, 파괴시의 곡률이 급격하게 작아진다. 즉, 인장 철근량이 커져도 변형능력은 크게 되지 않는다.

[문제 60] 정답 ○

　　탄소섬유의 특징은 부식 문제가 적은 것, 경량·고강도·비자성이 있는 것을 들 수 있다. 탄소섬유시트는 섬유의 방향에 따라 시트가 방향성을 갖는 것이다. 기둥의 재축과 직교방향으로 감아붙이면 전단보강이 되고, 재축방향으로 부착하면 휨 보강이 된다. 설문의 기술은 맞다.

2001년도 문제

[문제 1]

포틀랜드 시멘트에 규정되어 있는 보통·조강·중용열·저열 포틀랜드 시멘트의 조성화합물 함유량의 비율 예를 아래 그림의 (a), (b), (c), (d)에 나타낸다. 각각 대응하는 포틀랜드 시멘트의 종류를 나타낸 조합으로서 맞는 것은 어느 것인가?

단, 규산3칼슘을 C_3S, 규산2칼슘을 C_2S, 알루민산3칼슘을 C_3A, 철알루민산4칼슘을 C_4AF로 약기한다.

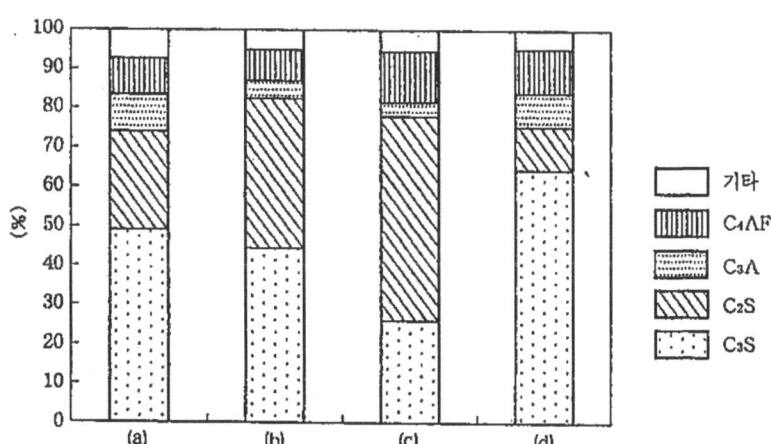

	(a)	(b)	(c)	(d)
(1)	중용열	보 통	조 강	저 열
(2)	조 강	중용열	저 열	보 통
(3)	보 통	중용열	저 열	조 강
(4)	중용열	저 열	조 강	보 통

⊙ 해설과 해답　　　　　　　　　　　　　〈☞정선문제 항목 Ⅰ.1〉

포틀랜드 시멘트는 그 종류에 관계되는 4가지 시멘트 광물로 구성되어 있다. C_3S, C_2S, C_3A, C_4AF이다. 이러한 광물에는 각각 특성이 있어서 그 존재 비율에 따라 여러 가지의 시멘트가 제조되고 있다.

조기에 강도를 발현시키는 특성을 갖는 광물은 C_3S이다. 따라서, 그 비율이 많아지면 조강성을 나타낸다. C_3S가 많은 순서대로 나열하면,

　　조강＞보통＞중용열＞저열

의 각종 시멘트이다.

또 수화에 따라 현저하게 발열하는 광물은 C_3A이며, 다음에는 C_3S, C_2S 순서이다. 따라서, C_3A나 C_3S의 비율이 적으면 저열성을 나타낸다. 특히 C_2S의 수화는 저열이므로, 그 존재량이 많으면 저열성을 나타낸다. 이 광물은 장기강도의 발현에도 기여한다. C_2S의 함유량이 많은 순서대로 나열하면,

　　저열＞중용열＞보통＞조강

의 각종 시멘트이다. C_3A는 시멘트 속에 함유되어 있는 몇%가 석고와 발열 반응을 일으키면서 에트링가이트를 생성한다. 그 때문에 C_3A가 적은 것이 저열성이다.

이상과 같이 C_3S와 C_2S 및 C_3A의 특성으로 판단하면 (3)이 맞다.

　　　　　　　　　　　　　　　　　　　　　　　　　　정답 (3)

[문제 2]

골재의 품질과 콘크리트의 성질 관계를 기술한 다음의 기술 중 부적당한 것은 어느 것인가?

(1) 콘크리트용 부순골재에서 입자형태 판정 실적률이 큰 골재를 사용하면 콘크리트의 단위 수량을 작게 할 수 있다.

(2) 황산나트륨에 의한 골재의 안정성 시험방법에서 손실질량 백분율이 작은 골재를 사용하면 콘크리트의 내열성이 향상된다.

(3) 잔골재의 유기불순물 시험방법에서 표준색액과 비교하여 색이 짙어지는 골재는 콘크리트의 응결이나 경화를 방해할 우려가 있다.

(4) 골재 속에 함유된 점토괴량의 시험방법에서 점토괴량이 큰 골재는 콘크리트의 강도나 내구성을 저하시킨다.

⊙ 해설과 해답 〈☞정선문제 항목 Ⅰ.2〉

(1) 실적률의 값은 골재의 입도에 따라 달라지므로 이것을 보정하기 위해 부순 자갈 및 부순모래에서는 골재의 입도를 일정하게 한 조건하에서 측정된 실적률로 형상의 좋고 나쁨을 판정한다. 이 방법으로 구한 실적률을 입자형태 판정 실적률로 부르고 있다. 이 값이 클수록 형상이 구형에 가깝게 나타나며, 동일 슬럼프를 얻기 위한 콘크리트의 단위 수량을 작게 할 수 있다.

(2) 골재의 안정성시험은 동결융해작용에 대한 내구성을 조사하는 시험이 있다. 포화 황산나트륨 용액을 골재의 틈 속으로 침투시켜 이 골재를 건조시켰을 때 발생하는 결정 생성으로 인해 팽창압에 따라 부서지는 골재의 비율을 조사하는 시험이며, 내열성과는 특별한 관계가 없다.

(3) 유기불순물시험에서 표준색보다 색이 짙다는 것은 유기불순물이 함유되어 있는 것으로 판정된다. 유기불순물이란 부식토나 이탄 등에 함유되어 있는 후민산, 타닌(tannin)산 등의 유기물이며, 시멘트의 수화반응을 저해하여 콘크리트의 응결을 지연시키거나 강도 저하의 원인이 된다.

(4) 점토괴 그 자체가 취약하므로, 점토괴량이 많은 골재를 사용한 콘크리트는 점토괴가 결함부로 되어 강도 저하나 동결 융해 저항성을 손상한다.

정답 (2)

[문제 3]
골재 특성의 정의에 관한 다음의 기술 중 틀린 것은 어느 것인가?
(1) 굵은 골재의 최대치수는 골재의 전량이 통과하는 체 중에 최소치수 체의 호칭치수를 토대로 나타낸 것이다.
(2) 절건밀도는 골재의 절대건조상태의 질량을 표면건조포화상태의 용적으로 나눈 것이다.

(3) 흡수율은 표면 건조포화상태의 골재에 함유되어 있는 전수량을 절대건조상태의 골재 질량으로 나누어 백분율로 표시한 것이다.

(4) 단위 용적 질량은 소정의 다짐조건으로 용기에 채워진 골재의 절대건조상태의 질량을 용기의 용적으로 나눈 것이다.

◉ **해설과 해답** 〈☞정선문제 항목 Ⅰ.3〉

(1) 굵은 골재의 최대치수란 질량이 적어도 90%가 통과한 체 중에 최소치수 체의 호칭치수로 표시되는 굵은 골재의 치수이다. 따라서, 이 설문과 같이 전량이 통과하는 경우는 아니다.

(2) 100~110℃ 온도에서 정질량으로 될 때까지 건조시켜서 절대건조상태로 된 골재의 질량을 용적으로 나눈 것이 절건밀도이다. 이 용적은 골재를 표면건조포수상태에서 잔골재의 경우는 플라스코에 물을 넣으며, 굵은 골재의 경우는 수중과 공중의 질량 차이에서 구한다. 따라서, 이 설문은 맞다.

(3) 흡수율은 표면건조포화상태의 골재를 절대건조상태로 했을 때의 질량 차이를 물 즉 흡수량으로서 구한다. 이 흡수량을 절대건조상태의 질량으로 나누어 백분율로 표시한다. 따라서, 이 설문은 맞다.

(4) 단위 용적 질량은 골재의 절대건조상태의 질량을 용기의 용적으로 나눈 것이다. 시료에 물을 포함하는 경우는 함수율의 보정을 요하지만, 함수율이 1.0% 이하로 예상될 때는 생략할 수 있다. 실적률을 구하는 경우는, 단위 용적 질량으로 흡수율을 부가해 표면건조포화상태로 환산한 후 표건밀도로 나눈다.

정답 (1)

[문제 4]
보통 포틀랜드 시멘트의 50%를 콘크리트용 고로 슬래그 미분말에 규정되어 있는 고로 슬래그 미분말 4000으로 치환된 콘크리트의 특성에 관해서 본래의 콘크리트와 비교해 설명한 다음의 일반적인 기술 중 틀린 것은 어느 것인가?

(1) 중성화 속도는 빨라진다.

(2) 내해수성은 향상된다.
(3) 저온시 강도 발현성은 향상한다.
(4) 재령 91일의 압축강도는 커진다

◉ **해설과 해답**　　　　　　　　　　　　　　〈☞정선문제　항목 I.3〉

　보통 포틀랜드 시멘트를 고로 슬래그 미분말로 치환한 시멘트를 사용한 콘크리트의 물성은 슬래그의 분말도나 치환율, 양생온도, 재령 등에 따라 변동한다. 그 때문에 기본적인 특성을 아는 것이 필요하다.

(1) 중성화 속도는 중성화 깊이(mm)를 페놀프탈레인 지시약을 분무하여 측정한다. 재령이 경과할수록 중성화는 진행되지만, 고로 슬래그 미분말 4000(브레인값, cm^2/g)을 50% 치환한 시멘트의 중성화 속도는 고로 슬래그 미분말을 치환하지 않은 콘크리트와 비교해 빠르다. 치환율이 많으면 한층 더 현저하게 나타난다. 이 설문은 맞다.

(2) 내해수성은 염화물 이온의 침투깊이나 염화물 이온의 확산계수로 표시하는 경우가 많다. 일반적으로, 고로 슬래그 미분말을 치환한 콘크리트의 장기 폭로시험에서는 고로 슬래그 미분말을 치환하지 않은 콘크리트와 비교해 어느 것이나 작은 경향을 나타낸다. 이 설문은 맞다.

(3) 일반적으로 고로 슬래그 미분말로 치환된 콘크리트는 본래의 콘크리트와 비교해 저온에서는 강도의 발현은 낮고, 시간을 요한다. 수화 발열속도는 저온이 될수록 작아지며, 발열은 작고 강도발현도 늦다. 이 설문은 틀린다.

(4) 고로 슬래그 미분말을 치환한 콘크리트의 강도는 짧은 재령에서는 본래의 콘크리트보다 밑돌지만, 91일을 초과하는 것처럼 장기재령에서는 추월한만큼 강도 발현이 기대된다. 특히 치환율이 많으면 현저하게 된다. 저브레인의 것에서도 장기재령이 되면 강도의 시장은 크게 되고 있다. 이 설문은 맞다.

정답 (3)

[문제 5]

콘크리트용 화학혼화제의 작용과 효과에 관한 다음의 기술 중 부적당한 것은 어느 것인가?

(1) AE제는 미세한 기포를 다수 연행하므로 콘크리트의 워커빌리티를 개선하는 효과가 있다.

(2) 감수제는 시멘트 입자를 정전기적인 반발작용으로 분산시키기 때문에 콘크리트의 단위 수량을 감소시키는 효과가 있다.

(3) AE 감수제는 시멘트 분산작용 외에 공기 연행작용을 병행하는 것으로 콘크리트의 동결 융해 저항성을 높이는 효과가 있다.

(4) 고성능 AE 감수제는 시멘트의 분산작용이 현저하기 때문에 콘크리트의 응결을 빠르게 하는 효과가 있다.

◉ 해설과 해답 〈☞정선문제 항목 I.3〉

(1) AE제란 공기 연행제의 약칭으로, 콘크리트 속에 다수의 미세한 독립된 기포를 연행시켜 동일 슬럼프를 얻는 단위 수량을 줄여 분리를 적게 하여 워커빌리티의 개선 및 내동결 융해성을 향상시키기 위해서 사용하는 혼화제이며, 현재는 대부분의 콘크리트에 사용되고 있다. 이 설문은 적당하다.

(2) 시멘트 입자가 물속에 분산된 경우, 입자간의 응집작용에 따라 큰 입자를 형성하기 때문에 분산되기 어렵다. 여기에 감수제를 첨가하는 것에 따라 입자간에 정전기적 반발력을 증대시켜 응집을 저해하는 작용을 줄 수 있다. 따라서, 감수제란 시멘트 입자를 분산시키는 것으로 소요의 슬럼프를 얻는 데 필요한 단위 수량을 감소시켜 콘크리트의 워커빌리티 등을 향상시키기 위해서 사용하는 화학혼화제이다. 이것에는 표준형, 지연형, 촉진형의 3종류가 있다. 동일 슬럼프인 경우, 단위 수량을 저감시키는 것에 따라 물 시멘트비가 저하되어 강도나 내구성이 향상한다. 이 설문은 적당하다.

(3) 실제는 위의 (1)과 (2)가 병용되어 AE 감수제로서 사용되는 경우가 많다. 독립된 기포를 연행시키는 것에 의해 콘크리트 속의 물이 동결로 인한 팽창압을 이 기포로 완화시켰다(그림 5.1 참고). 따라서, 내동결 융해성을

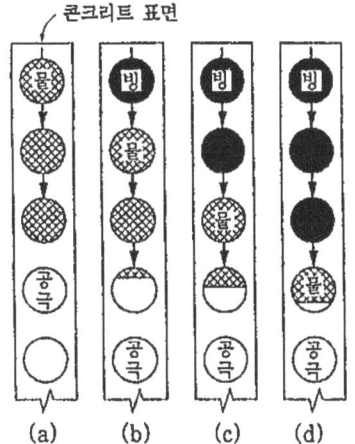

콘크리트가 냉각되면 표면에서 가까운 곳의 기포 속 물이 동결되어 약 9% 체적이 증가한다. 이로 인해 생긴 압력수를 그것보다 안쪽의 기포 속으로 이동시켜 동결에 의한 해를 완화한다

그림 5.1 AE 콘크리트의 기포 작용

높이는 효과를 기대할 수 있다. 이 설문은 적당하다.

(4) 고성능 AE 감수제는 종래의 AE 감수제보다 고성능이라는 의미로 사용된다. 그 주성분은 나프탈렌술폰산포르말린 축합물, 멜라민술폰산포르말린 축합물, 폴리칼본산, 아미노술폰산계 등이다. 이들은 그 화학구조에서 대체로 응결을 지연할 가능성이 있지만, 응결을 빨리 하는 효과는 없다. 이 설문은 부적당하다.

정답 (4)

[문제 6]
철근 콘크리트용 봉강의 성질에 관한 다음의 기술 중 적당한 것은 어느 것인가?
(1) 항복점(또는 내력)에서의 변형은 콘크리트의 압축강도시 변형의 거의 5~10배이다.
(2) 영계수는 콘크리트의 거의 5~10배이다.
(3) 상온 부근에서의 열팽창계수는 콘크리트의 거의 5~10배이다.
(4) 밀도는 콘크리트의 거의 5~10배이다.

⊙ **해설과 해답** ⟨☞정선문제 항목 Ⅰ.4⟩

(1) 철근 콘크리트용 봉강의 변형은 $\varepsilon=\sigma/E$에 여유가 있다. 봉강의 E는 항복점의 대소에 관계없이 $2.0\times10^5\,\text{N/mm}^2$로 일정하게 보면 된다. 따라서 항복점(또는 내력)을 $240\sim600\,\text{N/mm}^2$로 하면, 변형은 $0.12\sim0.30(\%)$이다(항복점이 다른 강재의 응력-변형률 곡선은 정선문제, 그림 Ⅰ-27 참조). 보통 콘크리트의 압축강도에서의 변형은 $0.15\sim0.25(\%)$이다.

(2) 보통 콘크리트의 영계수는 압축강도에 따라 다르지만, $0.2\sim0.4\times10^5\,\text{N/mm}^2$이다.

(3) 강재의 열팽창계수는 탄소의 함유량에 따라 약간 다르지만, $10\sim12\times10^{-6}/℃$, 보통 콘크리트는 $7\sim12\times10^{-6}/℃$이다. 보통, 양자 거의 같은 것으로 되어 있다.

(4) 강재의 밀도는 $7.85\,\text{g/cm}^3$, 보통 콘크리트는 $2.3\sim2.5\,\text{g/cm}^3$이다.

이러한 관계를 나타내면 표 6.1과 같이 된다. 이상으로 정답은 (2)이다.

정답 (2)

표 6.1 철근과 콘크리트의 성질

항 목	철근 콘크리트용 봉강	보통 콘크리트	콘크리트에 대한 배수
변형(%)	0.12~0.30 (항복점)	0.15~0.25 (압축강도시)	0.8~1.5배
영계수 ($\times10^5\,\text{N/mm}^2$)	2.0	0.2~0.4	5~10배
열확장계수 ($\times10^{-6}/℃$)	10~12	7~12	0.8~1.7배
밀도(g/cm³)	7.85	2.3~2.5	3.1~3.4배

[문제 7]
콘크리트의 배합에 관한 다음의 일반적인 기술 중 적당한 것은 어느 것인가?
(1) 잔골재율을 크게 하면 소요의 공기량을 확보하기 위해 AE제의 사용량은 많아진다.

(2) 하천자갈과 부순돌을 혼합한 굵은 골재 속의 부순자갈 혼합률을 크게 하면 소요의 슬럼프를 얻기 위한 단위 수량은 작아진다.
(3) 굵은 골재를 실적율이 작은 것으로 바꾸면 동등한 워커빌리티를 확보하기 위한 잔골재율은 작아진다.
(4) 잔골재를 조립률이 큰 것으로 바꾸면 동등한 워커빌리티를 확보하기 위한 잔골재율은 크게 된다.

⊙ **해설과 해답** 〈☞정선문제 항목 Ⅱ〉

(1) 골재 속의 0.15~0.6 mm의 입자는 공기를 연행하기 쉽다. 잔골재율을 크게 하면 0.15~0.6 mm의 입자를 포함한 잔골재의 양이 증가되어 공기량은 커지기 쉽다. 그 때문에 소요의 공기량을 유지하기 위해서는 AE제의 사용량을 작게 한다.

(2) 하천자갈에 비해 부순자갈은 모가 난다. 그 때문에 부순자갈을 혼합하면 굵은 골재 입자간의 틈새가 늘어나서(즉 실적률이 작아진다) 그 틈새를 메우기 위해 모르타르(물, 시멘트, 잔골재)의 양을 늘릴 필요가 있다. 따라서 단위 수량은 커진다.

(3) 굵은 골재의 실적률이 작아지면 굵은 골재 입자 사이의 틈새가 늘어난다. 그 때문에 굵은 골재의 양이 따라서 줄어들어 (2)와 같이 모르타르의 양을 늘릴 필요가 있다. 그러므로 잔골재율[(잔골재의 절대용적/잔골재와 굵은 골재의 절대용적의 합)×100%]을 크게 한다.

(4) 굵은 골재의 조립률(크기)만 커지면, 전체로서 골재입자의 평균적인 치수가 커져 버린다. 그 때문에 굵은 골재의 양을 줄이고, 잔골재의 양을 늘려서 조정한다. 따라서 잔골재율은 커진다.

정답 (4)

[문제 8]

콘크리트의 배합설계 원칙에 관한 다음의 기술 중 부적당한 것은 어느 것인가?

(1) 굵은 골재의 최대치수는 구조물의 종류, 부재의 단면치수를 고려하는 이외에 철근의 간격, 피복두께도 고려해 정한다.

(2) 시험반죽에서의 단위 수량은 비빌 때 콘크리트의 슬럼프가 하역시에 요구되는 슬럼프에 운반에 의한 슬럼프의 저하 예상량을 더한 값이 되도록 정한다.

(3) 물 시멘트비는 설계기준강도에 강도의 편차에 따른 할증을 더하여 산정된 배합강도가 얻어지도록 정한다.

(4) 굵은 골재율은 소요의 워커빌리티가 얻어지는 범위 내에서 단위 수량이 가능한 한 작아지도록 정한다.

◉ **해설과 해답** 〈☞정선문제 항목 Ⅱ〉

(1) 굵은 골재의 최대치수가 극단적으로 커지면 철근과 철근 사이에 걸리든지, 피복 콘크리트에 굵은 골재가 널리 퍼지지 않게 된다. 또 구조물의 형상이 복잡하든지, 단면치수가 작으면 굵은 골재가 널리 퍼지지 않게 된다. 그 때문에 표 8.1, 8.2에 표준치를 나타내었다.

또한 수중 콘크리트에서는 다짐할 수 없는 경우가 많고, 또 최대치수를 크게 하면 재료분리를 일으키기 쉬우므로, 수중 불분리성 콘크리트인 경우 굵은 골재 최대치수는 40 mm 이하를 표준으로 하고, 철근의 최소간격의 1/2 및 부재 최소치수의 1/5을 넘지 않으면 현장타설 말뚝이나 지하 연속벽에 사용하는 수중 콘크리트의 경우는, 철근의 최소간격의 1/2 이하 또한 25 mm 이하를 표준으로 하는 등 콘크리트 종류에 따라 규정을 추가하였다. 또 성능 대조 조사형이기 때문에 숏크리트에서는 10~15 mm로 되어 있는 예가 많은 것 등을 해설하였다. 그러나, 기본적인 표준에는 큰 변경은 없다. 철근의 간격에 대해서는 정선문제 문 Ⅵ-24의 해설 참조.

(2) 시방배합은 장외 운반이나 펌프 압송 등의 현장내 운반 등에 의한 슬럼프, 공기량, 온도변화 등 여러 가지 요인을 고려한다. 타설할 때 요구되는 목표 성능 및 구조체가 된 후 경화 콘크리트의 성능을 만족하도록 요구된다. 그 때문에 최종적인 목표성능이 만족되도록 비빌 때의 조건을 제시하고, 시험

반죽에서는 그 조건을 만족할 수 있는지 어떤지를 확인한다. 따라서 이 기술은 부적당하다.
(3) 콘크리트 구조물은 설계기준강도를 토대로 설계되어 있다. 그러나 실제로 시공된 콘크리트의 강도가 그것을 밑돌면 위험한 쪽이 된다. 따라서 배합할 때는 목표로 하는 강도(배합강도)는 설계기준강도보다 충분한 여유를 가지고 크게 해 둘 필요가 있다. 이 여유 정도가 할증이다. 이 할증은 강도의 변동계수(편차)가 클수록 크게 된다.

-참고-

할증이 0이라면 약 반정도의 콘크리트는 목표치를 웃돌지도 모르지만, 나머지 약 반정도의 콘크리트는 설계기준강도를 밑돌아 위험 쪽이 되어 버린다. 그 때문에 배합할 때의 목표치로서 강도, 즉 배합강도는 설계기준강도를 밑돌 확률이 어느 일정값 이하가 되도록 할증된 값으로 된다.

배합강도의 최저치는 아래의 식에서 구한 값과 계산상 일치한다.

　　　　배합강도 (F) = 할증계수 (α) × 호칭강도　　　　　　　　①

　　　　할증 계수 (α) : 다음 식에서 구하는 α_1과 α_2 중 큰 쪽

$$\alpha_1 = \frac{0.85}{1 - 3V/100} \quad \alpha_2 = \frac{1}{1 - \sqrt{3V/100}}$$

　　　　V : 강도의 변동계수(%)

　　　　　　(표준편차÷평균치)×100으로 계산된다.

α_1은 1회의 시험결과가 호칭강도의 85% 이하로 될 확률이 거의 없는 (위험확률 : 0.0013) 것으로 하는 경우에 해당한다. 즉, 호칭강도에 표준편차의 3배* 여유를 예상했을 때에 대응하여 다음과 같이 유도된다.

　　　　배합강도 = 0.85 × 호칭강도 + 3 × 표준편차

양변을 배합강도로 나누면,

　　　　1 = 0.85 × (호칭강도/배합강도) + 3 × (표준편차/배합강도)

여기서, (호칭강도/배합강도) = 1/할증계수(= $1/\alpha_1$)

배합강도는 목표치이기 때문에 강도의 평균치에 일치한다.

(표준편차/배합강도)=(표준편차/평균치)
                  =변동계수/100(= $V/100$)

따라서,
$1 = 0.85 \times (1/\alpha_1) + 3(V/100)$
$1 - 3(V/100) = 0.85/\alpha_1$
$\alpha_1 = 0.85/\{1 - 3(V/100)\}$

가 된다.

α_2는 3회의 시험결과가 호칭강도 이하가 될 확률이 거의 없는 경우에 해당한다. 즉, 호칭강도에 표준편차 $\sqrt{3}$배*의 여유를 예상할 때에 대응한다. 그러나 3회 평균값의 표준편차는 1회마다의 시험치에서 구한 표준편차의 $1/\sqrt{3}$이 된다**. 따라서 다음 식이 성립되어 α_1과 같은 방법으로 유도된다.

배합강도=호칭강도+$\sqrt{3}$×표준편차

$\alpha_2 = 1/\{1 - \sqrt{3}(V/100)\}$

또 설계기준강도는 설계시에 설정된 값의 하나이기 때문에, 콘크리트의 압축강도 설정치로 하는 경우도 있다. 강도의 대조 조사라는 것으로서 배합강도에 해당하는 예상치가 설계기준강도에 해당하는 f'_{ck}에 할증계수에 해당하는 γ_p를 곱한 값 이상인 것을 확인한 것으로 대조 조사할 수 있게 되어 있다. 그리고, 설계기준강도를 밑도는 확률을 5% 이하로 규정하고 있다. 그 결과, 표준편차의 1.645배*의 여유를 예상하는 것이 되어 할증계수 (α)는 다음과 같이 나타낸다.

배합강도=설계기준강도+1.645×표준편차

$\alpha = 1/\{1 - .645(V/100)\}$

* 표준편차의 t배 여유를 예상했을 때, 실제의 콘크리트 강도가 설계기준강도를 밑도는 확률 (p)는 정선문제, 표 V-17과 같이 수학적으로 구하고 있다.
** n회의 평균치 표준편차는 1회마다의 시험을 사용하여 구한 표준편차의 $1/\sqrt{n}$로 된다.

한편, 레디 믹스트 콘크리트의 호칭강도 대신 〔설계기준강도*** + ΔF + 양생온도에 의한 보정치〕를 대입한 경우에 해당하고, 아래의 ②식과 ③식으로 구해진 큰 쪽의 값을 조합강도로 하고 있다. 단, 고강도 콘크리트를 제외한다.

$$F = F_q + T + 1.73\sigma \ (N/mm^2) \qquad ②$$

또한 식중의 1.73은 $\sqrt{3}$에 대응되고 있다.

$$F = 0.85(F_q + T) + 3\sigma \ (N/mm^2) \qquad ③$$

F : 조합강도

F_q : 품질기준강도이며, 설계기준강도*** + ΔF

　$\Delta F = 3N/mm^2$: 이것은 구조체와 공시체에서 콘크리트의 강도차를 고려한 값이다.

T : 예상기온 또는 예상평균 양생온도에 의한 보정치로, 표에서 주어졌다.

σ : 콘크리트강도의 표준편차(N/mm^2)

***설계기준강도 쪽이 내구설계기준강도(보통 15, 표준 24, 장기 30 N/mm^2)보다 낮은 경우는 내구설계기준강도로 한다.

②식의 〔+1.73 σ〕 및 ③식의 〔+3 σ〕가, 강도의 편차에 의한 할증을 의미하고 있다.

(4) 배합설계의 기본이다.

정답 (2)

[문제 9]

물 시멘트비 55%, 슬럼프 8 cm, 공기량 5%의 조건으로 잔골재율을 변화시켜 시험 반죽한 결과, 그림에 나타낸 것처럼 잔골재율과 단위 수량과의 관계가 얻어져 어떠한 배합도 워커빌리티는 양호하게 판단되었다. 이 결과를 토대로 정해진 콘크리트의 배합에서 단위 시멘트량과 단위 굵은 골재량(표면건조포화상태)과의 조합 중 적당한 것은 어느 것인가?

다만 시멘트의 밀도는 3.14 g/cm³, 잔골재 및 굵은 골재의 표건밀도는 각각 2.64 g/cm³과 2.66 g/cm³로 한다.

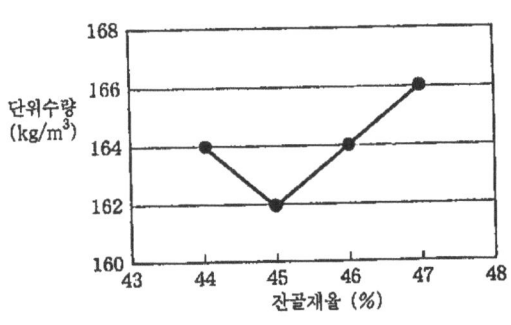

잔골재율과 단위 수량의 관계

	단위량 (kg/m³)	
	시멘트	굵은 골재
(1)	295	1015
(2)	298	1029
(3)	298	1015
(4)	295	970

◉ **해설과 해답** 〈☞정선문제 항목 Ⅱ〉

▶방침 : 이와 같은 문제는 4가지 조건을 구하고, 연립방정식에 의해 4개의 미지수(단위 수량(W), 단위 시멘트량(C), 단위 잔골재량(S), 단위 굵은 골재량(G)을 구하는 것이다. 이 문제에서는 ① 물 시멘트비 55%, 소요의 워커빌리티가 얻어지는 범위에서 단위 수량이 가능한 한 작게 되는 경우의 잔골재율을 채용하므로, 그림에서 ② 잔골재율 45%, ③ 단위 수량 162 kg/m³으로 구한다. 또 단위량을 구하기 위하여 ④ 콘크리트의 용적은 1000 *l* 이다. 그러므로 이상의 ①~④ 조건에서 시방배합이 구해진다. 정선문제 메모 Ⅱ ②. 배합 계산문제의 기본방침 참조.

▶계산 : 조건은 W/C : 55%, s/a : 45%, W : 162 kg/m³, 콘크리트의 용적 : 1000 *l*이고, 공기량은 5%로 주어진다.

• 단위 시멘트량의 계산

$$C = W \div (W/C)$$
$$= 162 \div \frac{55}{100} 295 \, (\text{kg/m}^3)$$

공기·물·시멘트·잔골재 굵은 골재의 절대용적 합이 콘크리트의 용적(1000 l)이 되기 때문에, 전골재의 절대용적(a : 잔골재와 굵은 골재의 절대용적 합)은 다음 식에서 구해진다.

$$a = 1000 - \text{공기의 절대용적} - \text{물의 절대용적} - \text{시멘트의 절대 용적}$$
$$= 1000 - 1000 \times \frac{\text{공기량 \%}}{100} - \frac{W}{\text{물의 밀도}} - \frac{C}{\text{시멘트 밀도}}$$
$$= 1000 - 1000 \times \frac{5}{100} - \frac{162}{1} - \frac{295}{3.14}$$
$$= 694 \, (l)$$

• 단위 잔골재량의 계산

$$S = \text{잔골재의 절대용적} \times \text{잔골재의 표건밀도}$$
$$= a \times \frac{s/a}{100} \times 2.64 = 694 \times \frac{45}{100} \times 2.64 = 824 \, (\text{kg/m}^3)$$

• 단위 굵은 골재량의 계산

$$G = \text{굵은 골재의 절대용적} \times \text{굵은 골재의 표건밀도}$$
$$= a \times \left(1 - \frac{s/a}{100}\right) \times 2.66$$
$$= 694 \times \left(1 - \frac{45}{100}\right) \times 2.66$$
$$= 1,015 \, (\text{kg/m}^3)$$

정답 (1)

[문제 10]

굳지 않은 콘크리트에 관한 다음의 기술 중 부적당한 것은 어느 것인가?

(1) 워커빌리티는 반죽질기와 재료분리에 대한 저항성에 맞추는 성질이며, 반죽질기란 변형 또는 유동에 대한 저항성의 정도를 나타낸다.

(2) 반죽질기를 측정하는 방법으로서는 콘크리트에 외력을 주었을 때의 변형량을 측정하는 것이 널리 사용되고 있는 슬럼프 시험이 가장 일반적이다.

(3) 재료분리란 굵은 골재가 국부적으로 집중하는 것이나, 물의 분리로 인한 블리딩을 말하며, 전자는 주로 타설 후에 생기고, 후자는 주로 운반·타설 중에 생긴다.

(4) 플라스틱 수축 균열은 콘크리트 표면에서 물의 증발속도에 비해 블리딩 속도가 작을수록 생기기 쉽다.

◉ **해설과 해답**　　　　　　　　　　　　　　　　　〈☞정선문제 항목 Ⅲ.1〉

(1) 워커빌리티는 [워크(작업)+어빌리티(능력)]이며, 굳지 않은 콘크리트에 관한 모든 작업의 원활함을 나타낸다. 재료분리를 일으키지 않고 운반·타설·다짐·마무리 등의 작업이 용이하게 되는 정도를 나타내는 굳지 않은 콘크리트의 성질로 정의되고 있다. 따라서 정말로 같은 콘크리트일지라도 대상으로 하는 구조물이나 시공방법 등에 따라서 워커빌리티는 다르다. 반죽질기는 형태를 유지하는 경도를 나타내어 토목학회 시방서에는 주로 수량의 다소에 따라 좌우되는 굳지 않은 콘크리트·모르타르·시멘트풀의 변형 또는 유동에 대한 저항성으로 정의되어 있다. 따라서 이 설문의 기술은 적당하다.

(2) 반죽질기의 측정에는 일반적으로 슬럼프시험이 사용된다. 고유동 콘크리트나 수중 불분리성 콘크리트와 같은 초묽은비빔 콘크리트에 대해 슬럼프 플로우가 사용되는 경우가 많다고 할 수 있다. 또한 콘크리트의 슬럼프 플로우 시험방법이 규정되어 있으므로 주의점으로서 다음과 같이 들 수 있다.

- 슬럼프 콘에 콘크리트를 채우는 방법은 고유동 콘크리트인 경우, 달구질이나 진동을 하지 않고 1층을 채우든가 또는 3층으로 나누어 채우고, 각층 5회 다짐봉으로 똑같이 찌르는 것이 좋다. 수중 불분리성 콘크리트인 경우, 3층으로 나누어 채우고, 각층 25회 다짐봉으로 똑같이 찌르는 것이 좋다.
- 콘크리트의 움직임이 멈춘 후, 퍼짐이 최대로 생각되는 직경과 그 직교하는 방향의 직경을 측정하고, 양 직경의 평균치를 0.5 cm 단위로 반올

림해 슬럼프 플로우(cm)로서 표시한다. 일반적으로 항복치에 주로 관계하는 반죽질기의 평가에 사용된다.

- 슬럼프 콘 끌어올림 시작부터 콘크리트의 퍼짐이 평판으로 그려진 직경 50 cm의 원으로 최초로 달한 때까지의 시간을 50 cm 플로우 도달시간으로 한다.
- 슬럼프 콘 끌어올림 시작부터 육안으로 콘크리트가 정지되기까지의 시간을 플로우의 유동정지시간이라고 한다.

따라서, 슬럼프 플로우가 동일할지라도 콘크리트의 소성점도(점성)가 클수록 50 cm 플로우 도달시간 및 플로우의 유동정지시간은 길게 된다.

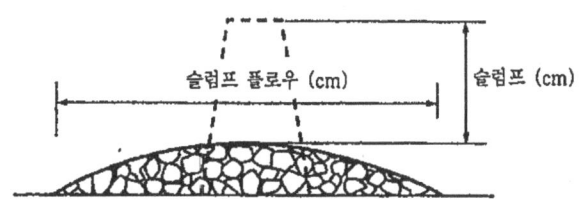

그림 10.1 슬럼프 플로우와 슬럼프
(어느 것이나 0.5 cm 단위로 표시한다.)

(3) 재료분리란 콘크리트를 구성하는 재료의 분포가 불균일하게 되는 현상으로, 콘크리트를 타설할 때 굵은 골재가 끝에서 구르거나 다짐할 때에 골재가 가라앉거나 하는 골재의 분리와 콘크리트가 정지되어 있는 상태에서 밀도가 큰 고체분이 가라앉아 물이 표면을 향하여 상승하는 블리딩 현상으로 대별된다. 따라서 블리딩은 주로 타설된 후에, 굵은 골재가 국부적으로 집중하는 분리현상은 주로 운반·타설 중에 생긴다.

(4) 플라스틱 수축 균열은 콘크리트 표면이 직접 건조를 받을 때 콘크리트 표면에 발생하는 얕은 초기 균열이다. 그 이유는 블리딩 속도보다 직사광선이나 바람에 의해 수분의 증발속도가 빨라지면, 콘크리트 표면이 직접 건조를 받아 플라스틱 수축 균열이 발생되기 쉽다. 빨리 발견되면 탬핑이나 재진동 다짐으로 복원할 수 있는데, 시트 등으로 직사광선이나 바람을 막

아 수분의 빠져나감을 막아 그 발생을 방지한다.

정답 (3)

[문제 11]

콘크리트 응결에 관한 다음의 기술 중 부적당한 것은 어느 것인가?

(1) 콘크리트 응결시간은 콘크리트에서 채취된 모르타르를 시료로 하여 관입저항 시험으로 정한다.
(2) 콘크리트 응결의 종결시간은 재진동 다짐이 가능한 시간의 한도를 판단하는 기준으로 사용된다.
(3) 콘크리트의 응결 시발시간은 물 시멘트비가 작고, 슬럼프가 작을수록 일빨라진다.
(4) 골재나 반죽수에 함유된 성분 중 바다모래나 바닷물 속에 함유되어 있는 염분은 응결을 빠르게 하고, 당류, 부식토 등의 유기물은 응결을 지연시킨다.

◉ **해설과 해답** 〈☞정선문제 항목 Ⅲ.4〉

(1) 콘크리트의 응결시간 측정방법은 콘크리트의 응결시간 시험방법에 규정되어 있다. 그 방법은 콘크리트에서 체질한 모르타르에 관입침을 25 mm 관입시키는데 요하는 힘을 (플로터)관입저항 시험장치를 사용해 측정하고, 그 힘을 관입침의 단면적으로 나누어 관입저항(N/mm^2)을 구하며, 시멘트와 물이 접촉된 시점에서 관입저항이 $3.5 N/mm^2$ 및 $28.0 N/mm^2$가 되기까지의 시간을 각각 콘크리트의 시발시간 및 종결시간으로 하는 것이다. 또한, 관입침의 단면적은 100, 50, 25, 12.5 mm^2로 모르타르의 응결에 따라 서서히 작게 된다.

(2) 진동다짐에 의한 효과를 기대할 수 있는 시간의 한도(진동한계)의 지표로서 사용되고 있는 것은 콘크리트 응결의 시발시간이다.

(3) 물 시멘트비가 작고 슬럼프가 작을수록 관입저항이 빨리 커지는 것이며, 응결시간은 짧아지는 경향이 있다.

(4) 염분(염소 이온)량이 증가하면 콘크리트의 응결이 조금 빨라지며, 또 경화

가 촉진된다. 유기불순물은 시멘트의 수화반응을 지연시키기 때문에 응결이 지연된다.

정답 (2)

[문제 12]

굳지 않은 콘크리트의 공기량에 관한 다음의 기술 중 맞는 것은 어느 것인가?
(1) 내동해성을 확보하기 위해서 필요한 공기량은 굵은 골재의 최대치수가 클수록 커진다.
(2) 콘크리트의 다짐 중에 없어지는 기포는 거의가 기포지름이 작은 것이며, 기포지름이 큰 것은 그다지 감소되지 않는다.
(3) 콘크리트의 비빔온도가 높아지면 동일한 공기량을 얻기 위해 AE제의 사용량이 많아진다.
(4) 연행 공기는 콘크리트의 유동성이나 워커빌리티에 대부분 영향되지 않는다.

◉ **해설과 해답** 〈☞정선문제 항목 Ⅲ.2〉

(1) 내동해성에 대하여 유효하게 작용하는 공기포는 AE제 또는 AE 감수제 등의 혼화제로서 시멘트 속에 연행되는 연행 공기이며, 골재 속에는 연행되지 않는다. 또 골재의 품질은 일정하게 굵은 골재의 최대치수만 커지는 것을 상정하는 것이 좋다. 굵은 골재 입자가 들어온 만큼 그 부분을 차지하였던 콘크리트는 불필요하게 되어 단위 수량·단위 시멘트량, 즉 시멘트풀량을 줄일 수 있다. 따라서 필요한 공기량도 작게 된다. 또한 굵은 골재의 최대치수는 커지면, 잔골재량도 줄일 수 있기 때문에 잔골재율도 작아진다.

(2) 다짐작업은 콘크리트 속의 커다란 틈을 없애 치밀하게 하는 작업이다. 또 점성이 높은 풀 속에) 직경이 큰 거품과 직경이 작은 거품이 진동으로 인해 올라가는 상태를 연상하면, 직경이 큰 거품이 빠지기 쉬운 것을 알 수 있을 것이다. 운반이나 다짐으로 감소하는 공기의 대부분은 기포지름이 큰 기포이다.

(3) 반죽 종료 근처에서 콘크리트 속의 공기량은 콘크리트 표면에서 연행되는 공기포와 빠져나가는 공기포의 양이 평형상태로 정해진다고 한다. 콘크리트의 비빔온도가 높을수록 물의 점성이 작아지며, 그 결과 시멘트풀의 점성이 작아지므로 공기포가 빠져나가기 쉽기 때문에 공기량 감소가 쉽다. 그 때문에 AE제의 사용량을 많게 하여 공기량을 소정의 값으로 유지하도록 한다.

(4) 연행 공기(AE제에 의한 연행 공기)는 AE제나 AE 감수제 등 혼화제에 의해 시멘트풀 속으로 연행된, 직경이 수십~$100\mu m$ 정도의 미세한 독립기포이다. 그 때문에, 연행 공기량이 늘어나면 콘크리트 속에서 변형 가능한 시멘트풀량이 마치 늘어나듯이 유동성이 증가한다. 또 연행 공기 주위는 친수기로 덮여져 있어(공기의 연행에 대해서는 정선문제 문 Ⅲ-8의 해설 참조) 그 주위는 약한 힘으로 물을 구속하기 때문에 유동성이 같을지라도 재료분리 개선은 효과적으로 된다(정선문제 메모 Ⅲ ② 참조).

정답 (3)

―[문제 13]―

콘크리트의 압축강도에 관한 다음의 일반적인 기술 중 부적당한 것은 어느 것인가?

(1) 압축강도의 시험치는 공시체 치수가 작은 것으로 구한 것보다 치수가 큰 것으로 구한 것이 크다.
(2) 콘크리트의 장기재령에서 압축강도는 초기의 양생온도가 높은 경우보다 온도가 낮은 경우가 크다.
(3) 봉함 양생을 실시한 공시체의 재령 28일의 압축강도는 그 사이의 평균 기온이 높을수록 크다.
(4) 콘크리트의 압축강도는 똑같은 물 시멘트비의 경우 자갈을 사용한 것보다 부순자갈을 사용한 쪽이 크다.

⊙ 해설과 해답　　　　　　　　　　　　〈☞정선문제　항목 Ⅳ.A.1〉

콘크리트의 압축시험에 관한 기본적 지식을 묻고 있다.

(1) 공시체 치수가 큰 것일수록 강도 저하로 이어지는 결함의 수가 많아지기 쉽다. 또 공시체 주변의 치밀한 모르타르 두께는 공시체의 단면치수와 상관없이 일정한 것으로 치수가 작은 공시체일수록 공시체 단면적에 차지하는 모르타르층의 면적 비율이 늘어나 강도가 증가하는 경향이 있다. 따라서 압축강도의 시험치는 공시체 치수가 작은 것에서 구한 값보다 큰 것에서 구한 값 쪽이 외관상 작다. 이 기술은 부적당하다.

(2) 양생온도가 높은 경우, 뒤에 수화반응을 방해하는 수화물이 생성되기 쉽기 때문에 초기의 양생온도가 낮은 쪽이 콘크리트의 장기재령에서 압축강도가 큰 경향이 있다. 이 기술은 적당하다.

(3) 그림 13.1에 양생온도와 압축강도의 관계 일례를 나타낸다. 봉함 양생을 한 공시체의 경우, 평균기온이 높을수록 시멘트의 수화반응이 진행되어 재령 28일의 압축응력은 커진다. 이 기술은 적당하다.

(4) 부순자갈은 시멘트풀과의 부착이 좋기 때문에 동일 물 시멘트비라면, 자갈을 사용한 콘크리트의 압축강도보다 부순자갈을 사용한 콘크리트의 압축강

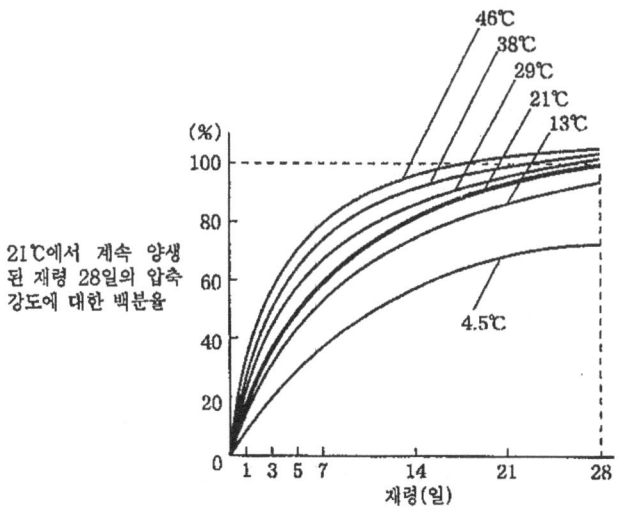

그림 13.1 양생온도와 압축강도의 관계

도가 크다. 20~35% 큰 실험결과의 일례가 있다. 이 기술은 적당하다.

정답 (1)

[문제 14]

경화 콘크리트의 탄성계수에 관한 다음의 일반적인 기술 중 부적당한 것은 어느 것인가?
(1) 진동 특성에서 얻어진 동탄성계수는 영계수보다 크다.
(2) 단위 용적 질량이 큰 콘크리트는 영계수도 크다.
(3) 압축강도가 높은 콘크리트는 영계수도 크다.
(4) 접선탄성계수는 작용응력이 커질 때가 크다.

● **해설과 해답** 〈☞정선문제 항목 Ⅳ.A.2〉

(1) 동탄성계수는 공시체의 공진주파수에서 구하는 값으로, 작용되는 응력은 미소하다. 정적 재하시 초기탄성계수에 해당한다. 한편, 정탄성계수나 영계수는 강도의 1/4~2/3의 응력점이 할선탄성계수이다. 따라서 콘크리트와 같은 비탄성 재료에서는 동탄성계수가 영계수보다 일반적으로 10~40% 크다. 이 기술은 적당하다.

(2) 콘크리트의 정탄성계수 E는 압축강도 F_c와 기건밀도 ρ와 밀접한 관계가 있으며, 다음과 같은 실험식의 일례가 있다.

$$E = 2.1 \times 10^4 \cdot \left(\frac{\rho}{2.3}\right)^{1.5} \cdot \left(\frac{F_c}{20}\right)^{0.5} \ (\text{N/mm}^2) \qquad ①$$

여기서, E : 정탄성계수(영계수)

F_c : 압축강도

ρ : 기건밀도(단위 용적 질량)

정탄성계수는 압축강도의 0.5승과 단위 용적 질량의 1.5승에 상수를 곱해 구한다. 단위 용적 질량이 큰 콘크리트는 영계수도 크다. 이 기술은 적당하다.

(3) 위의 ①식에서 압축강도가 높은 콘크리트는 영계수도 크다. 이 기술은 적

당하다.

(4) 정적재하에 의해 구해진 응력-변형률 곡선에서 구한 탄성계수는 그림 14.1에 나타낸 것처럼 초기접선탄성계수, 비례선탄성계수, 접선탄성계수가 있다. 접선탄성계수는 작용응력이 크게 될 때가 작다. 이 기술은 부적당하다.

정답 (4)

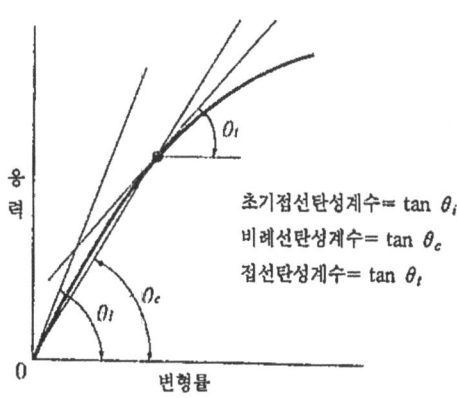

그림 14.1 탄성계수

[문제 15]

콘크리트의 건조수축량에 관한 다음의 일반적인 기술 중 부적당한 것은 어느 것인가?

(1) 단위수량이 적을수록 건조수축량은 작다.
(2) 시멘트의 비표면적이 커질수록 건조수축량은 크다.
(3) 굵은 골재의 탄성계수가 클수록 건조수축량은 크다.
(4) 단위 굵은 골재량이 많을수록 건조수축량이 작다.

◎ 해설과 해답 〈☞정선문제 항목 Ⅳ.B〉

(1) 콘크리트의 건조수축 원인이 큰 것은 콘크리트 속의 자유수가 빠져나감이다. 따라서, 단위수량이 적으면 자유수도 필연적으로 적어져서 건조수축량

도 작아진다.
(2) 시멘트의 비표면적이 커지면 동일경도(동일 슬럼프)를 얻기 위해 단위 수량을 많게 해야만 한다. 단위 수량이 많아지면 콘크리트 속의 자유수가 많아져 건조수축량이 커진다.
(3) 굵은 골재의 탄성계수가 크다고 하는 것은 골재가 변형되기 어려운 것을 나타내고 있다. 건조수축도 콘크리트의 변형을 나타낸 것이며, 변형되기 어려운 것이 있다고 하는 것은 그만큼 건조수축량도 작다고 하는 것이다. 따라서, 이 설문은 부적당하다.
(4) 굵은 골재의 탄성계수는 시멘트풀이나 모르타르보다 크기 때문에 건조수축에 의한 변형을 저지하는 작용이 있다. 또 단위 굵은 골재량이 많아지면 동일 연도(동일 슬럼프)를 얻기 위한 단위수량이 적어지게 되어 이것에 의해도 건조수축량은 작아진다.

정답 (3)

─[문제 16]─
콘크리트의 체적변화와 철근 콘크리트부재에 생기는 균열에 관한 다음의 기술 중 부적당한 것은 어느 것인가?
(1) 물 시멘트비가 큰 콘크리트에서는 자기수축으로 인해 균열이 생기기 쉽다.
(2) 분체량이 많은 콘크리트에서는 플라스틱 수축 균열이 생긴다.
(3) 불리딩량이 많은 콘크리트에서는 침하에 의한 균열이 생기기 쉽다.
(4) 단면이 큰 콘크리트에서는 시멘트의 수화열로 인해 균열이 생기기 쉽다.

⊙ **해설과 해답** 〈☞정선문제 항목 Ⅳ.B〉
(1) 자기수축은 물의 빠져나감이 아니라도 혼합수가 시멘트의 수화반응에 소비되어 생기는 현상이다. 따라서 물 시멘트비가 작고 단위 시멘트량이 많은 부배합 콘크리트가 자기수축은 크게 되어 균열이 생기기 쉽다. 이 설문은 부적당하다.
(2) 시멘트나 혼화재 등 분체량이 많은 경우, 동일 슬럼프를 얻기 위해서는 단

위 수량이 증가한다. 그러나, 그 물은 분리되기 어려워 블리딩은 적다. 그 결과, 표면이 건조할 때 내부로부터 물의 보급이 적기 때문에 경화초기에 보이는 현상인 플라스틱 수축 균열로 불리는 균열이 생기기 쉽다.

(3) 블리딩이란 콘크리트 재료 중에서 시멘트나 골재에 비교하여 밀도가 적은 물이 콘크리트 표면에 스며나오는 현상이다. 블리딩수의 체적분, 콘크리트의 체적이 감소되기 때문에 침하가 일어난다. 철근이 존재하는 곳에서는 철근부분의 침하가 구속되므로 철근 하부에 틈새가 생겨 철근 상부에 균열이 생긴다(그림 16.1 참조). 또 벽과 바닥의 접합면에서는 단면 차이로 인해 침하정도가 다르기 때문에 균열이 생긴다.

(4) 단면이 큰 이른바 매스 콘크리트에서는 시멘트에 의한 수화열량이 크고, 표면에서만 방열되기 때문에 수화열이 내부로 축적되어 콘크리트 내부의 온도가 높아진다. 그 때문에 내부는 팽창되고 외부는 수축 기미 때문에 외부가 내부구속으로 인해 인장되어 발생한 균열과 콘크리트 전체의 온도 강하시의 수축이 기설 콘크리트나 암반 등에 의한 외부구속에 의해 발생한 균열이 생기기 쉽다.

정답 (1)

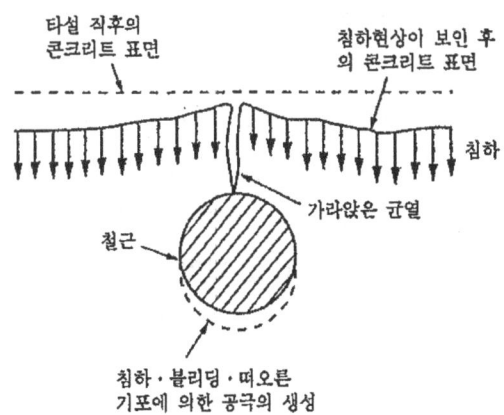

그림 16.1 콘크리트 침하에 따라 수평철근 상부의 침하균열과 철근하부의 공극

┌─[문제 17]─────────────────────────────
│ 콘크리트의 내구성에 관한 다음의 기술 중 적당한 것은 어느 것인가?
│ (1) 콘크리트 속 철근의 부식환경으로서는 바닷물 속이 물보라대보다 지독하다.
│ (2) 공기량이 같은 콘크리트에서는 기포간격계수가 작을수록 내동해성은 저하한다.
│ (3) 알칼리 골재반응은 수산화칼슘과 골재 사이에 생기는 반응이다.
│ (4) 황산염은 에트링가이트를 생성하여 콘크리트의 팽창파괴를 일으키는 원인이 된다.
└──────────────────────────────────

◉ 해설과 해답 〈☞정선문제 항목 Ⅳ.C.1〉

(1) 바닷물 속이나 물보라대에서는 염화물 이온의 작용으로 강재가 부식한다. 이 때 산소와 물의 공급으로 인해 부식이 촉진되므로, 일반적으로는 산소의 공급이 많은 물보라대 쪽이 바닷물 속보다 강재가 부식되기 쉽다. 기술은 부적당하다.

(2) 공기량이 3%를 초과하면 콘크리트는 동해를 받기 어렵게 되며, 동일한 공기량에서는 기포가 작을수록 동해를 받기 어렵다. 기포가 작으면 기포와 기포의 간격은 좁아지기 때문에 콘크리트 속 기포의 평균간격을 나타내는 기포간격계수는 작은 쪽이 내동해성은 커진다. 기술은 부적당하다.

(3) 콘크리트의 가는구멍 용액 중 수산화 알칼리와 골재 중 반응성 광물의 화학반응을 알칼리 골재반응이라 말하며, 수산화 알칼리란 수산화칼륨(KOH)나 수산화나트륨(NaOH)을 가리킨다. 반응성 광물의 종류에 따라 알칼리 실리카반응, 알칼리 탄산염반응, 알칼리 실리케이트반응의 3가지로 분류된다. 기술은 부적당하다.

(4) 황산염은 시멘트 속의 수산화칼슘($Ca(OH)_2$)이나 알루민산칼슘염($3CaO \cdot Al_2O_3$)와 화합되어 에트링가이트($3CaO \cdot Al_2O_3 \cdot 3CaSO_4 \cdot 32H_2O$)가 생성되어 콘크리트를 붕괴시킨다. 기술은 적당하다.

정답 (4)

[문제 18]
콘크리트의 중성화에 관한 다음의 기술 중 부적당한 것은 어느 것인가?
(1) 중성화 깊이는 경과연수에 거의 비례해 진행한다.
(2) 중성화의 진행은 콘크리트의 압축강도가 높을수록 늦다.
(3) 중성화의 진행은 주변공기 중 이산화탄소의 농도가 높을수록 빠르다.
(4) 중성화의 진행은 콘크리트가 건조 상태에 있는 것보다 습윤 상태에 있는 쪽이 느리다.

⊙ 해설과 해답　　　　　　　　　　　　　　　〈☞정선문제　항목 Ⅳ.C.2〉

알칼리성인 콘크리트가 이산화탄소(CO_2)의 작용을 받아 시간과 함께 알칼리성을 잃는 현상을 중성화라고 한다. 중성화한 콘크리트 속에서 철근이 녹슬기 쉬우므로, 중성화는 철근 콘크리트 구조물의 내구성을 꾀하는 지표로 되는 경우가 많다.

(1) 과거의 조사나 시험의 결과 등에 따라 대기 중에서 콘크리트는 대개 시간의 1/2승($\sqrt{\ }$)에 비례해 중성화하는 것이 알려져 있다. 따라서, 경과연수에 거의 비례되어 진행된다는 기술은 부적당하다.

(2) 밀실해서 물 시멘트비가 작은 콘크리트일수록 CO_2가 콘크리트 내부로 진입되지 않기 때문에 중성화되기 어렵다. 따라서, 콘크리트의 압축강도가 높으면 중성화의 진행이 늦어진다. 기술은 적당하다.

(3) 콘크리트가 중성화하는 원인은 CO_2이며, CO_2와 많이 접촉될수록 콘크리트는 중성화되기 쉽다. 따라서, 주변 공기 중의 CO_2 농도가 높을수록 콘크리트의 중성화 진행은 빨라진다. 기술은 적당하다.

(4) CO_2는 콘크리트의 공극을 통해 내부로 진입한다. 콘크리트가 습윤 상태에 있으면 공극이 물로 메워져 CO_2가 통과되기 어렵기 때문에, 건조 상태에 있는 것보다 중성화의 진행이 늦어진다. 기술은 적당하다.

정답 (1)

[문제 19]

콘크리트 제조에 관한 다음의 기술 중 레디 믹스트 콘크리트의 규정에 대조하여 적당한 것은 어느 것인가?

(1) 각 재료의 계량은 운반차 1차에 적재되는 콘크리트를 소정의 양이 되도록 한다.
(2) 골재의 저장시설은 적어도 콘크리트의 하루 최대 출하량의 1/2 이상에 해당하는 골재를 저장할 수 있는 것으로 한다.
(3) 트럭 애지테이터는 하역할 때 그 하물의 약 1/4과 약 3/4의 자리에서 채취된 시료의 슬럼프 차이가 3 cm 이내라야만 한다.
(4) 반죽시간은 콘크리트 믹서에 나타낸 믹서의 종류·용량별의 표준시간에 따라 결정한다.

◉ 해설과 해답　　　　　　　　　　　　　〈☞정선문제　항목 V.1〉

(1) 각 재료의 계량치는 믹서의 1배치(batch)분의 용량에 따라 정하는 것으로, 운반차(트럭 애지테이터)의 적재량에 따르는 것은 아니다. 보통 운반차는 4~6 m³ 정도의 콘크리트를 적재하고 있지만, 믹서의 반죽용량은 2~3 m³ 정도의 것이 사용되고 있으므로 2~3배치분의 콘크리트가 투입된다. 또한 최근에는 4.5~6 m³의 대용량 믹서를 사용하는 공장이 있으며, 이 경우는 1운반차분의 재료를 계량할 수 있지만, 이것은 특수 케이스로 생각하면 된다. 따라서, 이 설문은 부적당하다.
(2) 골재의 저장설비에 대해서는 콘크리트의 최대 출하량 1일분 이상에 해당하는 골재를 저장할 수 있도록 규정되어 있으므로 1/2은 부족하다.
(3) 운반차의 항에 트럭 애지테이터 성능에 대해서 동일하게 규정되어 있다. 이 설문은 적당하다.
(4) 믹서의 반죽 성능을 조사하기 위한 반죽시간에 대해서 규정되어 있지만, 실제로 제조할 때는 반죽되는 콘크리트의 종류나 반죽량에 따라 반죽시간을 정할 필요가 있다. 따라서, 이 설문은 부적당하다.

정답 (3)

―[문제 20]―――――――――――――――――――――――

　콘크리트의 압축강도 측정값이 N개일 때, 그 통계량에 관한 다음의 기술 중 부적당한 것은 어느 것인가?

　(1) 평균치란 개개 측정값의 총합을 N로 나눈 것이다.
　(2) 표준편차란 평균치와 개개 측정값 차이의 총합을 N로 나눈 것의 제곱근이다.
　(3) 변동계수란 표준편차를 평균치로 나눈 것을 백분율로 표시한 것이다.
　(4) 범위란 측정값의 최대치와 최소치 차이를 말한다.

◉ 해설과 해답　　　　　　　　　　　　　　　〈☞정선문제　항목 V.4〉

　콘크리트의 품질관리에 사용되는 기본적인 용어에 대한 문제이다.
　(1) 평균치는 이 설문대로 하여 다음 식으로 주어진다.

$$x = \frac{\sum_{i=1}^{N} x_i}{N}$$

　여기서, x : 평균치

　　　　　x_i : 개개의 측정치

　　　　　N : 측정치의 총합

　(2) 모집단의 표준편차는 불변 분산(모분산)의 정(+)의 제곱근으로서 다음 식으로 주어진다. 따라서, 이 설문은 부적당하다.

$$\sigma = \sqrt{V} = \sqrt{\frac{\sum_{i=0}^{N}(x_i - x_i)^2}{N-1}}$$

　여기서, σ : 표준편차

　　　　　V : 불변 분산

　　　　　N : 측정값의 완화

　　　　　x_i : 개개의 측정값

　　　　　x : 평균값

　　또, 단지 N개 수치의 표준편차를 구하는 경우는 ($N-1$)는 아니고 N으로 나눈 값을 사용한다.

(3) 변동계수는 이 설문과 같이 다음 식으로 주어진다.

$$V = \frac{\sigma}{x} \times 100 \, (\%)$$

여기서, V : 변동계수(%)

σ : 표준편차

x : 평균치

(4) 범위는 이 설문과 같이 다음 식으로 주어진다.

$$R = |x_{max} - x_{min}|$$

여기서, R : 범위

x_{max} : 측정값의 최대치

x_{min} : 측정값의 최소치

정답 (2)

[문제 21]

어느 레디 믹스트 콘크리트공장에서 1개월 동안 출하된 호칭강도 27 콘크리트의 압축강도 시험결과를 집계한 것이 평균치가 37.0 N/mm², 표준편차는 4.0 N/mm²이었다. 다음의 값 중 이 콘크리트의 압축강도가 호칭강도의 강도치를 밑도는 확률로서 적당한 것은 어느 것인가?

단, 콘크리트의 압축강도는 정규분포하는 것으로서 정규편차의 정수 k 및 아래쪽 불량의 확률 P는 다음 표와 같다.

정규편차의 정수 : k	1.00	1.50	2.00	2.50
아래쪽 불량의 확률 : P	0.1587	0.0668	0.0228	0.0062

(1) 15.87%

(2) 6.68%

(3) 2.28%

(4) 0.62%

◉ 해설과 해답 ⟨☞정선문제 항목 V.4⟩

압축강도의 품질관리에 관한 간단한 문제이지만, 해답을 구할 때는 정규편차라고 하는 용어를 알아 둘 필요가 있다. 정규편차란 평균치와 측정값 차이의 절대값을 표준편차로 나눈 값이며, 다음 식으로 주어진다.

$$k = \frac{|x - x_i|}{\sigma}$$

여기서, k : 정규편차
σ : 표준편차
x_i : 측정값
x : 평균값

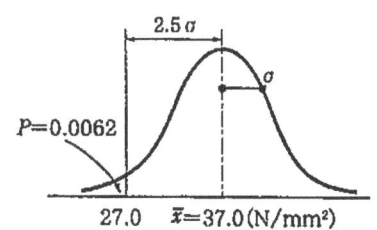

이 문제에서는 호칭강도의 강도값이 27.0 N/mm², 평균치가 37.0 N/mm², 표준편차가 4.0 N/mm²이기 때문에 호칭강도에 대한 정규편차는 (37.0-27.0)/4.0=2.50이 된다.

정규편차(k)는 아래쪽 불량률(P)와의 관계는 표에서 주어진대로 정규편차 2.50일 때의 아래쪽 불량률은 0.0062이다. 따라서, (4)가 정답이다.

정답 (4)

[문제 22]

레디 믹스트 콘크리트에 규정되어 있는 골재에 관한 다음의 기술 중 맞는 것은 어느 것인가?

(1) 알칼리 실리카 반응성에 의한 구분 A 골재 이외는 사용해서는 안된다.
(2) 동일 종류의 골재는 혼합 사용할 수 있지만, 다른 종류의 골재는 혼합 사용해서는 안된다.
(3) 구입자의 승인이 없으면 절건밀도 2.5 g/cm³ 미만의 자갈·모래는 사용해서는 안 된다.
(4) 염화물량이 NaCl로서 모래의 절건질량이 0.01% 이상 함유된 모래는 사용해서는 안된다.

⊙ 해설과 해답 ⟨☞정선문제 항목 V.1⟩

(1) 골재의 알칼리 실리카 반응에 대해서는 무해한 것(A)과 무해하지 않은 것이 시험으로 확인되지 않는 것(B)으로 구분되어 있다. 이중에 구분 B의 골재에 대해서는 아래의 억제대책을 강구하면 사용할 수 있다.
  - 알칼리 골재반응 억제효과를 갖는 고로 시멘트 B종이나 C종, 또는 플라이 애시 시멘트 B종이나 C종을 사용한다.
  - 콘크리트 속의 알칼리 총량을 $3.0\,kg/m^3$ 이하로 한다.
  따라서 이 설문은 틀린다.

(2) 다른 종류의 골재를 혼합 사용하는 경우, 혼합하기 전의 품질(염화물량과 입도 이외)이 각각 품질규정에 적합한 것이며, 또한 혼합 후의 염화물량과 입도가 각각 규정에 적합하다면 혼합 사용할 수 있다고 되어 있다. 따라서 이 설문은 틀린다.

  골재의 종류란 자갈·모래, 부순골재, 슬래그 골재, 인공경량 골재의 것이며, 하천모래·산모래·바다모래 등은 모래에 속한다.

(3) 자갈·모래의 품질기준에서 절건밀도는 $2.5\,g/cm^3$ 이상으로 하지만, 질이 좋은 골재의 입수가 곤란한 지역을 고려하여 $2.4\,g/cm^3$ 이상이면 구입자의 승인을 얻어 사용할 수 있다고 주가 기재되어 있다. 그래서, $2.5\,g/cm^3$ 미만의 자갈. 모래는 구입자의 승인이 없으면 사용해서는 안된다는 이 설문은 틀리지 않다.

  그러나, 구입자의 승인을 얻어도 $2.4\,g/cm^3$ 미만인 골재에 대해서는 사용할 수 없으므로 이 설문은 설명이 불충분하다.

(4) 모래의 염화물량은 NaCl로서 모래의 절건질량이 0.04% 이하로 규정되어 있어서 0.01%라는 것은 틀린다. 또한 구입자의 승인을 얻어 그 한도를 0.1%로 할 수 있는 것과 프리텐션 프리스트레스트 콘크리트 부재에서는 0.02% 이하(구입자의 승인을 얻은 경우 0.03% 이하)로 하는 것이 주기되어 있다.

정답 (3)

[문제 23]

레디 믹스트 콘크리트의 규정에 관한 다음의 기술 중 틀린 것은 어느 것인가?

(1) 하역지점에서 콘크리트 속의 염화물 이온량은 구입자의 승인을 받은 경우에는 $0.60 \, kg/m^3$ 이하이면 된다.

(2) 구입자가 지정하는 슬럼프가 8 cm 이상 18 cm 이하인 경우, 슬럼프의 허용차는 ±1.5 cm이다.

(3) 압축강도 1회의 시험결과는 임의의 1운반차에서 채취된 시료로 만든 3개의 공시체 시험치의 평균치로 나타낸다.

(4) 콘크리트의 납입 용적시험은 하역 전후 운반차의 질량 차이를 기본으로 한 계산에 따라 할 수 있다.

◉ **해설과 해답** 〈☞정선문제 항목 V.1〉

(1) 콘크리트 속의 염화물 이온량은 $0.30 \, kg/m^3$ 이하가 기본이지만, 구입자의 승인을 얻으면 $0.60 \, kg/m^3$ 이하까지 인정된다.

(2) 구입자가 지정하는 슬럼프가 8 cm 이상 18 cm 이하인 경우, 슬럼프의 허용차는 ±2.5 cm이며, ±1.5 cm로 된 이 설문의 기술은 틀린다.

(3) 압축강도의 1회 시험결과에 대해서 설문의 기술은 맞다. 또한 JASS 5의 구조체 콘크리트 강도시험에서는 임의의 3운반차에서 공시체를 각각 1개씩 채취하여 3개의 시험결과 평균치를 압축강도로 하므로 혼동하지 않도록 주의한다.

(4) 콘크리트의 용적시험은 1운반차에 적재된 전체 질량을 단위 용적 질량으로 나누어 구한다. 그 경우, 1운반차 적재의 전체 질량은 계량된 전체 재료의 질량 총합으로 계산하는데, 이 설문의 방법으로 계산해 구하는 것이므로 이 기술은 맞다.

정답 (2)

[문제 24]

콘크리트의 펌프 압송에 관한 다음의 일반적인 기술 중 적당한 것은 어느 것인가?

(1) 콘크리트를 펌프 압송하는 경우, 수송관의 안지름를 크게 하면 1 m당 관내 압력손실은 커진다.
(2) 경량 콘크리트를 펌프 압송하는 경우, 유동화 콘크리트로 하게 되면 압송성을 개선할 수 있다.
(3) 슬럼프가 같은 콘크리트의 경우, 단위 시멘트량이 작은 것에서는 펌프압송으로 인한 막힘은 생기기 어렵다.
(4) 고성능 AE 감수제를 사용한 콘크리트는 펌프 압송에 의한 슬럼프의 저하가 생기기 어렵다.

⊙ **해설과 해답** 〈☞정선문제 항목 VI.1〉

(1) 펌프 압송하는 경우, 수송관의 안지름을 크게 하면 콘크리트의 단면적에 대한 마찰저항이 작아지기 때문에 1 m당의 관내 압력손실은 작아진다.
(2) 경량 콘크리트의 펌프 압송시에는 압력으로 인해 골재에 수분이 흡수되는 경우가 많으므로 유동화 콘크리트로 하여 반죽수량을 적게 할 정도의 점성을 가지게 하는 것은 유효한 방법이다. 토목학회 시방서에 따르면, 경량 콘크리트의 펌프 압송은 유동화 콘크리트로 하는 것이 원칙이다.
(3) 슬럼프가 같고 단위 시멘트량이 적은 콘크리트는 시멘트풀량이 적다. 따라서 점성이 작아지기 때문에 압력에 의해 재료분리가 쉽게 일어나 막힘이 생기기 쉽다.
(4) 고성능 AE 감수제를 사용한 콘크리트는, AE 감수제에 비해 일반적으로 점성이 높으므로 펌프 압송시의 저항이 커져서 슬럼프 저하가 증가하는 경향이 있다.

정답 (2)

[문제 25]

그림과 같은 배관에서 콘크리트를 펌프 압송하는 경우, 콘크리트 펌프에 더해지는 최대압송부하 계산치로서 맞는 것은 어느 것인가?

단, 최대압송부하 계산은 수평 환산거리에 의한 방법으로 하고, 수송관의 호칭치수는 125A(5B), 압송하는 콘크리트의 수평관 1m당 관내 압력손실은 $0.01\,N/mm^2$ 및 각 배관의 수평 환산길이는 아래 표에 나타낸 것으로 한다.

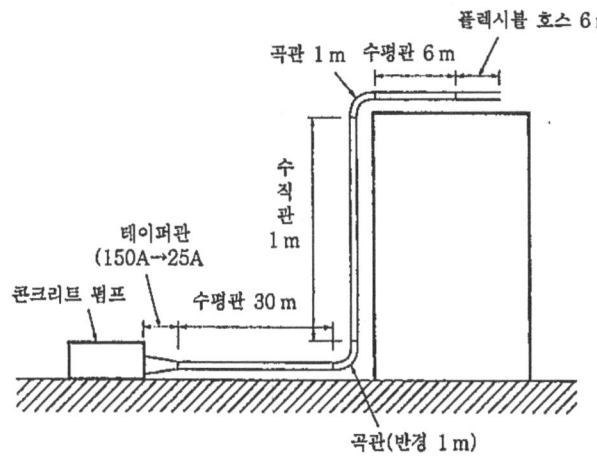

수평 환산길이

항 목	단 위	호칭치수	수평환산길이(m)
상향 수직관	1m당	100A (4B) 125A (5B) 150A (6B)	3 4 5
테이퍼관	1개당	150A→125A	3
곡관	1개당	90° $r=1.0\,m$	6
플렉시블호스	5~8m짜리 1개		20

(1) $1.8\,N/mm^2$

(2) $2.3\,N/mm^2$

(3) $2.8\,N/mm^2$

(4) $3.3\,N/mm^2$

⊙ 해설과 해답 〈☞정선문제 항목 I.1〉

펌프 압송에서 최대압송부하를 계산으로 구하는 문제이다. 어렵게 보일지도 모르지만, 수평 환산길이가 표시되어 있으므로 안심하고 그림과 표를 비교해 보면 간단히 구해진다.

우선, 콘크리트 펌프 쪽에서 수평 환산거리를 구한다. 이것을 수평관 1m당 관내 압력손실을 곱한 것이 콘크리트 펌프에 걸리는 최대 압송부하라고 불린다.

수평 환산거리 = (테이퍼관) + (수평관 : 30m) + (곡관) + (수직관 : 50m)
　　　　　　 + (곡관) + (수평관 : 15m) + (플렉시블호스 : 6m)
　　　　　　 = 3 + 30 + 6 + (4×50) + 6 + 15 + 20
　　　　　　 = 280 m

이것에 수평관 1m당 관내 압력손실 $0.01\,N/mm^2$를 곱해 압송부하값을 구한다.

최대압송부하 = $280 \times 0.01 = 2.8\,N/mm^2$

정답 (3)

[문제 26]

콘크리트의 타설에 관한 다음의 기술 중 적당한 것은 어느 것인가?

(1) 거푸집의 높이가 높은 경우, 철근에 닿지 않도록 상부에서 거푸집 안으로 수직 슈트를 삽입하고, 자유낙하 높이를 작게 해서 콘크리트를 타설했다.

(2) 펌프 압송할 때 먼저 내보내는 모르타르는 사용하는 콘크리트보다 높은 강도로 거푸집 안의 1군데에 모아서 타설했다.

(3) 슈트를 사용해 타설할 경우, 수직 슈트는 재료분리를 일으킬 가능성이 높기 때문에 경사 슈트를 사용해 콘크리트를 타설했다.

(4) 콜드 조인트를 방지하기 위해서 하층의 콘크리트 표면에 모인 블리딩수를 없애지 않도록 하고, 상층의 콘크리트를 타설했다.

⊙ 해설과 해답　　　　　　　　　　　　　　〈☞정선문제 항목 Ⅵ.2〉

　콘크리트의 타설에서는 재료분리를 방지하도록, 또 콜드 조인트 등의 결함부가 생기지 않도록 하는 것이 중요하다.

(1) 콘크리트의 타설에서 콘크리트의 자유낙하 높이를 높게 하면 낙하 도중 철근이나 거푸집에 닿아 재료분리가 생기기 쉬운 것이 알려져 있다. 거푸집의 높이가 높을 경우 등에는 타설되는 콘크리트가 철근이나 거푸집에 닿지 않도록 수직 슈트나 펌프 배관의 토출구를 타설면까지 내리는 것이 필요하므로 이 설문의 기술은 적당하다.

(2) 콘크리트의 압송에 우선하여 부배합의 모르타르를 압송하여 배관 내면에 윤활성을 부여해 콘크리트의 품질변화를 방지하는 것이 필요하다. 이런 먼저 내보내는 모르타르의 품질이 손상된 부분은 폐기하여야 한다. 그 이외의 부분은 거푸집 안에 분산되어 타설되지만, 이 모르타르는 구조체의 일부가 되므로 사용 콘크리트보다 강도가 높은 것이 사용된다.

(3) 슈트는 종형 슈트를 사용하는 것이 원칙이며, 경사 슈트는 콘크리트의 재료분리를 일으키기 쉽기 때문에 가능한 한 사용하지 않아야 한다. 부득이 사용하는 경우는 기울기를 30도 정도 이상으로 한다.

(4) 블리딩수를 따라 콘크리트 속의 미세한 입자가 떠올라 콘크리트 표면에는 취약한 레이턴스층이 형성되므로, 콘크리트를 이어붓기로 하는 경우에는, 블리딩수를 제거하고, 고압 제트수, sander 등으로 건전한 콘크리트를 노출시켜 이어붓기 하기 전에 충분히 흡수시켜 취약한 부분이 생기지 않도록 한다.

　　　　　　　　　　　　　　　　　　　　　　　　　　　　　정답 (1)

[문제 27]

콘크리트 다짐에 관한 다음의 기술 중 적당한 것은 어느 것인가?

(1) 거푸집 안에 투입된 콘크리트는 표면이 거의 수평이 되도록 봉형 진동기를 사용하여 옆으로 이동시키면서 다졌다.

(2) 다짐 면적이 넓기 때문에 봉형 진동기를 철근에 대어 진동이 광범위하게 전해지도록 콘크리트를 다졌다.

(3) 벽두께가 두껍기 때문에 보통보다 많은 거푸집 진동기를 사용하여 콘크리트를 다졌다.

(4) 콘크리트의 중복 타설에서 봉형 진동기를 하층의 콘크리트까지 삽입해 하층과 상층이 일체가 되도록 콘크리트를 다졌다.

⊙ 해설과 해답　　　　　　　　　　　　　　　　〈☞정선문제 항목 Ⅵ.2〉

(1) 콘크리트는 거푸집 안에서 재료분리를 일으키기 쉬운 횡류를 가능한 피하는 것이 필요하다. 특히 봉형 진동기를 콘크리트의 횡 이동에 사용해서는 안된다.

(2) 봉형 진동기의 끝은 철골·철근·매입 배관·철물·거푸집 등에 접촉되지 않도록 해야 한다. 진동기가 이것들에 닿으면 위치가 엇갈리거나, 이들 주변의 콘크리트가 분리되어 취약층을 형성하기 때문이다.

(3) 거푸집 진동기의 설치 간격은 보통벽인 경우 2~3 m/대로 되어 있다. 가동 시간은 부재의 두께·형상, 거푸집의 강성, 타설방법에 따라 다르지만, 슬럼프 18 cm 정도의 경우 1~3분을 표준으로 하고 있다. 벽두께에 따라서 보통보다 많은 수의 거푸집 진동기를 사용하여도 벽두께 방향으로의 다짐에는 효과가 없어 거푸집 변형 등 지장을 일으키는 위험성도 있다.

(4) 콘크리트를 2층 이상으로 나누어 타설할 경우, 하층과 상층과의 일체화를 피하기 위하여 상층의 진동다짐에 있어서는 봉형 진동기의 끝이 하층의 콘크리트 속에 들어가도록 하는데, 10 cm 정도 삽입하여 다지는 것을 표준으로 되어 있다. 이 설문의 기술은 적당하다.

정답 (4)

[문제 28]

바닥 슬래브의 표면 마무리에 관한 다음의 일반적인 기술 중 부적당한 것은 어느 것인가?

(1) 소정의 마무리 치수·평탄함을 얻기 위해서는 콘크리트 타설 후, 침하를 예상하여 맨 위를 고르게 하는 것이 좋다.

(2) 평탄하면서 평평하고 매끄러운 표면으로 하는 데는 다짐 후 가능한 한 빨리 쇠흙손으로 마무리를 끝내는 것이 좋다.
(3) 쇠흙손 마무리를 너무 꼼꼼히 하면 표면에 시멘트풀이 모여져 수축 균열이 발생되기 쉽다.
(4) 콘크리트의 응결이 시작되기 전의 침하(가라앉음) 균열이나 플라스틱 수축 균열은 탬핑 또는 재마무리로 조치한다.

⊙ **해설과 해답** 〈☞정선문제 항목 VI.3〉

(1) 콘크리트는 타설 후 블리딩수의 상승, 압밀침하에 의해 시간경과와 함께 침하한다. 따라서, 소정의 마무리 치수·평탄함을 얻기 위해서는 침하량을 예상하여 소정의 위치와 경사를 따라 맨 위에서 실시하면 좋다.

(2) 다진 후의 콘크리트 표면은 침하되든지 블리딩수가 상승되어 미세 입자가 석출한다. 또 침하(가라앉음) 균열이나 플라스틱 수축 균열이 발생한다. 그래서, 평탄하면서 평평하고 매끄러운 표면이 되게 하고 균열을 회복하기 위해서는 다진 후 (1)에 말한 바와 같이 마무리를 하고, 응결 경화시기를 예측해 나무흙손으로 고르게 한 다음 쇠흙손으로 평탄하면서 평평하고 매끄럽게 마무리, 탬핑하면 좋다. 이 설문의 기술은 부적당하다.

(3) 쇠흙손 마무리를 지나치게 꼼꼼하면 설문의 기술과 같이 수축 균열이 발생하기 쉬워진다.

(4) 콘크리트 응결 전에 발생하는 침하(가라앉음) 균열이나 플라스틱 수축 균열은 블리딩 종료 후에 콘크리트 표면을 관찰하여 발생된 것을 흙손이나 탬핑으로 부스러뜨리면 좋다. 탬핑 시기는 (2)와 같다.

정답 (2)

─[문제 29]─────────────
거푸집에 작용하는 콘크리트의 측압에 관한 다음의 일반적인 기술 중 부적당한 것은 어느 것인가?
(1) 콘크리트의 온도가 낮을수록 측압은 커진다.

(2) 콘크리트의 치올리는 속도가 빠를수록 측압이 커진다.

(3) 콘크리트의 슬럼프가 클수록 측압이 커진다.

(4) 콘크리트의 치올리는 속도가 빠른 경우, 벽 부재는 기둥 부재보다 측압이 커진다.

◉ **해설과 해답** ⟨☞정선문제 항목 Ⅵ.4⟩

(1)~(3) 거푸집에 작용하는 굳지 않은 콘크리트의 측압은 일정한 시간에 치올린 콘크리트 높이에 비례해 커진다. 또 일반적으로, 콘크리트의 온도가 낮을수록, 응결이 늦을수록, 슬럼프가 클수록, 단위 용적 질량이 클수록 측압은 커진다. 이것에서 설문 (1)~(3)의 기술은 적당하다.

(4) 일반적으로, 기둥 부재보다 벽 부재 쪽이 측압은 작다. 이것은 벽 부재의 경우 횡방향으로 콘크리트가 유동하기 때문이다. 거푸집 설계에서는 굳지 않은 콘크리트의 측압을 고려한다.

① 콘크리트의 측압은 사용재료, 배합, 타설속도, 타설높이, 다짐방법 및 타설시의 콘크리트 온도에 따라 다를 뿐만 아니라, 사용하는 혼화제의 종류, 부재의 단면치수, 철근량 등에 의해서도 영향을 받으므로 그 값을 정할 경우에는 이들 요인의 영향을 충분히 검토한다.

② 보통 포틀랜드 시멘트를 사용하고 단위용적질량이 $2400\,kg/m^3$, 슬럼프 $100\,mm$ 이하의 콘크리트를 내부진동기를 이용하여 타설할 경우 측압은 일반적으로 다음 식을 사용하여 계산해도 좋다.

㉠ 기둥의 경우

$$p = 7.8 \times 10^{-3} + \frac{0.78R}{T+20} \leq 0.15\,(MPa) \qquad (5-1)$$

또는 $2.4 \times 10^{-2} H\,(MPa)$

㉡ 벽체로서 $R \leq 2m/h$인 경우

$$p = 7.8 \times 10^{-3} + \frac{0.78R}{T+20} \leq 0.1\,(MPa) \qquad (5-2)$$

㉢ 벽체로서 $R > 2m/h$인 경우

$$p = 7.8 \times 10^{-3} + \frac{1.18 + 0.245R}{T+20} \leq 0.1 \, (\text{MPa}) \qquad (5-3)$$

또는 $2.4 \times 10^{-2} H (\text{MPa})$

여기서, p : 측압(MPa)

R : 타설속도(m/h)

T : 거푸집 속의 콘크리트 온도(℃)

H : 고려하고 있는 위치보다 위에 있는 굳지 않은 콘크리트 높이(m)

③ 재진동을 하거나 거푸집 진동기를 사용할 경우, 묽은 반죽의 콘크리트를 타설하는 경우 또는 응결이 지연되는 콘크리트를 사용할 경우에는 측압을 적절히 증가시킨다.

콘크리트의 타설조건이 동일하면 벽 부재 쪽이 측압은 작은 것으로서 계산된다. 따라서, 설문의 기술은 부적당하다.

* 특히, 유동화 콘크리트나 고성능 AE 감수제를 사용한 콘크리트, 고유동 콘크리트와 같이 유동성이 높은 콘크리트의 측압은 액체압의 가까운 측압분포를 나타내어 일반적인 경우보다도 큰 값이 되므로 주의할 필요가 있다. 인공경량골재를 사용한 경우는 측압 p의 값을 천연골재를 사용한 경우의 콘크리트의 단위용적질량비에 따라 줄여도 좋다.

정답 (4)

[문제 30]

철근의 가공 및 조립에 관한 다음의 일반적인 기술 중 부적당한 것은 어느 것인가?

(1) 콘크리트와의 부착을 방해하지 않는 철근 표면의 극히 얇은 빨간 녹은 제거하지 않고 그대로 조립할 수 있다.

(2) 휨 가공된 철근을 구부려 되돌리면 철근의 재질을 손상할 우려가 있다.

(3) 피복두께는 외부에서의 부식요인에서 철근을 보호하는 목적 이외에 구조성능의 관점에서도 필요한 것이다.

(4) 가스압접을 할 때, 철근 단면에 부착된 도료는 가열시에 용융 증발되어 버리므로 압접 전에 제거할 필요는 없다.

◉ 해설과 해답 〈☞정선문제 항목 Ⅰ.1〉

(1) 가루 상태인 듯한 빨간 녹은 철근과 콘크리트의 부착을 저하시키기 때문에, 조립하기 전에 와이어 브러시 또는 해머 등으로 제거하는 것이 필요하지만, 철근표면의 극히 얇은 빨간 녹은 콘크리트의 부착도 양호하고 해가 없으므로 제거하지 않아도 된다. 기술은 적당하다.

(2) 기술과 같이 한 번 휘어진 철근은 구부려 되돌리지 않는 것이 좋다. 시공상 부득이 일시적으로 구부린 후에 구부려 되돌리는 경우에는 처음에 가능한 한 큰 반경으로 구부리든가, 구부려 되돌려서는 900~1000℃ 정도에서 가열하는 등의 조치를 강구한다.

(3) 이형철근을 사용하는 경우에는 부착 균열을 일으킬 위험이 있으므로 부착력을 확보하기 위해 피복두께는 철근 직경의 1.5배 이상인 것이 바람직하다. 기술은 적당하다.

(4) 철근이 확실하게 압접되기 위해서 압접면은 금속이라야만 한다. 그래서 압접작업 당일에, 압접면에서 50~100 mm의 범위의 심한 녹, 유지, 도료 등 유해한 부착물을 제거하고, 압접면은 그라인더로 연마하여 가능한 한 평탄하게 마무리할 필요가 있다. 이 기술은 부적당하다.

정답 (4)

[문제 31]

한중 콘크리트에 관한 다음의 기술 중 적당한 것은 어느 것인가?

(1) 비빔온도를 높게 하기 위해서는 시멘트, 물 또는 골재를 40℃ 이하의 범위에서 가열하는 것이 좋다.

(2) 보통 적산온도 방식을 적용하면 5℃에서 28일간 양생된 콘크리트의 강도는 10℃에서 14일간 양생된 경우와 거의 같게 된다.

(3) 보통 노출상태인 경우, 콘크리트의 압축강도가 5 N/mm^2 이상에 달하면 초기양생은 종료해도 된다.

(4) 초기동해를 방지하기 위해서는 감수제를 사용하여 단위 수량을 저감하는 것이 좋다.

⊙ 해설과 해답 〈☞정선문제 항목 Ⅶ.3〉

(1) 겨울의 시공에서는 비빔온도를 높이기 위해서 재료를 가열해 사용하는 경우도 있다. 그러나 가열된 시멘트를 사용하면 부분적으로 응결이 촉진되므로 시멘트를 가열해서는 안된다. 물을 가열하는 것이 일반적이다.

(2) 적산온도(°D·D)는 양생온도에 10℃를 더한 것과 양생시간을 곱하여 구한다. 따라서, 5℃에서 28일간 양생된 경우가 420°D·D, 10℃에서 14일간 양생된 경우가 280°D·D가 되며, 적산온도가 달라서 콘크리트의 압축강도는 같게 되지 않는다. 기술은 부적당하다.

(3) 콘크리트는 아주 초기의 내동해성은 기상조건이나 부재치수 등에 따라 달라지므로 일률적으로 말할 수 없지만, 압축강도가 $5\,N/mm^2$ 이상이 되면 여러 번의 동결에서는 동해를 받는 경우가 거의 없으므로, 일반적으로는 이 강도가 얻어진 시점에 초기양생을 종료한다. 기술은 적당하다.

(4) 콘크리트가 아직 굳어지지 않은 단계에서 경화 초기에 동결로 인한 피해를 초기동해라고 하며, 경화 후에 동결 융해작용으로 생기는 동해와 구별된다. 초기동해를 받으면 콘크리트는 경화된 후 충분한 강도가 얻어지지 않는다. 초기동해를 방지하기 위해서는 동해를 받지 않을 때까지 콘크리트를 동결온도 이상으로 유지해 경화시키는 것이 필요하며, 단위 수량을 저감하는 것만으로는 효과를 기대할 수 없다. 기술은 부적당하다.

정답 (3)

[문제 32]

서중 콘크리트의 시공계획에 관한 다음의 기술 중 부적당한 것은 어느 것인가?

(1) 콘크리트의 반죽에서 현장 도착까지의 시간이 90분 이내로 되는 레디믹스트 콘크리트 공장을 선정하기로 했다.

(2) 콘크리트의 슬럼프 경시변화를 적게 하기 위해서 혼화제를 AE 감수제에서 고성능 AE 감수제로 변경했다.

(3) 현장에서 트럭 애지테이터로 액체질소를 분입 교반하는 방법에 의해 타설시의 콘크리트 온도를 내리는 것이다.

(4) 콜드 조인트의 발생을 방지하기 위하여 콘크리트의 연속 타설 시간간격이 짧아지도록 1회의 타설량, 타설 구획 및 타설 순서로 정한다.

◉ **해설과 해답** 〈☞정선문제 항목 Ⅶ.4〉

(1) 서중 콘크리트의 시공은 일평균기온이 25℃를 초과하는 경우에 하는 것이 많아 운반이나 타설 중에 콘크리트의 품질이 저하되기 쉽다. 그러므로 콘크리트의 타설이 반죽을 개시하고 나서 90분 이내에 종료할 수 있도록 레디 믹스트 콘크리트공장을 선정할 필요가 있다. 현장도착까지의 시간이 90분 이내가 되도록 레디 믹스트 콘크리트공장을 선정하는 것은 부적당하다.

(2) 고성능 AE 감수제를 사용하면, AE 감수제를 사용한 콘크리트보다 단위수량 및 단위 시멘트량은 감소되어 슬럼프의 유지성이 높아진다. 기술은 적당하다.

(3) 타설온도가 지나치게 높으면 콘크리트의 품질은 저하되므로 타설시의 콘크리트 온도를 35℃ 이하로, 하역시의 콘크리트온도를 35℃ 이하로 각각 규정하고 있다. 따라서 콘크리트의 온도가 그것보다 높아질 때는 재료의 온도를 내려 트럭 애지테이터 속에 액체질소를 분입해 온도를 내릴 필요가 있다. 기술은 적당하다.

(4) 기온이 높으면 콘크리트의 응결시간이 짧아지기 때문에 콜드 조인트가 발생하기 쉬워진다. 그러므로 콘크리트의 연속 타설(이어붓기)은 가능한 한 신속하게 해야만 한다. 콜드 조인트의 발생을 방지하기 위해 기온이 25℃ 이상인 경우의 연속 타설 시간간격의 한도 기준으로 서 120분이 표시되어 있다. 기술은 적당하다.

정답 (1)

── [문제 33] ─────────────────────────────
　매스 콘크리트의 온도 균열 대책에 관한 다음의 기술 중 부적당한 것은 어느 것인가?
　(1) 굵은 골재의 최대치수를 크게 하여 단위 수량을 저감한다.
　(2) 파이프 냉각에서는 콘크리트가 최고온도에 달한 뒤에 통수를 개시한다.
　(3) 최대 균열폭을 작게 하기 위해서 철근 개수를 늘린다.
　(4) 수화 반응이 느린 시멘트를 사용하여 콘크리트의 온도 상승량을 억제한다.

⊙ **해설과 해답**　　　　　　　　　　　　　　〈☞정선문제 항목 Ⅶ.5〉

(1) 매스 콘크리트의 온도 균열은 시멘트의 수열에 의한 것이며, 일반적으로는 온도 상승량이 클수록 발생하기 쉽게 된다. 즉, 단위 시멘트량이 많을수록 발생하는 수화열은 많아진다. 굵은 골재의 최대치수를 크게 하면, 슬럼프가 같은 콘크리트로 하는데 필요한 단위 수량은 감소되고 단위 시멘트량도 적어져서 수화열량이 감소하게 되는 것이다.

(2) 온도 균열은 콘크리트 구조물내의 온도경사가 클수록, 타설된 콘크리트 블럭의 내부온도가 외부보다 높아 외부에서의 구속도가 클수록, 콘크리트의 온도응력에 대한 저항력이 작을수록 발생되기 쉬워지기 때문에 콘크리트 내부의 온도를 낮게 하는 것은 온도 균열 제어에 유효하다. 파이프 냉각은 미리 내부에 배관된 파이프에 타설개시 직후부터 냉수를 통과시켜 콘크리트 내부의 온도를 내리는 공법이므로 이 기술은 부적당하다.

(3) 균열폭은 콘크리트의 수축량과 신장 능력과의 차이, 구속도, 균열 개수 등에 따라 다르다. 동일조건하에서는 균열 개수가 많게 되면 1개당의 균열폭은 작아진다. 철근 개수를 늘리면 균열이 분산되어 균열폭은 작아진다.

(4) 수화속도가 느린 시멘트를 사용하면 타설된 콘크리트의 온도 상승이 늦어지게 되며 수화속도가 느려진다. 표면으로부터의 방열도 콘크리트 온도 저하에 의해 효과적으로 작용되어 온도 상승 속도가 느려져 내외부의 온도차이가 작아지며, 온도 균열대책에 유효하다.

정답 (2)

[문제 34]

수심이 얕은 장소에서 수중 콘크리트 시공에 관한 다음의 기술 중 부적당한 것은 어느 것인가?

(1) 콘크리트를 타설할 때 재료분리를 가능한 한 적게 하기 위해 밑열림 상자를 트레미관으로 변경시켜 타설했다.
(2) 트레미공법에 사용하는 콘크리트의 재료분리를 방지하기 위해 슬럼프를 15 cm로 하고 단위 시멘트량이 350 kg/m^3 이상 되도록 했다.
(3) 트레미공법에 의한 타설에서 일반 수중 콘크리트에 사용하는 배합을 수중 불분리성 콘크리트로 변경했으므로, 트레미관 1개당의 타설면적을 크게 했다.
(4) 프리팩트 콘크리트 시공에서 일정량의 모르타르를 주입할 때마다 작업을 중단하고, 모르타르의 상승 상황을 확인했다.

◉ 해설과 해답 ⟨☞정선문제 항목 Ⅶ.6⟩

수중 콘크리트의 시공방법에 관해서 수중 불분리성 콘크리트와 그 이외의 일반 수중 콘크리트로 구분해 기재되어 있다.

(1) 일반 수중 콘크리트를 타설할 경우, 트레미 혹은 콘크리트 펌프를 사용하는 것을 원칙으로 하고 있다. 밑열림 상자 혹은 밑열림 포대는 콘크리트를 연속해 타설하는 것이 불가능하며, 재료분리 등 품질에 대한 신뢰성이 부족하기 때문에 작은 공사에서 그다지 중요하지 않은 구조물 이외에는 사용하지 않는다. 따라서 이 기술은 적당하다.

(2) 표 34.1에 일반 수중 콘크리트의 배합조건 및 슬럼프의 표준치를 나타낸다. 이 표에 의하면, 일반 수중 콘크리트인 경우, 단위 시멘트량은 370 kg/m^3 이상이 표준으로 되어 있지만, 적절한 수중 분리저항이 있는 것이 확인되면 표준치 이하로 설정해도 되므로, 기술은 부적당하다고는 할 수 없다.

표 34.1 수중 콘크리트의 조건

조건		일반 수중 콘크리트	현장타설 말뚝 및 지하연속벽을 이용한 수중 콘크리트
물 시멘트비(%)		50 이하	66 이하
단위 시멘트량(kg/cm³)		370 이상	350 이상
슬럼프 (cm)	트레미 공법	13~18	18~21
	콘크리트 펌프	13~18	-
	밑열림 상자, 밑열림 포대	10~18	-

(3) 일반적으로 트레미관 1개당의 타설면적은 일반 수중 콘크리트는 30 m² 이하, 수중 불분리성 콘크리트는 80 m²(수중 유동거리 5 m 이하) 정도이다. 따라서 이 기술은 적당하다.

(4) 프리팩트 콘크리트의 시공에서 모르타르의 주입은 설계 또는 시공계획에서 정해진 치울리는 면까지 계속해야 한다고 규정되어 있다. 이것은 콘크리트의 약점이 되는 시공 이음의 발생을 피하기 위함이다. 따라서 이 기술은 부적당하다.

정답 (4)

[문제 35]

유동화 콘크리트의 배합 계획에 관한 다음의 일반적인 기술 중 부적당한 것은 어느 것인가?

(1) 유동화 콘크리트의 배합 계획은 유동화에 의한 콘크리트의 압축강도는 변화가 없는 것으로 한다.
(2) 유동화 콘크리트의 슬럼프 증대량은 원칙으로서 10 cm 이하로 한다.
(3) 유동화 콘크리트의 단위 시멘트량은 원칙으로서 같은 슬럼프의 묽은비빔 콘크리트의 단위 시멘트량과 같은 것으로 한다.
(4) 베이스 콘크리트의 잔골재율은 유동화 후 콘크리트의 슬럼프에 적합한 값이 되도록 정한다.

◉ 해설과 해답

(1) 유동화제는 원액으로 사용되므로, 보통 사용량에 변화하는 콘크리트의 물 시멘트비는 0.3% 정도이며, 압축강도에 미치는 영향은 거의 없다. 기술은 적당하다.

(2) 유동화에 따라 슬럼프의 증대량을 지나치게 크게 하면 재료분리를 일으키기 쉬운 콘크리트가 되어서 워커빌리티의 확보가 어렵게 되며, 강도나 내구성의 저하로 이어지기도 한다. 따라서, 슬럼프의 증대량은 5~8 cm 정도가 표준이다. 기술은 적당하다.

(3) 유동화 콘크리트의 이점은 묽은비빔 콘크리트의 높은 슬럼프를 적은 단위 수량으로 얻을 수 있는 것이다. 따라서, 베이스 콘크리트의 단위 수량은 묽은비빔 콘크리트의 단위 수량 보다 적게 할 수 있으므로, 단위 시멘트량도 단위 수량과 같은 비율로 적어진다. 단, 단위 시멘트량이 너무 적으면 워커빌리티가 나빠져 시공불량의 원인이 되므로 최소치가 규정되어 있다. 기술은 부적당하다.

(4) 기술과 같다. 베이스 콘크리트로서 보통 묽은비빔 콘크리트의 배합을 그대로 사용하면, 잔골재량이 부족하여 분리되기 쉬운 콘크리트로 된다. 일반적으로는 유동화 후 슬럼프에 대응된 묽은비빔 콘크리트의 잔골재율을 사용하면 좋다.

정답 (3)

[문제 36]

철근이 과밀한 부위에 콘크리트를 타설하기 때문에 슬럼프 플로우 60 cm, 공기량 4.5%의 분체계 고유동 콘크리트를 계획했다. 고로 슬래그 미분말을 사용한 고유동 콘크리트 배합으로서 적당한 것은 어느 것인가?

또한 사용하는 골재 이하로 나타내는 슬럼프 18 cm의 AE 콘크리트와 같은 것으로서, 압축강도도 이 AE 콘크리트와 동등 이상을 갖는 것으로 한다.

슬럼프 18 cm의 AE 콘크리트 배합					(kg/m³)
물 시멘트비 (%)	물	보통 포틀랜드 시멘트	고로 슬래그 미분말	잔골재	굵은 골재
50.0	80	360	0	738	999

고유동 콘크리트의 배합					(kg/m³)
	물	보통 포틀랜드 시멘트	고로 슬래그 미분말	잔골재	굵은 골재
(1)	170	136	204	1,084	795
(2)	170	211	316	819	795
(3)	170	211	316	603	999
(4)	170	340	510	298	999

◉ **해설과 해답** 〈☞정선문제 항목 Ⅶ.11〉

 고유동 콘크리트의 배합은 요구품질이나 시공조건 외에 사용재료에 따라 크게 달라지므로, 배합 설계방법을 일반적인 형식으로 정하는 것은 어렵고, 시험비빔으로 정할 필요가 있다. 이 문제도 언뜻 보면 계산문제처럼 보이지만, 사용재료나 요구성능에 관한 정보가 불충분하며, 예를 들면 재료의 밀도 등 계산에 필요한 수치도 주어지지 않고 있다. 그러나, 슬럼프 플로우 60 cm, 공기량 4.5%, 단위 수량 170 kg/m³은 극히 일반적인 배합의 고유동 콘크리트이므로, 고유동 콘크리트에 관한 지식과 같은 골재를 사용한 AE 콘크리트 배합을 비교해 소거법으로서 정답을 구하면 된다.

(1) 표준적인 단위 분체량은 $0.1 \sim 0.2 \, m^3/m^3$ 정도이므로, (1)콘크리트의 고로 슬래그 미분말이 204 kg/m³은 너무 작다. 또 (4)콘크리트의 고로 슬래그 미분말이 510 kg/m³은 너무 크다.

(2) AE 콘크리트의 굵은 골재량이 999 kg/m³이므로, (3)과 (4)콘크리트의 굵은 골재량이 999 kg/m³은 너무 크다.

(3) 따라서 배합이 적당한 것은 (2)콘크리트이다.

(4) (2)콘크리트의 물 결합재비는 32.2%이고, AE 콘크리트의 물 시멘트비 50%보다 작으므로, AE 콘크리트와 동등 이상의 압축강도가 얻어지는 것으로 판단된다.

정답 (2)

[문제 37]
철근 콘크리트 부재의 설계에 관한 다음의 기술 중 부적당한 것은 어느 것인가?
(1) 휨 내력의 산정에서는 단면에 생기는 변형은 중립축으로부터의 거리에 비례하는 것으로 생각한다.
(2) 철근과 콘크리트 사이에는 균열의 유무에 따르지 않아 서로 엇갈림이 생기지 않는 것으로 생각한다.
(3) 보의 휨 내력 산정에서 콘크리트는 인장력을 부담하지 않는 것으로 생각한다.
(4) 기둥의 축압축 내력 산정에서는 축방향 철근은 압축력을 부담하지 않는 것으로 생각한다.

⊙ **해설과 해답** 〈☞정선문제 항목 Ⅷ.1〉

(1) 휨모멘트가 작용하는 보에 있어서 단면 산정상 기본가정으로 평면유지의 법칙이 있다. 이것은, 부재의 휨 변형 후에도 단면은 평면임을 나타내어 단면에 생긴 변형은 중립축(인장응력도, 압축응력도 어느 것이나 축이 영(0)인 것) 거리에 비례하는 것이다. 이 기술은 적당하다.

(2) 철근 콘크리트는 철근과 콘크리트가 일체로 되어 서로 힘을 전달시키면서 하중에 저항한다. 균열의 유무와 상관없이 서로 엇갈림이 생기지 않는 것으로 생각한다. 이 기술은 적당하다.

(3) 철근 콘크리트 보에서 콘크리트의 인장강도는 작고, 또한 수축 외에 균열이 어디에 생기는지 예측할 수 없는 것도 있으므로, 철근 콘크리트 보의 휨 내력 산정에서는 콘크리트의 인장응력을 무시한다. 이 기술은 적당하다.

(4) 축력이 작용하는 기둥에 대해서는 축방향 철근과 콘크리트에는 같은 변형이 발생되고, 응력은 영계수에 비례한다. 축방향 철근과 콘크리트가 부담하는 압축력은 각각의 응력에 각각의 단면적을 곱해 구한다. 이와 같이 기둥의 축압축응력 내력의 산정에서 축방향 철근은 압축력을 부담한다. 이 기술은 부적당하다.

정답 (4)

[문제 38]

아래 그림과 같은 하중을 받는 철근 콘크리트 보에 생기는 균열로서 부적당한 것은 어느 것인가?

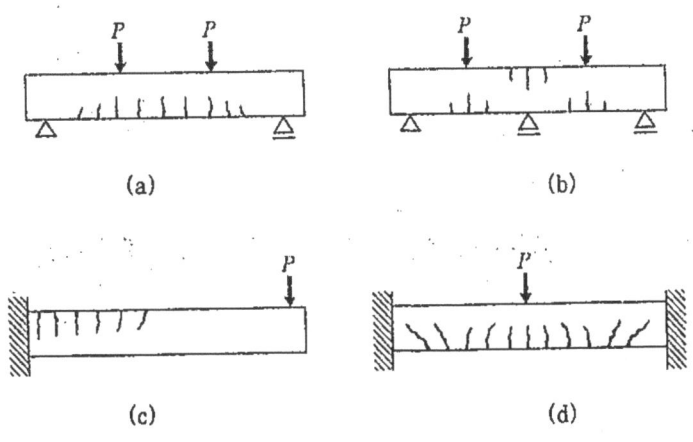

(1) (a)
(2) (b)
(3) (c)
(4) (d)

◉ 해설과 해답 〈☞정선문제 항목 Ⅷ.1〉

이 문제를 풀기 위해서는 휨모멘트도를 작성하는 것, 부재에서 휨모멘트도가 돌출되는 방향으로 휨 인장응력이 작용하는 것, 인장응력이 작용되는 부위에서 균열이 발생되기 쉬운 것을 이해할 필요가 있다.

(1) 그림 38.1에 (a)의 모멘트도를 나타낸다. 이 균열이 생긴 방향은 적당하다.
(2) 그림 38.2에 (b)의 모멘트도를 나타낸다. 이 균열이 생긴 방향은 적당하다.
(3) 그림 30.3에 (c)의 모멘트도를 나타낸다. 이 균열이 생긴 방향은 적당하다.
(4) 그림 38.4에 (d)의 모멘트도와 균열이 생긴 방향을 맞게 나타낸다. 설문의 균열이 생긴 방향은 부적당하다.

정답 (4)

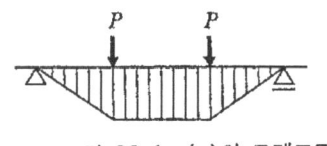

그림 38.1 (a)의 모멘트도

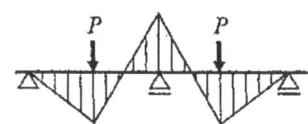

그림 38.2 (b)의 모멘트도

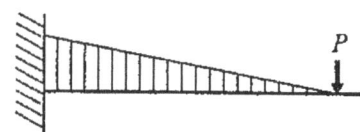

그림 38.3 (c)의 모멘트도

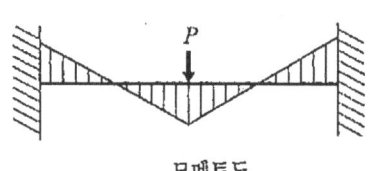

모멘트도

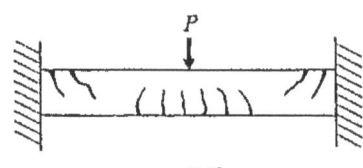

균열

그림 38.4 (d)의 모멘트도와 균열

[문제 39]

콘크리트공장 제품에 관한 다음의 일반적인 기술 중 부적당한 것은 어느 것인가?

(1) 제품에서 콘크리트의 강도는 습윤 양생을 실시한 원주 공시체의 강도로서 구한다.

(2) 제조에 관한 관리상태가 안정되어 있어서 실물을 재하시험하는 것도 가능하므로, 현장타설 콘크리트에 비해 품질의 신뢰성이 높다.

(3) 원심력 다짐이나 가압 다짐을 실시한 콘크리트의 물 시멘트비는 사용된 콘크리트의 배합설계에서 정해진 값보다 작다.

(4) 오토클레이브(autoclave) 양생을 실시한 콘크리트의 강도는 재령이 경과되어도 변화되지 않는 것으로 생각한다.

◉ 해설과 해답　　　　　　　　　　　〈☞정선문제　항목 Ⅶ.12〉

(1) 콘크리트공장제품의 강도시험용 공시체는 공장제품과 동등한 다짐 및 양생 조건으로 제조하는 것을 원칙으로 한다고 규정되어 있다. 일반적으로 공장제품 제조에 있어서는 증기 양생 등의 촉진 양생이 행해지므로, 이들과 동등한 양생을 실시한 공시체 강도를 판단하는 것이 적당하다. 따라서 이 기술은 부적당하다.

(2) 기술과 같다. 그 밖의 장점으로서 ① 피복을 작게 하는 것이 가능하기 때문에 부재단면의 감소를 꾀함, ② 현장에서의 양생이 불필요해 공기를 단축할 수 있음, ③ 현장에서 거푸집, 지보공 등의 가설공사를 경감할 수 있음, ④ 날씨에 좌우되는 경우가 적음, ⑤ 공기 단축이나 기계화에 따라 보통 코스트 다운이 가능한 것 등을 들 수 있다.

(3) 원심력 다짐이나 가압 다짐을 하면, 콘크리트 반죽수의 일부가 외부로 짜내지기 때문에, 콘크리트의 실질적인 물 시멘트비가 작게 되어 고강도의 치밀한 콘크리트공장 제품을 제조할 수 있다. 이 기술은 적당하다.

(4) 기술과 같다. 그러므로 토목학회 시방서 시공편에서는 상압증기양생을 실시한 공장제품의 압축강도 시험 재령을 14일로 하는 것에 대해 오토클레이브 양생은 14일 이전의 적절한 재령으로 되어 있다.

　　　　　　　　　　　　　　　　　　　　　　　　　　　　정답 (1)

[문제 40]
　프리스트레스트 콘크리트에 관한 다음의 일반적인 기술 중 부적당한 것은 어느 것인가?
　(1) PSC 강재는 릴렉세이션 값이 작은 것을 사용하는 것이 바람직하다.
　(2) 콘크리트는 크리프가 큰 것을 사용하는 것이 바람직하다.
　(3) 포스트텐션 방식은 현장에서 프리스트레스를 도입하는 경우에 사용되는 경우가 많다.
　(4) 프리텐션 방식은 공장에서 동일종류의 제품을 대량으로 제조하는 경우에 사용되는 경우가 많다.

◉ 해설과 해답 〈☞정선문제 항목 Ⅷ.2〉

(1)(2) 프리스트레스트 콘크리트에 도입된 프리스트레스는 주로 PSC 강재의 릴렉세이션 및 콘크리트의 건조수축과 크리프에 따라 감소한다. 프리스트레스가 감소하면 프리스트레스트 콘크리트부재의 내력은 저하하므로, 릴렉세이션이 작은 PSC 강재 및 건조수축과 크리프가 작은 콘크리트를 사용하는 것이 바람직하다. 설계에서는 이들에 의한 프리스트레스의 감소를 고려하여 도입하는 프리스트레스의 크기를 결정한다. 따라서 (1)의 기술은 적당하지만, (2)의 기술은 부적당하다.

(3)(4) 포스트텐션방식은 거푸집 안에 쉬스관을 설치해 콘크리트를 타설, 콘크리트가 경화된 후 시스에 PSC 강재를 삽입하여 유압잭을 사용해 긴장시키고, 콘크리트부재의 양단에 장치된 정착구에 PSC 강재를 정착시켜 프리스트레스를 도입하는 방법이다. 대형 부재에 적용하는 공법이며, 현장에서 시공되는 PSC 부재나 대형의 공장제품 제조에 이용된다.

프리텐션 방식은 고정 앵커대 사이에 PSC 강재를 긴장시켜두고, 철근을 조립거푸집에 세트시켜 콘크리트를 타설한다. 보통 촉진 양생에 의해 콘크리트의 강도를 발현시키고, PSC 강재를 이완된 콘크리트와 PSC 강재의 부착에 의해 프리스트레스를 도입하는 방법이다. 고정 앵커대나 촉진 양생 설비가 필요하기 때문에 일반적으로 공장제품 제조에 사용된다. 동일종류의 제품을 대량으로 제조할 수 있는 방법이다.

따라서 (3)과 (4)의 기술은 적당하다.

정답 (2)

문제 41~60은 「맞음 혹은 적당함」 기술인가, 또는 「틀린다 혹은 부적당함」 기술인지를 판단하는 ○×문제이다.
「맞음 혹은 적당함」 기술은 해답용지의 ◎란을, 「틀린다 혹은 부적당함」 기술은 ⊗란을 검게 칠해 주십시오. 또한 틀린 해답은 감점(마이너스점)이 됩니다.

※문제 41~60에 대해서는 해답과 해설을 pp.168~174에 기록한다.

[문제 41] 시멘트가 공기 중의 수분이나 탄산가스를 흡수해 풍화하면, 강열 감량이 작아져서 강도 발현의 저하를 일으킨다.

[문제 42] 구조용 경량콘크리트 골재에서는 경량골재를 절건밀도(kg/l)에 의해 작은 순서로 L, M, H의 3종류로 구분되며, 굵은 골재인 경우, 종류 H는 1.5 이상, 2.0 미만으로 규정되어 있다.

[문제 43] 콘크리트용 플라이애시에서는 플라이애시의 종류를 4종류로 구분하였으며, 이 중에서 플라이 애시 Ⅰ종은 일반적으로 Ⅱ, Ⅲ, Ⅳ종의 플라이 애시보다 활성도지수가 크다.

[문제 44] 레디 믹스트 콘크리트공장의 슬러지수를 반죽수로 사용하는 경우는, 슬러지 고형분의 농도는 3% 이하로 해야만 한다.

[문제 45] 철근 콘크리트용 봉강(이형봉강) SD 390의 390은 인장강도가 390N/mm^2 이상인 것을 나타내고 있다.

[문제 46] 슬럼프 8 cm를 12 cm로 변경하는 데에 필요한 단위 수량의 증가량은 슬럼프 18 cm를 21 cm로 변경하는 데에 필요한 양보다도 작다.

[문제 47] 콘크리트의 블리딩을 저감하는 것은 단위 수량을 줄이는 것이 기본이지만, 콘크리트 속의 미립분량을 크게 하는 것도 하나의 방법이다.

[문제 48] 크리프 한도란 크리프 파괴에 일어나는 하한 응력을 말한다.

[문제 49] 콘크리트에 반복응력이 더해졌어도 최대응력 및 응력진폭이 압축강도의 1/2 정도라면 피로파괴는 생기지 않는다.

[문제 50] 콘크리트의 압축강도시험에서 재하속도를 규정치보다 크게 하면 외관의 압축강도는 크게 된다.

[문제 51] 공기실 압력방법에 의해 콘크리트의 공기량 시험을 하는 경우, 콘크리트와 덮개 사이의 공간에 주수하여 시험하는 방법이, 주수하지 않는 경우보다 정확한 측정이 가능하다.

[문제 52] 레디 믹스트 콘크리트에서 굳지 않은 콘크리트 속의 염화물 함유량의 검사는, 사용재료 속의 염화물 이온농도와 시방배합에 나타낸 재료의 단위량과 곱해 합계된 값을 기본으로 한다.

[문제 53] 모르타르바법에 의한 골재의 알칼리 실리카 반응성 시험은 사용하는 배합 조건의 콘크리트에서 유해한 반응 유무를 모르타르로 시험하는 방법이다.

[문제 54] 인공경량골재 콘크리트를 펌프 압송하는 경우에는, 압송시의 압력흡수로 인한 슬럼프 저하를 방지하기 위하여 적어도 24시간 흡수율까지 흡수시킨 골재를 사용하는 것이 좋다.

[문제 55] H형강을 중심부에 배치한 철골 철근 콘크리트 보에 콘크리트의 타설은, H형강 상부 플랜지 양쪽으로 동시에 콘크리트를 투입하여 양쪽의 치올리는

높이가 항상 균등하게 되도록 타설하는 것이 중요하다.

〔문제 56〕 콘크리트의 이어붓기면은 레이턴스나 취약한 콘크리트 등을 제거한 후 새로 타설한 콘크리트와 일체가 되도록 건조상태를 유지한다.

〔문제 57〕 콘크리트의 경화 초기단계에서는 콘크리트가 아직 많은 수분을 유지하고 있지만, 습윤 양생은 타설 후 가능한 한 빨리 개시하는 것이 좋다.

〔문제 58〕 철근 콘크리트 부재가 구부러져 변형할 때, 중립축에서 같은 거리만큼 떨어진 위치에 있는 철근과 콘크리트는 같은 응력이 생긴다.

〔문제 59〕 휨을 받는 철근 콘크리트 부재에서는 고강도 철근을 사용하면 휨 균열폭은 작아진다.

〔문제 60〕 증기양생의 원칙은 콘크리트가 경화하기 전에 소정의 온도까지 가능한 한 빨리 온도를 상승시켜서 소정의 온도로 일정시간 유지한 후는 열충격에 의한 균열 발생을 막기 위하여 천천히 온도를 내리는 것이다.

⟨문제 41~60 해답과 해설⟩

〔문제 41〕 정답 ×

시멘트의 강열감량이란 포틀랜드 시멘트의 화학분석방법에 의해 시료를 975±25℃에서 일정량이 될 때까지 가열했을 때의 감량을 측정하고, 원시료에 대한 백분율(%)로 표시한다. 이 감량은 이산화탄소(CO_2)와 수분(H_2O)의 합계이다. 보통은 1% 이하이다. 시멘트가 풍화하면 강열 감량은 증가되어 강도에도 악영향을 준다. 그래서 풍화의 정도를 나타내는 척도가 된다.

〔문제 42〕 정답 ○

절건밀도에 의한 구분은 표 42.1과 같이 되어 있기 때문에 기술은 적당하다.

표 42.1 골재의 절건밀도에 의한 구분

구 분	절건밀도 g/cm³	
	가는 골재	굵은 골재
L	1.3 미만	1.0 미만
M	1.3 이상 1.8 미만	1.0 이상 1.5 미만
H	1.8 이상 2.3 미만	1.5 이상 2.0 미만

〔문제 43〕 정답 ○

플라이애시의 품질을 4종류로 분류되어 있다. 이것을 표 43.1에 나타낸다. 여기에서 활성도 지수라는 것은 보통 포틀랜드 시멘트를 결합재로서 사용된 기준 모르타르의 압축강도에 대해서 이 결합재를 플라이 애시로 25% 치환된 결합재를 사용한 시험 모르타르의 압축강도비를 백분율(%)로 나타낸 것이다. 재령 28일 및 91일에서 어느 것이나 가장 활성도 지수가 높은 것은 플라이 애시 Ⅰ종이다.

표 43.1 플라이애시의 종류와 품질

항목 \ 종류		I 종	II 종	III 종	IV 종
이산화규소(%)		45.0 이상			
습분(%)		1.0 이상			
강열 감량(%)		3.0 이상	5.0 이상	8.0 이상	5.0 이상
밀도(g/cm³)		1.95 이상			
분말도	45㎛ 체의 잔류분 (체질방법 : %)	10 이하	40 이하	40 이하	70 이하
	비표면적 (방법 : cm²/g)	5000 이상	2500 이상	2500 이상	1500 이상
플로우값 비(%)		105 이상	80 이상	80 이상	60 이상
활성도지수 (%)	재령 28일	90 이상	80 이상	80 이상	60 이상
	재령 91일	100 이상	90 이상	90 이상	70 이상

〔문제 44〕 정답 ×

회수물에는 맑은 웃물과 슬러지수가 있으며, 회수물을 반죽수로 사용하는 경우, 맑은 웃물은 반죽로서 상수도수와 같이 사용해도 된다. 슬러지수를 사용하는 경우는 슬러지수에 함유된 미립분의 영향을 고려하며 레디 믹스트 콘크리트에는 슬러지 고형분율은 질량비율이 단위 시멘트량의 3%를 초과하지 않도록 해야 한다고 되어 있다. 따라서 사용하는 콘크리트 배합에 의해 슬러지 고형분의 농도가 정해지기 때문에 반드시 3% 이하로는 되지 않는다. 이 기술은 틀린다. 또 일본 콘크리트 공학협회의 보고에서는 이것 외에 슬러지 고형분 1%에 대해서 단위 수량, 단위 시멘트량을 각각 1~1.5% 늘리고, 잔골재율을 0.5% 줄이고, AE제나 공기량 조절제는 고형분량에 따라 늘리는 것으로 나타났다.

〔문제 45〕 정답 ×

철근의 기호 SD 390에서 처음의 기호 S는 강(Steel)을, 제2번째의 기호 D는 이형봉강(Deformed)을, 끝의 숫자 390은 이 철근의 항복점 또는 내력(영구변형이 0.20%가 되는 응력도)의 하한치를 N/mm²의 단위로 표시한 것이다. 인장강도는 강재의 응력도-변형률 곡선에서 최대의 응력도이며, 항복점 또는 내력 값보다 제법 크다. SD 390의 인장강도는 560N/mm² 이상이다. 따라서 이 기술은 틀린다.

〔문제 46〕 정답 ○

　슬럼프와 단위 수량의 관계가 거의 직선관계에 있는 것은, 슬럼프가 8~12cm의 범위이며, 슬럼프가 5 cm 이하의 묽은비빔인 경우나 슬럼프가 18 cm 이상의 묽은비빔인 경우에는 단위 수량의 변화에 따라 슬럼프의 변화는 작아진다. 정선문제, 그림 Ⅲ-1 참조.

〔문제 47〕 정답 ○

　단위 수량이 감소하면 블리딩수로서 이동 가능한 자유수가 감소한다. 또 미립분은 단위량에 대해 표면적이 크므로, 그 표면에 약한 힘으로 구속하는 수량이 늘어나며, 미립분량을 늘리면 블리딩은 저감된다. 분리 개선방법에 대해서는 정선문제 메모 Ⅲ ② 참조.

〔문제 48〕 정답 ○

　크리프는 재하응력에 비례해 증가하지만, 어느 정도 이상의 재하응력이 되면 파괴에 이른다. 이 파괴를 크리프 파괴라 하며, 크리프 파괴가 일어나는 하한의 한계를 크리프 한도라고 한다. 이 기술은 적당하다.

〔문제 49〕 정답 ×

　정적 파괴강도보다 낮은 응력일지라도 그것이 반복되어 재하되면 콘크리트는 파괴에 이르는 경우가 있다. 이것을 피로 파괴라고 한다. 열차나 자동차 등의 운행하중을 받는 교량이나 철도의 슬래브 설계에서 고려해야만 한다. 반복횟수 1,000만회에서 1,000만회 피로강도를 실용상 피로한도로 생각하면, 이것은 최대응력 및 응력진폭이 압축강도의 50%~60% 범위에 있다. 즉, 최대응력 및 응력진폭이 압축강도의 1/2 정도이면 피로파괴가 생긴다. 이 기술은 부적당하다.

〔문제 50〕 정답 ○

　재하속도가 빨라지면 특히 파괴에 가까운 레벨로 재하속도가 빠를수록 콘크리트의 외관 압축강도는 크게 된다. 이 이유로서 내부파괴의 진행이 지연되거나 크리프 변형의 감소 등이 생각된다. 그래서 콘크리트의 압축강도 시험방법에서는 응력의 증가가 매초 $0.6 \pm 0.4 \, N/mm^2$ 속도로 똑같이 적재하도록 규정되어 있다. 기술은 맞다.

〔문제 51〕 정답 ○

　주수하지 않는 경우, 콘크리트 표면을 완전히 평평하고 매끄럽게 하는 것은 곤란하여 덮개 사이의 체적에 다소의 오차를 일으킨다. 한편, 주수법에서는 이 공간을 채우는 수량이 정확하게 측정되어 정밀도는 높아진다.

〔문제 52〕 정답 ×

　굳지 않은 콘크리트 속의 염화물 함유량은 굳지 않은 콘크리트 속 물의 염화물 이온농도와 배합설계를 사용한 단위 수량과 곱하여 구한다. 단, 구입자의 승인을 얻은 경우에는 정밀도가 확인된 염화물 함유량 측정기를 사용해 간편하게 검사할 수 있다.

〔문제 53〕 정답 ×

　모르타르바법에 의한 골재의 알칼리 실리카 반응성 시험은 잔골재·굵은 골재 각각에 대해서 알칼리량을 일정(1.2%)하게 한 모르타르를 만들어 규정된 조건으로 양생했을 때의 팽창량을 측정하고, 그 결과에서 반응성 유무를 조사하는 시험방법이며, 사용하는 배합 조건의 콘크리트에서 모르타르를 채취해 실시하는 시험방법은 아니다.

〔문제 54〕 정답 ×

　인공 경량 골재 콘크리트를 펌프 압송하는 경우, 골재에 공극이 많기 때문에 압송시의 압력에 따라 골재 내부에 반죽수에서 분리된 물을 흡수하여 슬럼프 저하를 일으키거나, 몹시 심한 경우는 막히기도 한다. 이것을 방지하기 위해 미리 골재를 적셔 두는 프리웨팅이나 열간 흡수나 진공 흡수 등으로 경량 골재 내부까지 흡수시켜 두는 프리쇼킹이라는 작업을 해 둔다. 압송 중 가압 흡수를 가능한 한 저감하기 위해 반죽시의 함수율을 경량 잔골재인 경우 16% 이상, 경량 굵은 골재인 경우 25% 이상으로 되어 있다. 또 시판 인공 경량 골재의 대표적 품질이 표시되어 있다(표 54.1). 24시간 흡수에 비해 출하품의 흡수율은 어느 것이나 크다. 설문의 24시간 흡수율에서는 전공극의 1/2 정도밖에 흡수되지 않기 때문에 압송시의 슬럼프 저하를 방지할 수 없다. 기술은 부적당하다.

표 54.1 시판 인공 경량 골재의 대표적 품질

인공 경량 골재의 종류		절건밀도 g/cm³	흡수율 %		단위 용적 질량 kg/l	실적률 %	부유입자율 %
			24시간	출하품			
굵은 골재	M	1.65	7~13	15.0±2.5	—	52~55	—
	A	1.68	9~11	15.0±2.5	—	52~54	—
잔골재	M	1.29	7~13	28.0±2.5	0.86~0.96	60~65	10 이하
	A	1.25	1.25	28.0±2.5	0.77~0.82	63~65	3 이하
	FA	1.34	1.34	25.0±2.0	0.80~0.85	61~63	0

〔문제 55〕 정답 ×

H형강을 중심으로 배치된 철골 철근콘크리트 보의 타설은 그림 55.1에 나타낸 것처럼 처음에는 측면에서 박아 넣어 하부 플랜지 아래에 곰보(honeycomb)를 만들지 않도록 한다. 처음부터 양쪽의 치올리는 높이를 균등하게 하면, 하부 플랜지 뒤쪽에 공극이 발생되기 쉽다. 한쪽에서 콘크리트의 분출을 확인 후 양쪽에서 타설하면 된다.

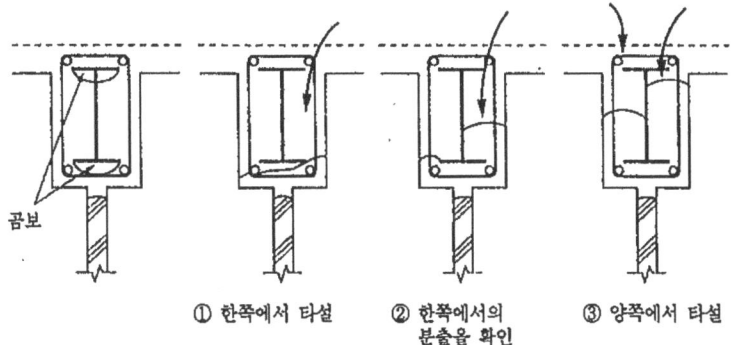

그림 55.1 철골 철근 콘크리트 보의 타설방법

〔문제 56〕 정답 ×

콘크리트의 이어붓기면은 레이턴스나 취약한 콘크리트 등을 없애고 새로 타설된 콘크리트와 일체가 되도록 조치할 필요가 있다. 신구 콘크리트의 일체화 및 후치기 콘크리트의 수화를 방지하기 위해서는, 타속부의 콘크리트면을 살수 등에 의해 충분다습상태로 유지할 필요가 있다. 건조상태로 두면 새로운 콘크리트의 단위 수량이 변화하게 되고, 소정의 강도가 발현하지 않는다. 기술은 부적당하다.

〔문제 57〕 정답 ○

시멘트의 완전수화에 필요한 수량은 화학반응식으로 구하면 물 시멘트비 (W/C)는 20~25% 정도이다. 일반적인 콘크리트에서는 W/C가 이 값보다 크므로 콘크리트의 경화 초기단계에서는 충분한 수분이 있다. 그러나, 콘크리트 속의 수분은 표면으로 스며나오거나 건조로 인해 특히 외기에 작용되는 표면부근이나 투수성이 큰 거푸집을 사용하는 경우에는, 수화에 필요한 수분이 부족한 경우가 있다. 따라서 습윤 양생은 타설 후에 가능한 한 빠른 시기에 적당한 방법으로 개시하는 것이 불가결하다.

[문제 58] 정답 ×

응력계산상의 가정으로서 종 변형은 중립축에서의 거리에 비례하는 평면 유지 법칙이 성립된다. 또 콘크리트 및 철근의 영계수는 일정한 것으로서 콘크리트에 대한 철근의 영계수비가 되는 영계수비는 15로 한다. 따라서, 중립축에서 같은 거리만큼 떨어진 위치에 있는 철근과 콘크리트에는, 평면 유지 법칙에 따라 같은 종 변형이 생긴다. 응력은 변형과 영계수의 곱으로 표현되므로, 중립축에서 같은 거리만큼 떨어진 위치에 있는 철근의 응력은 콘크리트 응력의 15배가 된다. 이 기술은 부적당하다.

[문제 59] 정답 ×

휨 균열폭은 피복, 철근 직경, 철근의 영계수, 콘크리트의 건조수축이나 크리프, 철근의 부착특성을 나타내는 계수 등에서 산출된다. 철근의 강도 레벨이 서로 달라도 응력-변형률 곡선의 탄성역 경사인 영계수는 대부분 변하지 않는다. 그러므로 휨을 받는 철근 콘크리트 부재에서 고강도 철근을 사용해도 구부림 균열폭은 변하지 않는다. 이 기술은 부적당하다.

[문제 60] 정답 ×

콘크리트공장 제품의 증기 양생(상압 증기 양생)의 일반적 조건은 ① 콘크리트의 타설(반죽 종료) 후, 2~3시간 경과되고 나서 증기 양생을 시작하고, ② 온도의 상승속도는 1시간에 대해 20℃ 이하로 하고, 최고온도는 65℃로 한다. ③ 유지시간 종료 후, 대기의 온도와 큰 차이가 없을 때까지 서서히 내린다. 성형 후 즉시 증기를 통과시킨다든지, 급속하게 온도를 상승시키든지, 또 오토클레이브 양생을 제외하면(대기압 아래) 대단히 높은 온도에서 양생하는 것은 콘크리트의 품질을 현저하게 저하시킨다. 따라서 이 기술은 실수이다.

2000년도 문제

―[문제 1]――
시멘트 클링커의 주요 조성 화합물이 시멘트 경화체 특성에 미치는 영향에 관한 다음의 기술 중 맞는 것은 어느 것인가?

단, 규3칼슘을 C_3S, 규산2칼슘을 C_2S, 알루민산3칼슘을 C_3A 및 철알루민산4칼슘을 C_4AF로 약기한다.

(1) 수화발열에 미치는 영향은 C_3S보다 C_2S 쪽이 작다.
(2) 조기의 강도 발현성에 미치는 영향은 C_3S보다 C_2S 쪽이 크다.
(3) 건조 수축에 미치는 영향은 C_3A보다 C_2S 쪽이 크다.
(4) 화학 저항성에 미치는 영향은 C_3A보다 C_4AF 쪽이 작다.

정답 (1)

―[문제 2]――
시멘트의 물리시험 방법에 규정된 시멘트의 물리시험 방법에 관한 다음의 기술 중 틀린 것은 어느 것인가?

(1) 비표면적 시험은 블레인 공기 투과 장치를 사용해 미세한 시멘트 입자량을 측정한다.
(2) 플로우 시험은 플로우 콘을 뽑아낸 후 모르타르에 낙하운동을 시켜 모르타르의 퍼짐을 측정한다.
(3) 응결시험은 모르타르의 관입 저항시험에 의해 시발시간과 종결시간을 측정한다.

(4) 강도 시험은 질량비가 시멘트 1, 표준모래 3, 물 0.5로 된 배합 모르타르를 각기등으로 성형해 강도를 측정한다.

◉ 해답 포인트
(3) 표준반죽질기의 시멘트풀을 사용해 비커침 장치를 하여 측정한다. 모르타르의 관입 저항시험은 아니다.

정답 (3)

[문제 3]
골재와 이것을 사용한 콘크리트 특성과의 관계에 관한 다음의 기술 중 틀린 것은 어느 것인가?
(1) 실적률이 작은 굵은 골재를 사용한 콘크리트는 소요의 워커빌리티를 얻기 위해 필요한 단위 수량이 작아진다.
(2) 실트나 점토의 함유량이 많은 산모래를 사용한 콘크리트는 플라스틱 수축 균열이 발생되기 쉽다.
(3) 프리쇼킹이나 프리웨팅이 불충분한 인공 경량 골재를 사용한 콘크리트는 펌프 압송 중 슬럼프의 저하가 크다.
(4) 자철광 등 밀도가 큰 골재를 사용한 콘크리트는 X선이나 γ선에 대한 차폐성능이 높아진다.

◉ 해답 포인트
(1) 실적률이 작은 골재를 사용하면 작업성이 좋은 콘크리트가 얻기 힘들어 소요의 워커빌리티를 얻기 위한 단위 수량은 많아진다.

정답 (1)

[문제 4]
콘크리트에 사용하는 플라이애시에 관한 다음의 기술 중 틀린 것은 어느 것인가?

(1) 콘크리트용 플라이애시에서 플라이애시의 종류는 품질에 따라 플라이애시 I종부터 IV종까지 구분되어 있다.
(2) 플라이애시의 주요 화학성분은 SiO_2 및 M_2O_3이다.
(3) 플라이애시의 강열 감량은 SiO_2 함유량의 기준이 주어진다.
(4) 플라이애시에 수경성은 없지만 포졸란 반응성이 있어 콘크리트의 장기강도를 크게 한다.

⊙ **해답 포인트**
(3) 플라이애시의 강열 감량은 대부분은 미연카본에 의한 것이며, SiO_2 함유량의 기준은 아니다.

정답 (3)

[문제 5]

콘크리트용 화학혼화제의 일반적인 특성에 관한 다음의 기술 중 틀린 것은 어느 것인가?
(1) AE제는 독립된 미세한 공기포를 연행하는 기능을 가지고, 콘크리트의 내동해성을 현저하게 증대시킨다.
(2) 감수제는 정전기적인 반발작용으로 인해 시멘트 입자를 분산시켜서 콘크리트의 단위 수량을 감소시킨다.
(3) AE 감수제는 시멘트 분산작용과 공기 연행 작용을 함께 가지고 있어서 감수효과가 크다.
(4) 고성능 AE 감수제는 감수효과가 현저하게 크지만, 시간의 경과에 따라 콘크리트의 슬럼프가 저하되기 쉽다.

⊙ **해답 포인트**
(4) 고성능 AE 감수제를 사용한 콘크리트는 슬럼프의 경시변화가 적다.

정답 (4)

[문제 6]

콘크리트 및 그 보강재가 파괴에 이르기까지의 응력-변형율 관계의 일반적인 형상을 나타낸 그림 (a)~(d) 중, 콘크리트와 철근의 응력-변형율 관계를 나타낸 그림의 조합으로서 맞는 것은 어느 것인가?

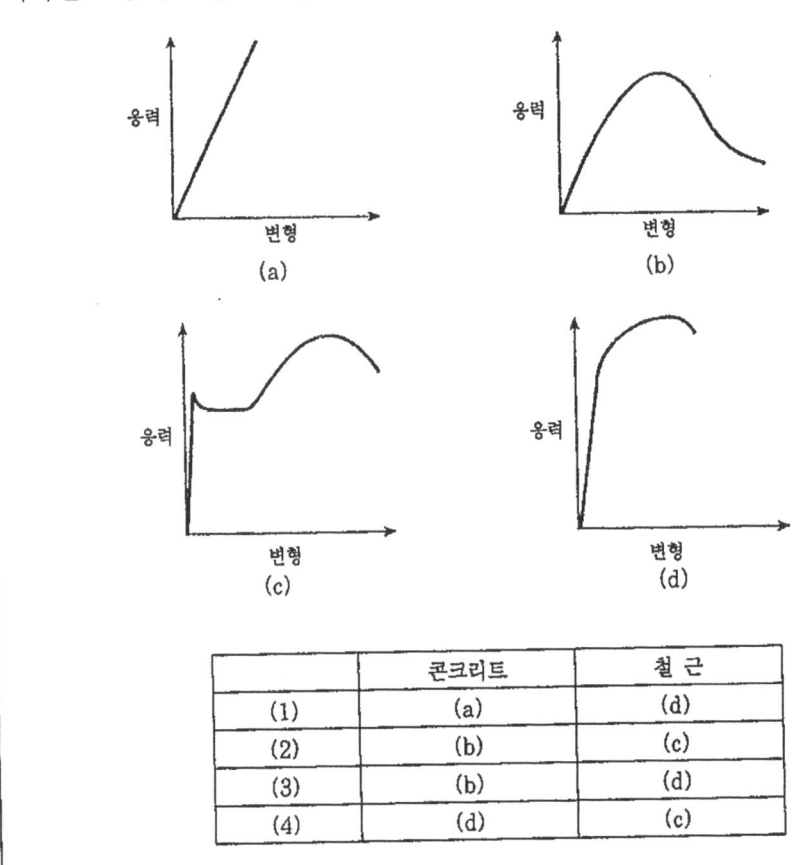

	콘크리트	철근
(1)	(a)	(d)
(2)	(b)	(c)
(3)	(b)	(d)
(4)	(d)	(c)

정답 (2)

[문제 7]

일정한 슬럼프의 콘크리트를 얻기 위해서 필요한 단위 수량에 관한 다음의 기술 중 적당한 것은 어느 것인가?

(1) 부순모래를 사용하면 하천모래를 사용한 경우보다 필요한 단위 수량은

크게 된다.
(2) 굵은 골재의 최대치수를 크게 하면 필요한 단위수량은 크게 된다.
(3) AE제를 사용하면 필요한 단위수량은 크게 된다.
(4) 바깥기온이 높을수록 필요한 단위수량은 작게 된다.

정답 (1)

[문제 8]

굵은 골재의 단위량 988 kg/m³의 콘크리트에서, 굵은 골재를 표건 밀도 265 g/cm³, 실적률 60%에서 표건 밀도 270 g/cm³, 실적률 58%로 변경하게 되었다. 단위 굵은 골재(부피)용적을 일정하게 한 경우, 변경 후의 단위 굵은 골재량으로서 적당한 것은 어느 것인가?

단, 단위 굵은 골재량은 표면 건조 포화 상태로 표시된 것이다.

(1) 955 kg/m³
(2) 973 kg/m³
(3) 1,011 kg/m³
(4) 1,022 kg/m³

정답 (2)

[문제 9]

물 시멘트비 50%, 슬럼프 12 cm, 공기량 5%를 조건으로 한 콘크리트의 배합을 설계했더니 물, 시멘트, 잔골재 및 굵은 골재의 단위량은 다음 표에 나타내었다.

물 시멘트비	단위량(kg/m³)			
	물	시멘트	잔골재*	굵은 골재*
50	157	314	721	1081

* 표면건조포화상태이다.

시험 비빔 결과, 다른 조건은 만족되었지만, 슬럼프가 7 cm이었기 때문에 12 cm가 되도록 배합을 수정했다. 수정 후의 배합이 적당한 것은, 어느 것인가?

단, 시멘트 밀도는 314 g/cm³이며, 잔골재와 굵은 골재의 표건 밀도는 같은 것으로 한다. 또한, 수정할 때 슬럼프의 1 cm 변화에 대해 단위 수량은 1.2% 변화시켜 잔골재율은 변화되지 않는 것으로 한다.

	단위량(kg/m³)			
	물	시멘트	잔골재	굵은 골재
(1)	148	296	736	1104
(2)	148	314	721	1081
(3)	166	332	721	1081
(4)	166	332	705	1057

정답 (4)

[문제 10]

굳지 않은 콘크리트에 관한 다음의 기술 중 부적당한 것은 어느 것인가?

(1) 반죽질기는 콘크리트의 변형 및 유동에 대한 저항성의 정도를 나타낸 것으로, 그 측정에는 슬럼프시험이 일반적으로 사용된다.

(2) 재료분리는 콘크리트 속에서 구성재료의 분포가 불균일하게 되는 현상이며, 반죽 후에서부터 운반·타설 중에 생기는 것과 타설 후에 생기는 것이 있다.

(3) 레이턴스는 콘크리트의 타설 후 내부의 미세한 입자가 블리딩으로 함께 떠올라 콘크리트 표면에 침적된 것으로, 강도도 부착력도 극히 작다.

(4) 갇힌 공기는 반죽할 때 콘크리트 속으로 연행된 30~300 μm 정도의 공기포이며, 워크빌리티 개선에 도움이 된다.

⊙ **해답 포인트**
(4) 갇힌 공기는 AE 작용이 있는 혼화제를 사용하지 않을 때 콘크리트 속으로 말려드는 기포로서, 콘크리트의 품질을 향상시키는 효과는 없다.

정답 (4)

[문제 11]

콘크리트에서 블리딩의 일반적인 경향에 관한 다음의 기술 중 부적당한 것은 어느 것인가?
(1) 잔골재의 조립율이 크고, 잔골재율이 작을수록 블리딩량은 감소한다.
(2) 물 시멘트비가 작고, 슬럼프가 작을수록 블리딩량은 감소한다.
(3) 시멘트의 분말도가 높고, 응결이 빠를수록 블리딩량은 감소한다.
(4) 공기량이 많고, 단위 수량이 적을수록 블리딩량은 감소한다.

⊙ **해답 포인트**
(1) 잔골재의 조립률이 크게 될수록, 잔골재율이 작게 될수록, 골재입자 전체의 전표면적이 감소되어 블리딩량은 늘어난다.

정답 (1)

[문제 12]

콘크리트의 응결에 관한 다음의 기술 중 틀린 것은 어느 것인가?
(1) 콘크리트의 응결은 콘크리트가 체가름 된 모르타르의 관입 저항에 의하여 시험한다.
(2) 콘크리트의 응결 시발은 재진동 다짐이 가능한 시간의 한도를 판단하는 기준으로서 사용된다.
(3) 콘크리트 온도가 높아지면 시멘트의 수화반응이 빨라지며, 응결도 빨라진다.
(4) 골재나 반죽수에 함유된 성분 중 바다모래나 바닷물 속에 함유된 염화물은 응결을 지연시킨다.

◉ 해답 포인트

(4) 염화물은 응결을 약간 앞당기는 것은 있어도 지연시키는 것은 없다.

정답 (4)

[문제 13]

AE제의 사용량과 콘크리트의 공기량 관계를 영향요인과 함께 개념적으로 나타낸 그림 (1)~(4) 중 부적당한 것은 어느 것인가?

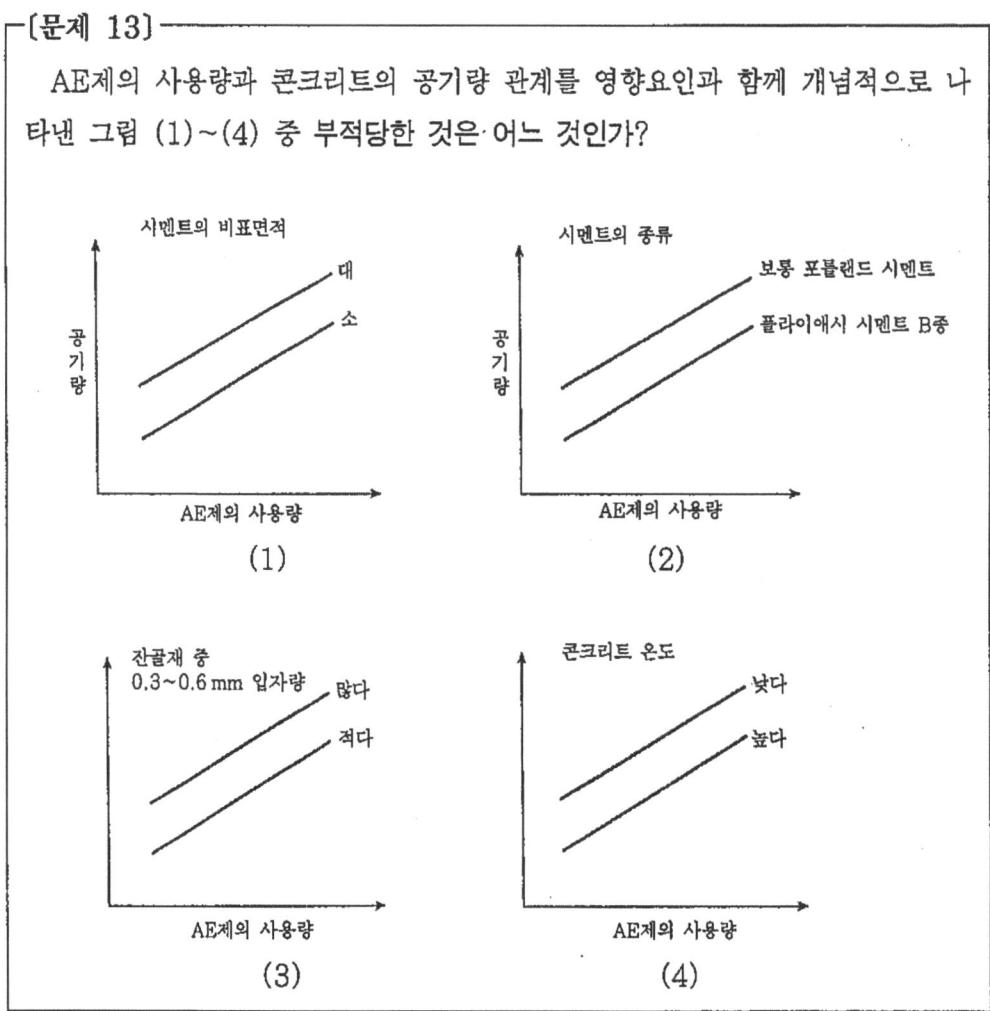

◉ 해답 포인트

(1) 시멘트의 비표면적이 커지면, 시멘트 표면에 흡착되는 AE제의 양이 늘어나서 동일 AE제 양에 대한 공기량은 적어진다.

정답 (1)

[문제 14]
콘크리트의 압축강도 시험치에 관한 일반적인 경향을 나타낸 다음의 기술 중 부적당한 것은 어느 것인가?
(1) 재하속도가 빠르면 시험치가 작게 된다.
(2) 공시체 단면이 凸상이면 시험치가 작게 된다.
(3) 콘크리트에서 잘라낸 코어 공시체와 거푸집에서 성형된 동일형상·치수의 원주 공시체 시험치를 비교하면, 코어 공시체의 시험치가 작게 된다.
(4) 한변의 길이와 직경이 서로 같은 입방 공시체와 원주 공시체(높이 직경비=2)의 시험치를 비교하면, 원주 공시체의 시험치가 작게 된다.

정답 (1)

[문제 15]
콘크리트의 역학적 성질에 관한 다음의 일반적 기술 중 틀린 것은 어느 것인가?
(1) 휨강도는 인장강도보다 크다.
(2) 동탄성계수는 정탄성계수보다 작다.
(3) 압축강도가 클수록 정탄성계수는 커진다.
(4) 압축강도가 클수록 압축강도 F_c에 대한 인장강도 F_t의 비(F_t/F_c)는 작아진다

정답 (2)

[문제 16]
사진 (a)~(d)에 나타낸 철근 콘크리트 구조물의 균열 원인에 관한 다음의 기술 중 부적당한 것은 어느 것인가?
(1) 도로교 거더의 하부 플랜지에 발생된 사진 (a)의 균열은 염해에 의한 것으로 추정된다.

(2) 도로교의 바닥판 밑면에 발생된 사진 (b)의 균열은 교통하중에 의한 것으로 추정된다.

(3) 건물 외벽에 발생된 사진 (c)의 균열은 건조 수축에 의한 것으로 추정된다.

(4) 옹벽에 발생된 사진 (d)의 균열은 수화열에 의한 콘크리트의 온도상승에 의한 것으로 추정된다.

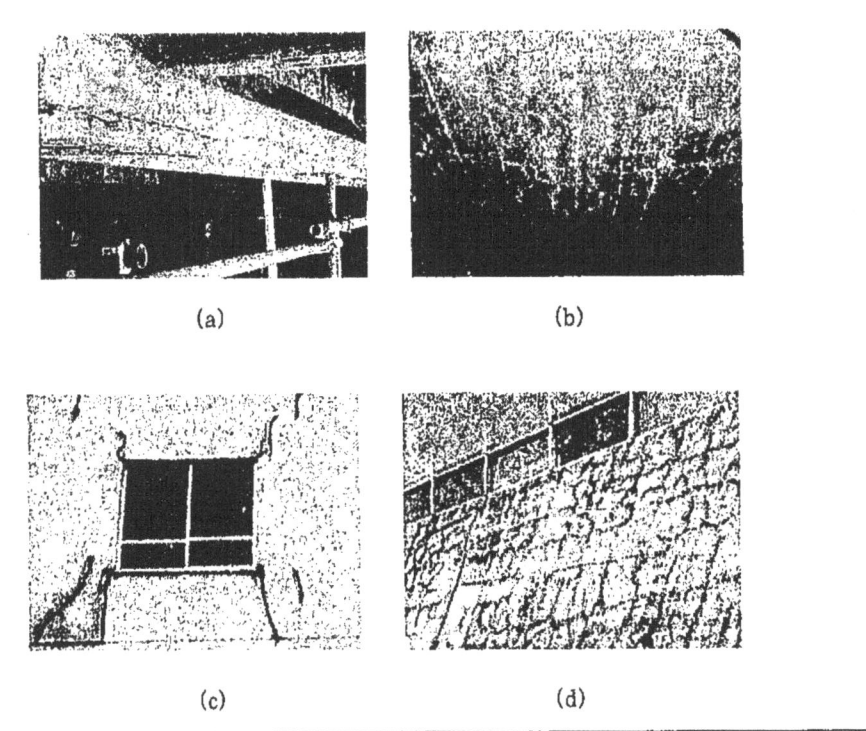

(a)　　　　　(b)

(c)　　　　　(d)

⊙ 해답 포인트

(4) 사진과 같은 비교적 큰 그물 형태의 균열인 경우는, 알칼리 골재반응에 의한 것으로 추정된다.

정답 (4)

[문제 17]

콘크리트의 체적변화에 관한 다음의 일반적인 기술 중 부적당한 것은 어느 것인가?

(1) 단위수량이 콘크리트의 건조수축에 미치는 영향은 크다.
(2) 골재의 모암 탄성 계수가 콘크리트의 건조수축에 미치는 영향은 작다.
(3) 시멘트의 종류가 콘크리트의 열팽창 계수에 미치는 영향은 작다.
(4) 시멘트의 종류가 물 시멘트비가 낮은 콘크리트의 자기수축에 미치는 영향은 크다.

⊙ 해답 포인트

(2) 콘크리트의 건조수축에는 골재의 종류가 영향이 있다. 골재의 입자형태·입도에 따라 단위수량의 영향도 있지만, 골재는 모암 탄성계수의 영향이 크다.

정답 (2)

[문제 18]

콘크리트의 동해에 관한 다음의 일반적인 기술 중 부적당한 것은 어느 것인가?

(1) 흡수율이 큰 골재를 사용하면 동해가 생기기 쉽다.
(2) 일사를 받는 부재에 비해, 일사를 받지 않는 부재는 동해가 생기기 쉽다.
(3) 처마끝, 파라펫 등 복수면에서 냉각되는 부재는 동해가 생기기 쉽다.
(4) 콘크리트에 방수마무리를 실시해 건조상태로 보호하면 동해가 생기기 어렵다.

⊙ 해답 포인트

(2) 일사를 받지 않는 부재는 일사를 받는 부재에 비해 물의 동결 융해 반복의 횟수가 적으므로 동해가 생기기 어렵다.

정답 (2)

[문제 19]

아래 표는 레디 믹스트 콘크리트 제조시 재료의 계량에서 목표로 하는 1회 계량분량, 취해진 분량의 계량치 및 계량오차를 나타낸 것이다. 레디 믹스트 콘크리트의 계량오차를 규정에 비치하고, 각 재료의 계량 합격·불합격을 편성한다. 적당한 것은 어느 것인가?

재료의 종류	시멘트	물	잔골재	굵은 골재	혼화제
목표로 하는 1회 계량분량(kg)	314	157	893	1012	3.15
취해진 분량 계산치(kg)	316	154	918	975	3.22
계량오차(%)	+0.64	-1.91	+2.80	-2.22	+2.22

합격·불합격의 조합

	재료의 종류				
	시멘트	물	잔골재	굵은 골재	혼화제
(1)	합격	불합격	합격	불합격	합격
(2)	불합격	합격	불합격	불합격	합격
(3)	합격	합격	합격	합격	불합격
(4)	불합격	불합격	불합격	불합격	합격

정답 (1)

[문제 20]

어느 공장에서 제조된 어떤 종류의 콘크리트에 대해서 통계처리를 하는데 충분한 수의 공시체를 채취하여 표준 양생을 실시하고, 재령 28일의 압축강도를 시험했다. 시험결과는 정규분포에 가깝게 되어 평균치는 30.0 N/mm^2, 변동계수는 10.0%가 되었다. 이 콘크리트의 압축강도가 24.0 N/mm^2를 밑도는 확률로서 적당한 것은 어느 것인가?

단, 정규분포에서는 σ를 표준편차로 한 경우, 시험치가 평균치 $\pm \sigma$, 평균치 $\pm 2\sigma$, 평균치 $\pm 3\sigma$ 범위에 들어갈 확률은 각각 0.6827, 0.9545, 0.9973이다.

	24.0 N/mm²를 밑도는 확률
(1)	4.55%
(2)	2.28%
(3)	0.27%
(4)	0.13%

정답 (2)

[문제 21]

레디 믹스트 콘크리트 검사에 관한 다음의 기술 중 레디 믹스트 콘크리트의 규정에 대조해 부적당한 것은 어느 것인가?

(1) 콘크리트 강도 검사 로트의 크기는, 구입자와 생산자의 협의에 따라 정하며, 시험횟수는 150 m³에 대해서 1회의 비율로 하는 것이 바람직하다.
(2) 콘크리트의 검사는 보통 강도, 슬럼프, 공기량 및 염화물 함유량에 대해서 실시한다.
(3) 콘크리트의 염화물 함유량의 검사는 공장출하시에 할 수 있다.
(4) 강도시험 3회의 시험결과 최소치는 구입자가 지정한 호칭강도의 강도값 이상이라야만 한다.

◉ 해답 포인트

(4) 3회 시험결과의 최소치는 아니고, 평균치가 구입자의 지정된 호칭강도 이상

정답 (4)

[문제 22]

콘크리트의 펌프 압송에 관한 다음의 일반적인 기술 중 적당한 것은 어느 것인가?

(1) 슬럼프가 작은 콘크리트의 압송은 스퀴즈식 펌프보다 피스톤식 펌프가 적합하다.

(2) 단위 시멘트량이 같으면, 물 시멘트비가 높은 콘크리트 쪽이 압송부하가 크다.
(3) 먼저 내보내는 모르타르의 물 시멘트비가 압송하는 콘크리트와 동일하면, 압송 후 먼저 내보낸 모르타르는 그대로 구조체에 타설되어도 된다.
(4) 일반적으로 콘크리트의 압송 속도를 크게 하면 압송부하가 작아진다.

정답 (1)

[문제 23]
콘크리트의 타설계획에 관한 다음의 일반적인 기술 중 적당한 것은 어느 것인가?
(1) 철근 콘크리트조 건축공사에서 펌프 1대의 시간당 타설량 80 m³로 타설계획을 세웠다.
(2) 기둥과 보를 1일에 타설할 경우, 기둥의 타설은 보의 밑면 높이에서 일단 중지하도록 계획했다.
(3) 콘크리트의 이어붓기면이나 흡수성이 있는 거푸집널은 타설 전에 가능한 한 젖지 않도록 계획했다.
(4) 1일의 타설 중 하층의 콘크리트가 굳어지기 시작한 후에 상층의 콘크리트를 타설하도록 계획했다.

정답 (2)

[문제 24]
콜드 조인트에 관한 다음의 일반적인 기술 중 부적당한 것은 어느 것인가?
(1) 콜드 조인트는 타설시 기온이 낮을 때에 비해 높을 때에 생기기 쉽다.
(2) 콜드 조인트를 방지하기 위해서는 연속 타설(이어붓기) 시간 간격이 짧아지도록 회전타설을 하면 좋다.
(3) 콜드 조인트를 방지하기 위해서는 타설 중 콘크리트 표면에 모인 블리딩

수를 제거하지 않는 것이 좋다.
(4) 콜드 조인트를 방지하기 위해서는 먼저 타설된 콘크리트와 겹쳐지는 콘크리트와의 경계면에 유의하여 진동을 가하는 것이 좋다.

◉ **해답 포인트**
(3) 블리딩수가 모여진 면에 그대로 콘크리트를 이어붓기 하면, 이어붓기면에서는 수량이 너무 많아지게 되어 수막이 남아 취약한 층을 형성해 콜드 조인트가 발생한다.

정답 (3)

―〔문제 25〕――
콘크리트의 표면마무리에 관한 다음의 일반적인 기술 중 적당한 것은 어느 것인가?
(1) 쇠흙손 마무리로 하는 경우, 다짐 종료 직후에 쇠흙손을 사용해 다시 마무리하도록 하는 것이 좋다.
(2) 콘크리트 표면을 마무리하는 작업은 블리딩이 종료하기 이전에 완료하는 것이 좋다.
(3) 슬래브 표면의 침하 균열은 블리딩이 종료할 무렵에 탬핑을 실시해 제거할 수 있다.
(4) 콘크리트의 표면마무리에서 마무리 작업시간을 단축하기 위해 블리딩수가 모여진 부분에 시멘트를 살포해 마무리하는 것이 좋다.

정답 (3)

―〔문제 26〕――
거푸집·지보공에 관한 다음의 일반적인 기술 중 부적당한 것은 어느 것인가?
(1) 아치 구조인 경우, 콘크리트의 자중 및 시공 중에 하중을 안전하게 지지

할 수 있는 강도에 달하면, 수축 균열의 발생을 방지하기 위하여 가능한 한 빨리 지보공을 제거하는 것이 좋다.
(2) 콘크리트의 최대측압은 슬럼프가 작을수록 치올리는 속도가 작게 된다.
(3) 거푸집·지보공의 설계에서는 콘크리트의 자중 등에 의한 연직하중 뿐만 아니라 수평방향의 하중도 고려하여야 한다.
(4) 거푸집널은 콘크리트가 설계기준강도에 달할 때까지는 떼어서는 안된다.

⊙ **해답 포인트**
(4) 바닥 슬래브 밑, 지붕 슬래브 및 보 밑의 거푸집널의 경우는, 콘크리트가 설계기준강도에 달한 것을 확인 후 떼내는 것이 원칙이다. 그러나 일반적으로는 콘크리트가 그 자중 및 시공 중에 더해지는 하중을 받는 데에 필요한 강도에 도달한 후 떼내어도 된다. 따라서, 일반적인 기술로서는 부적당하다.

정답 (4)

[문제 27]
철근의 가공 및 조립에 관한 다음의 일반적인 기술 중 맞는 것은 어느 것인가?
(1) 지름이 굵은 철근을 구부림 가공하는 경우, 철근의 가공부를 가열해 가공하는 것이 좋다.
(2) 가스압접 이음으로 철근을 접합하는 경우, 압접개소는 직선부로 하고, 압접개소에서는 구부림 가공은 하지 않도록 한다.
(3) 철근 간격의 최소치수는 굵은 골재의 최대치수를 기준으로 결정, 철근의 지름에는 따르지 않는다.
(4) 철근은 표면이 녹슬어 있는 쪽이 콘크리트와의 부착이 좋으므로, 가능한 한 옥외에 저장하도록 한다.

정답 (2)

―[문제 28]―
포장 콘크리트에 관한 다음 기술 중 부적당한 것은 어느 것인가?
(1) 포장 콘크리트는 마모작용을 크게 받으므로, 굵은 골재는 마모 감량이 적은 것을 사용할 필요가 있다.
(2) 포장 콘크리트의 설계기준강도는 원칙으로서 재령 28일의 전단강도를 토대로 정한다.
(3) 포장 콘크리트의 반죽질기 판정에는 슬럼프 시험 또는 진동대식 반죽질기 시험이 사용된다.
(4) 포장 콘크리트의 마무리작업은 콘크리트를 다진 후 거친 마무리, 평탄 마무리, 거친면 마무리 순서로 한다.

◉ 해답 포인트
(2) 재령 28일의 휨 강도를 설계기준치로 되어 있다. 전단강도는 아니다.

정답 (2)

―[문제 29]―
한중 콘크리트 시공에 관한 다음의 기술 중 적당한 것은 어느 것인가?
(1) 타설할 때의 콘크리트 온도가 10에서 20℃의 범위가 되도록 관리했다.
(2) 콘크리트의 비빔 온도를 높게 하기 위하여 시멘트를 40℃로 가열해 사용했다.
(3) 콘크리트의 비빔 온도를 높게 하기 위하여 물과 골재를 가열하고, 그 혼합물이 70℃가 되도록 했다.
(4) 지반이 동결되어 굳기 때문에 지반 위에 직접 콘크리트를 타설했다.

정답 (1)

[문제 30]

서중 콘크리트 시공에서 60℃의 시멘트, 35℃의 골재, 20℃의 물을 사용해 반죽했더니 콘크리트의 비빔 온도는 35℃가 되었다. 재료를 냉각시켜 콘크리트의 비빔 온도를 30℃로 할 계획으로서 부적당한 것은 어느 것인가?

단, 콘크리트의 비빔 온도를 1℃ 내리기 위해서는 시멘트를 8℃, 물은 4℃, 골재는 2℃만 냉각되면 좋은 것으로 한다.

(1) 물을 0℃까지 냉각할 것을 계획했다.
(2) 온도 40℃의 시멘트를 사용하여 골재를 5℃ 냉각할 것을 계획했다.
(3) 잔골재와 굵은 골재의 온도를 함께 10℃ 냉각할 것을 계획했다.
(4) 온도 50℃의 시멘트를 사용하고, 반죽수를 10℃ 냉각할 것을 계획했다.

⊙ 해답 포인트

(4) 50℃의 시멘트를 사용하는 것은 60℃의 시멘트 온도를 10℃ 내려 사용하는 것이므로, 콘크리트 온도가 1.25℃ 내려간다. 또, 물을 10℃ 냉각하면 콘크리트 온도는 2.5℃ 내려가, 콘크리트의 비빔 온도는 31.25℃ 밖에 되지 않는다.

정답 (4)

[문제 31]

매스 콘크리트의 온도 상승에 관한 다음의 일반적인 기술 중 부적당한 것은 어느 것인가?

(1) 중용열 포틀랜드 시멘트를 사용한 콘크리트의 온도 상승량은 보통 포틀랜드 시멘트를 사용한 경우보다 작다.
(2) 부재 내부온도가 최고온도에 달하기까지의 시간은 시멘트 종류에 따르지 않고 거의 일정하다.
(3) 부재의 단면치수가 커지면, 최고온도에 달하기까지의 시간은 길어진다.
(4) 타설할 때의 콘크리트 온도가 높을수록 타설 후 내부 온도의 최대치는 크게 된다.

⊙ 해답 포인트

(2) 시멘트 종류에 따라 수화열의 발열 특성(발열량, 발열속도)이 달라서 부재 내부가 최고온도에 달하기까지의 시간은 시멘트의 종류에 따라 다르다.

정답 (2)

[문제 32]

현장타설 말뚝에 사용하는 수중 콘크리트 시공에 관한 다음의 기술 중 적당한 것은 어느 것인가?

(1) 말뚝지름이 커서 매스 콘크리트가 되므로 단위 시멘트량을 300 kg/m³ 이하로 했다.
(2) 철근은 바구니 형태로 견고하게 조립되어 세우므로 스페이서는 사용하지 않았다.
(3) 트레미관의 끝은 타설 중 콘크리트 속에 2 m 이상 삽입되도록 관리했다.
(4) 콘크리트가 중지된 면이 말뚝머리의 설계면과 거의 같은 높이가 되도록 타설량을 관리했다.

정답 (3)

[문제 33]

해양 콘크리트 및 바닷물 작용을 받는 콘크리트에 관한 다음의 일반적인 기술 중 적당한 것은 어느 것인가?

(1) 콘크리트 속의 강재 부식에 대한 환경조건은 해상 대기 중, 물보라대 및 바닷속 중 해상 대기 중이 가장 심하다.
(2) 시멘트 경화체 속의 칼슘 화합물은 바닷물 속의 염화마그네슘과 반응되어 불용성 물질이 된다.
(3) 바닷물 속에 함유된 황산마그네슘은 콘크리트 속 시멘트의 수화생성물과 반응되어 체적팽창을 일으키는 것이다.

(4) 바닷물 작용을 받는 콘크리트는 바닷물 작용을 받지 않는 콘크리트보다 동해가 생기기 어렵다.

정답 (3)

[문제 34]

고유동 콘크리트에 관한 다음의 일반적인 기술 중 부적당한 것은 어느 것인가?
(1) 고유동 콘크리트는 재료분리 저항성을 유지하면서 높은 유동성이 얻어지도록 제조된다.
(2) 고유동 콘크리트는 반죽질기를 슬럼프 플로우로 평가하고, 일반적으로 50~70 cm 정도의 범위로 제조된다.
(3) 고유동 콘크리트는 유동성을 확보하기 위해서 보통의 된비빔 콘크리트보다도 단위 수량을 크게 하여 제조된다.
(4) 고유동 콘크리트는 간극 통과성을 높게 하기 위하여 보통의 콘크리트보다 단위 굵은 골재량을 작게 해 제조된다.

⊙ 해답 포인트
(3) 고성능 AE 감수제나 고성능 감수제를 사용해 유동성을 높이며, 경화 콘크리트의 성능을 저하시키지 않기 때문에 단위 수량은 보통의 묽은비빔 콘크리트보다 작다.

정답 (3)

[문제 35]

유동화 콘크리트에 관한 다음의 일반적인 기술 중 부적당한 것은 어느 것인가?
(1) 슬럼프의 경시변화는 보통의 묽은비빔 콘크리트의 경우보다 크다.

(2) 베이스 콘크리트의 잔골재율은, 같은 슬럼프의 보통 콘크리트 잔골재율과 동일하다.
(3) 일정한 슬럼프의 증대량을 얻기 위한 유동화제의 사용량은 콘크리트의 온도에 따라 변화한다.
(4) 유동화 콘크리트의 압축강도는 일반적으로 베이스 콘크리트의 압축강도와 동등하다.

⊙ **해답 포인트**

(2) 보통의 된비빔 콘크리트와 같은 배합을 그대로 사용하면 잔골재가 부족하여 분리되기 쉬우므로, 잔골재율은 보통의 경우보다 크게 한다.

정답 (2)

─[문제 36]─

그림은 철근콘크리트조 단층건물인 창고의 평면도이다. 남면 및 동서 양면이 내진벽으로 되어 있으며, C1~C9는 기둥을 나타내는 기호이다. 9개의 기둥 중 기둥 C9 1개만 침하가 생겼을 때 남면 및 동면 벽에 발생하는 균열을 예상한 그림 (1)~(4) 중 적당한 것은 어느 것인가?

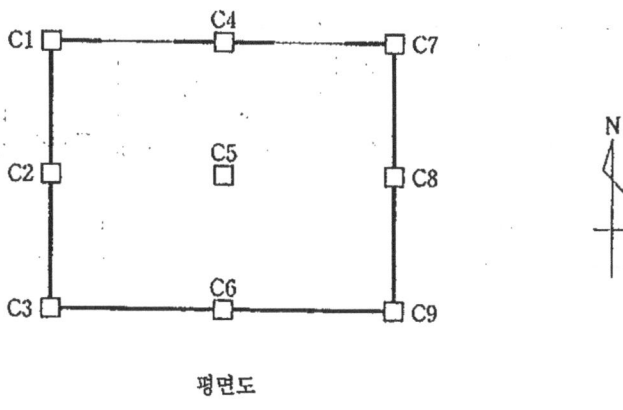

평면도

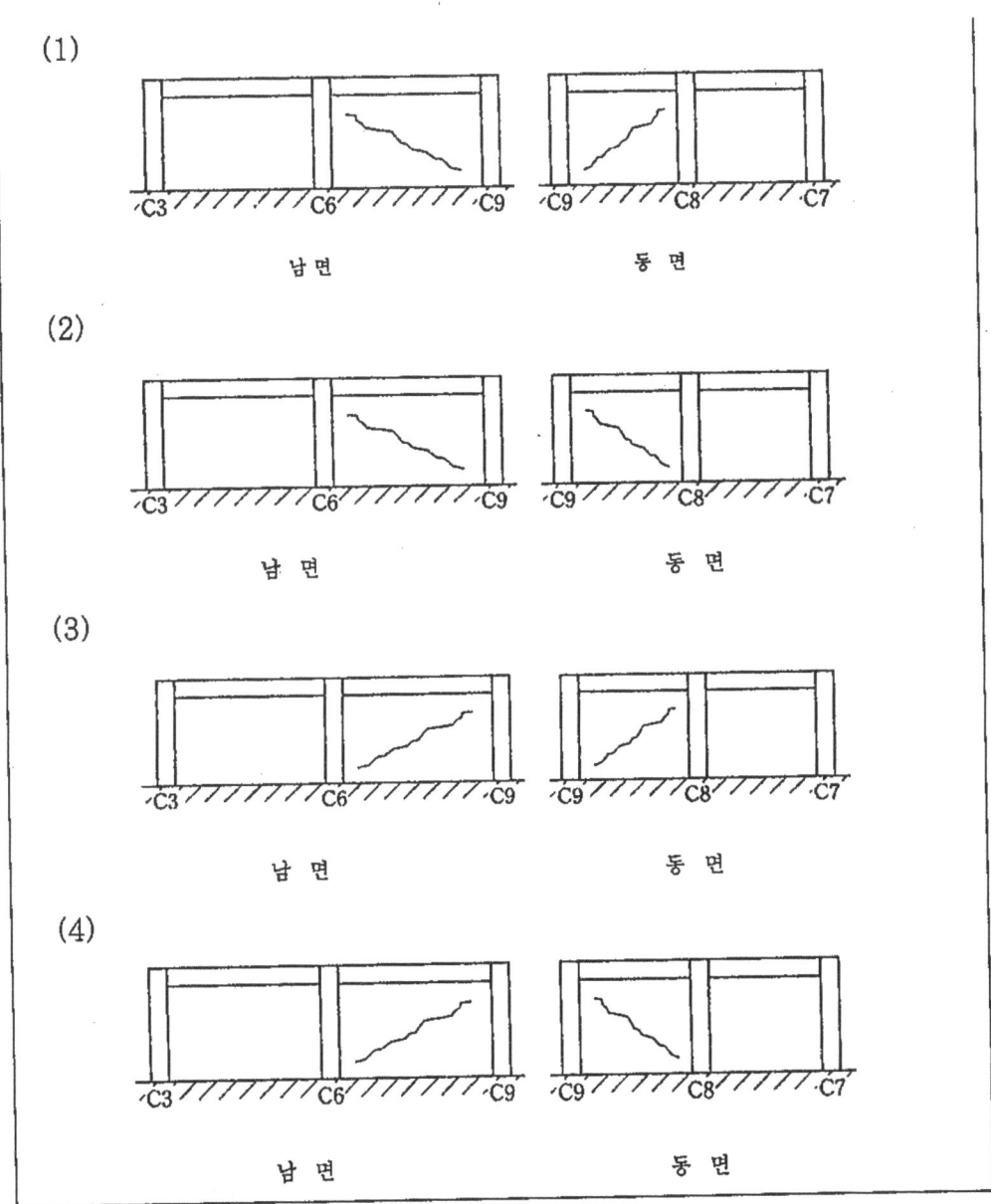

정답 (4)

[문제 37]

집중하중을 받는 철근 콘크리트 보의 주철근 배근을 나타낸 다음의 그림 중 부적당한 것은 어느 것인가?

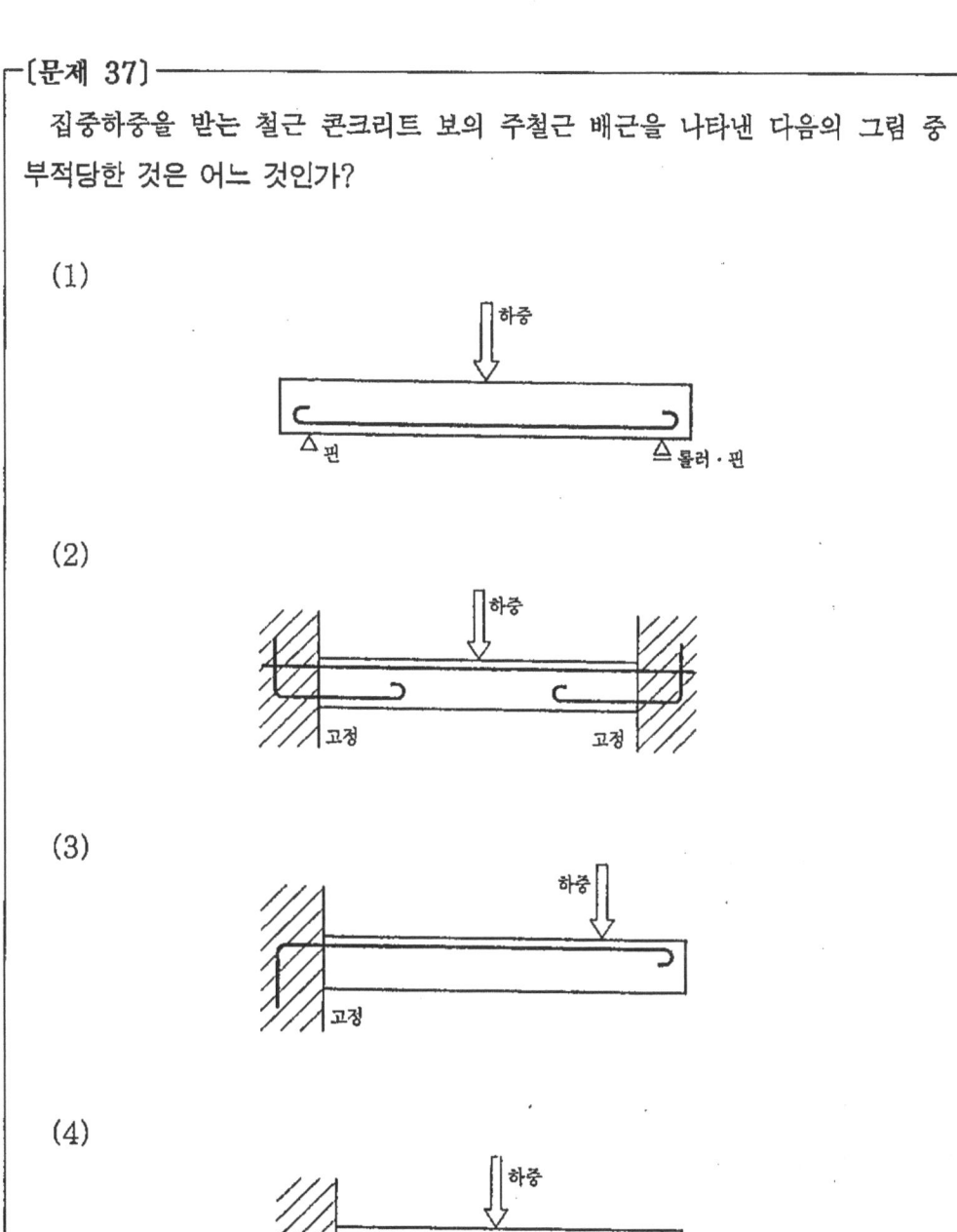

정답 (2)

─[문제 38]─────────────────────────────
  철근 콘크리트 부재에서 피복 부분의 콘크리트에 기대되는 역할에 대해서 설명한 다음의 기술 중 부적당한 것은 어느 것인가?
  (1) 철근의 부식을 방지한다.
  (2) 화재시에 철근을 보호한다.
  (3) 내부 콘크리트의 알칼리 골재반응에 의한 팽창을 방지한다.
  (4) 철근과 콘크리트와의 부착을 확보한다.

⊙ 해답 포인트
  (3) 피복은 철근 콘크리트조 건축물의 내화성·내구성 및 구조내력에 크게 영향되는데, 내부 콘크리트의 알칼리 골재반응에 의한 팽창을 방지하는 역할은 없다.

정답 (3)

─[문제 39]─────────────────────────────
  콘크리트 제품에 관한 다음의 기술 중 부적당한 것은 어느 것인가?
  (1) 콘크리트 제품의 오토클레이브 양생은 타설 후 즉시 하는 경우가 많다.
  (2) 프리스트레스트 콘크리트 말뚝은 프리텐션 방식으로 프리스트레스를 도입하는 경우가 많다.
  (3) 원심력 다짐을 하면, 수분의 일부가 분리되어 강도와 밀도가 높은 콘크리트를 얻을 수 있다.
  (4) 가압 성형한 콘크리트는 수분이 짜내짐에 의해 밀실하게 되어 강도가 증가한다.

⊙ 해답 포인트
  (1) 상압 증기 양생 종료 후 탈형된 콘크리트제품을 고온 고압 양생탱크에 넣어 실시한다.

정답 (1)

[문제 40]
프리스트레스트 콘크리트로 하는 경우 효과가 작은 부재는 다음 중 어느 것인가?
(1) 휨모멘트가 작용하는 보.
(2) 전단력이 작용하는 보.
(3) 축압축력이 작용하는 기둥.
(4) 축인장력이 작용하는 기둥.

◉ **해답 포인트**
(3) 부재에 인장응력이 생기는 하중 또는 단면력에 대해서는 효과가 크지만, 부재에 압축력만 생기는 하중 또는 단면력에 대해서는 효과가 작다.

정답 (3)

문제 41~60은「맞음 혹은 적당함」기술인가, 또는「틀린다 혹은 부적당함」기술인지를 판단하는 ○×문제이다.
「맞음 혹은 적당함」기술은 정답용지의 ◎란을,「틀린다 혹은 부적당함」기술은 ⊗란을 검게 칠해 주십시오. ○×식 문제에서는 틀리면 감점(마이너스점) 됩니다.

〔문제 41〕 부순자갈의 실적률은 콘크리트의 단위 수량에 큰 영향을 미치지만, 부순모래의 실적률이 단위 수량에 미치는 영향은 작다.

⊙ 해답 포인트

부순자갈, 부순모래 모두 실적률은 중요하며, 입자형태 판정 실적률을 부순자갈은 55% 이상, 부순모래는 53% 이상으로 정해져 있다.

정답 ×

〔문제 42〕 고로 슬래그 미분말 4000은 보통 포틀랜드 시멘트의 일부와 치환해 사용해도 저온시에 강도발현이 지연되는 것은 없다.

정답 ×

〔문제 43〕 실리카 훔은 거의 구형의 형상으로 된 비표면적이 극히 큰 분말로서, 물 시멘트비가 30% 정도 이하인 고강도 콘크리트의 워커빌리티 개선에 도움이 된다.

정답 ○

〔문제 44〕 현재 실용화되어 있는 콘크리트용 팽창재는 수산화칼슘 또는 에트링가이트의 결정을 콘크리트의 경화에 따라 생성시키고, 그 팽창압을 이용해 콘크리트에 체적 팽창을 일으키는 것으로, 철근 콘크리트관 등의 제품에 케미칼 프리스트레스를 도입하거나, 콘크리트의 건조 수축에 의한 균열 발생을 억제하는 목적에 사용된다.

정답 ○

[문제45] 콘크리트의 반죽수에 회수물을 사용하는 경우에는 슬러지 고형분은 단위 시멘트량에 대해 질량 비율이 3%를 초과하지 않도록 해야 한다.

정답 ○

[문제 46] 이형봉강 SD 345의 수치 345는 인장강도의 하한치가 345 N/mm^{2}인 것을 나타내고 있다.

⊙ 해답 포인트

수치 345는 항복점 또는 내력의 하한치를 N/mm^{2}의 단위로 표시한 것

정답 ×

[문제 47] 잔골재율의 최적치는 골재의 형상이나 입도 등에 따라 달라서 콘크리트는 소요의 워커빌리티가 얻어지는 범위 내에서 단위 수량이 최소가 되는 값으로 정하는 것이 좋다.

정답 ○

[문제 48] NaCl을 질량으로 0.05%를 함유하는 바다모래를 절건 질량으로 콘크리트 1 m^{3}당 900 kg 사용해 콘크리트를 제조한 경우, 잔골재 이외의 재료에서 염분의 혼입은 없다면, 그 콘크리트의 염화물 이온 함유량은 450 g/m^{3}이다.

정답 ×

[문제 49] 시멘트 중 전알칼리의 함유율이 0.65%인 경우, 다른 재료에서 콘크리트에 들어가는 알칼리량이 없는 것으로 하면, 단위 시멘트량 400 kg/m^{3}인 콘크리트의 알칼리 총량은 260 kg/m^{3}이 된다.

정답 ○

[문제 50] 슬럼프는 굳지 않은 콘크리트에서 항복치에 대응되어, 항복치가 작은 콘크리트일수록 슬럼프가 크다.

정답 ○

[문제 51] 인공 경량 골재를 사용한 구조용 경량 콘크리트의 기건 상태에서 단위 용적 질량은 굵은 골재, 잔골재 모두 경량 골재를 사용한 경우, 10~12t/m³ 정도이다.

⊙ **해답 포인트**
　이 경우, 1.4~1.7 t/m³이다.

　　　　　　　　　　　　　　　　　　　　　　　　　　　　　해답 ×

[문제 52] 상압 증기 양생된 콘크리트의 장기재령에서 압축강도는 일반적으로 동일한 콘크리트를 표준 양생한 경우보다 크게 된다.

　　　　　　　　　　　　　　　　　　　　　　　　　　　　　정답 ×

[문제 53] 콘크리트의 크리프 계수는 하중이 지속해서 재하되는 경우의 재하시 탄성 변형에 대한 장기 재하 후의 크리프 변형비다.

　　　　　　　　　　　　　　　　　　　　　　　　　　　　　정답 ○

[문제 54] 콘크리트의 중성화는 물 시멘트비가 클수록 빠르고, 또 습윤 상태보다 기건 상태에 있는 콘크리트 쪽이 빠르게 진행한다.

　　　　　　　　　　　　　　　　　　　　　　　　　　　　　정답 ×

[문제 55] 콘크리트를 고강도화 하는 것은 압축강도 뿐만 아니라 인장강도도 증대시키기 때문에, 알칼리 실리카 반응에 의한 콘크리트의 균열 억제에 효과가 있다.

⊙ **해답 포인트**
　콘크리트의 압축강도를 높게 해도 균열을 확실하게 억제할 수 있다고는 할 수 없다.

　　　　　　　　　　　　　　　　　　　　　　　　　　　　　정답 ×

[문제 56] 레디 믹스트 콘크리트에서는 콘크리트를 발주할 때에 구입자와 생산자

가 협의한 후에 지정할 수 있는 사항이 정해져 있으며, 또 각각의 지정사항에 대해서 검사방법이 정해져 있다.

⊙ **해답 포인트**
검사방법이 정해져 있는 것은 강도, 슬럼프, 공기량 및 염화물 함유량뿐이다.

정답 ×

[문제 57] 크레인에 장치된 콘크리트 버킷에 의한 콘크리트의 운반은, 진동이 적어 타설 개소에 직접 운반할 수 있으므로 재료의 분리를 일으키지 않는 이점이 있다.

해답 ○

[문제 58] 철근 콘크리트공사의 콘크리트 양생에 관한 규정에서는, 초기에 콘크리트를 습기가 많게 유지해야 하는 기간으로서, 시멘트 종류에 따르지 않고 일정한 일수가 정해져 있다.

⊙ **해답 포인트**
습윤 양생기간의 표준은 시멘트 종류에 따라 규정되어 있다.

정답 ×

[문제 59] 한중 콘크리트에서 콘크리트 강도가 $0.5\,N/mm^2$ 이상이라면 초기동해를 받기 어려우므로, 초기의 보온 양생을 중단할 수 있다.

정답 ×

[문제 60] 원 콘크리트의 모르타르가 부착된 재생 굵은 골재를 사용한 콘크리트는 모르타르 부분의 배합이 원 콘크리트와 동일하다면, 원 콘크리트와 동일한 품질이 된다.

⊙ **해답 포인트**
원 콘크리트보다 강도는 작아진다.

정답 ×

1999년도 문제

[문제 1]

시멘트의 규격에 관한 다음 기술 중 맞는 것은 어느 것인가?
(1) 포틀랜드 시멘트에서는 저열 포틀랜드 시멘트에 대해 규산3칼슘의 함유율 하한치를 규정하고 있다.
(2) 조강 포틀랜드 시멘트에 대해서 재령 3, 7, 28 및 91일 압축강도의 하한치를 규정하고 있다.
(3) 고로 슬래그 시멘트에서는 원재료로서 사용하는 고로 슬래그의 염기도 하한값을 규정하고 있다.
(4) 플라이애시 시멘트에서는 플라이애시 시멘트 C종에 대해서 재령 7 및 28일의 수화열 상한치를 규정하고 있다.

정답 (3)

[문제 2]

아래 기술의 공란 (가)~(라)에 해당하는 시멘트의 클링커의 조성화합물을 나타낸 조합 중 적당한 것은 어느 것인가?
단, 규산3칼슘을 C_3S, 규산2칼슘을 C_2S, 알루민산3칼슘을 C_3A, 철알루민산4칼슘을 C_4AF로 약기한다.

조강 포틀랜드 시멘트는 보통 포틀랜드 시멘트에 비해 초기의 강도 발현성을 높이기 위해 (가)의 함유량이 많아지도록 연구한다. (나)는 (가)에 비해서 수화반응속도가 늦다. 초기강도는 낮지만 장기강도가 크다. 중용열포틀랜드 시멘트는 보통 포틀랜드 시멘트에 비해서 (가)나 (다)를 줄여서

(나)의 양이 많아지도록 조정되며, 매스 콘크리트에 적용되고 있다. (라)는 수화반응 속도가 빠르지만 수화열은 낮다.

	가	나	다	라
(1)	C_3S	C_2S	C_3A	C_4AF
(2)	C_3A	C_3S	C_4AF	C_2S
(3)	C_3S	C_4AF	C_3A	C_2S
(4)	C_3A	C_2S	C_3S	C_4AF

정답 (1)

[문제 3]

아래 표는 굵은 골재의 체가름 시험결과를 나타낸 것이다. 이 굵은 골재의 최대치수와 조립률을 나타낸 다음의 조합 중 맞는 것은 어느 것인가?

체가름 시험결과

체의 호칭치수 (mm)	30	25	20	15	10	5	2.5	1.2
체를 통과한 것의 질량 백분률(%)	100	98	73	52	30	5	2	0

	최대치수(mm)	조립율
(1)	30	6.90
(2)	25	6.90
(3)	30	7.40
(4)	25	7.40

정답 (2)

―[문제 4]―
　잔골재의 품질이 콘크리트의 배합 또는 성질에 미치는 영향에 대해서 설명한 다음의 일반적인 기술 중 부적당한 것은 어느 것인가?
　(1) 흡수율이 큰 잔골재를 사용하면 콘크리트의 단위 수량이 커진다.
　(2) 잔골재의 조립률이 크게 변동이 커지면, 콘크리트의 워커빌리티의 변동이 크게 된다.
　(3) 세척 시험(미립분량 시험)으로 없어지는 양이 많은 부순모래를 사용하면 콘크리트의 재료분리가 생기기 어렵게 된다.
　(4) 입자형태 판정 실적률이 작은 부순모래를 사용하면 콘크리트의 워커빌리티가 나빠진다

⊙ 해답 포인트
　(1) 콘크리트의 단위 수량을 구하는 경우는 흡수량을 계산하지 않는다.

정답 (1)

―[문제 5]―
　콘크리트용 고로 슬래그 미분말의 규정에 대해 설명한 다음의 기술 중 틀린 것은 어느 것인가?
　(1) 고로 슬래그 미분말 4000과 고로 슬래그 미분말 8000의 밀도 하한치는 동일하다.
　(2) 고로 슬래그 미분말 4000과 고로 슬래그 미분말 8000의 산화마그네슘 함유율 상한값은 동일하다.
　(3) 고로 슬래그 미분말 4000과 고로 슬래그 미분말 8000의 활성도 지수 하한치는 동일하다.
　(4) 고로 슬래그 미분말 4000의 비표면적 하한치는, 고로 슬래그 미분말 8000의 하한치보다 작다

⊙ 해답 포인트
(3) 고로 슬래그 미분말의 활성도는 분말도가 따라 크게 다르므로, 활성도 지수의 하한치는 분말도가 큰 쪽이 크다.

정답 (3)

─[문제 6]─
콘크리트에 사용하는 혼화제에 관한 다음의 일반적인 기술 중 부적당한 것은 어느 것인가?
(1) AE제는 콘크리트 속에 다수의 미세한 독립된 기포를 똑같이 분포시켜서 워커빌리티 및 내동해성을 향상시키는 효과가 얻어지는 혼화제이다.
(2) 감수제는 시멘트입자를 분산시켜서 콘크리트의 단위 수량을 감소시키는 효과가 얻어지는 혼화제이다.
(3) 유동화제는 미리 반죽된 비교적 된비빔 콘크리트에 후 첨가시켜 워커빌리티를 개선하는 효과가 얻어지는 혼화제이다.
(4) 고성능 AE 감수제는 시멘트의 수화반응을 화학적으로 촉진시켜 콘크리트의 응결을 빠르게 하는 효과가 얻어지는 혼화제이다.

정답 (4)

─[문제 7]─
강재에 관한 다음의 기술 중 맞는 것은 어느 것인가?
(1) 강재 속의 탄소량이 증가하면 일반적으로 파단시의 신장(파단 신장이 작아진다.
(2) 이형봉강의 공칭 단면적은 마디가 없는 부분의 직경을 측정하고, 그 값을 사용해 계산으로 구한다.
(3) 강재의 열팽창 계수는 약 1×10^{-6}/℃이며, 콘크리트 값의 약 10배이다.
(4) 강재의 탄성한도(탄성한계)란 가해진 인장력을 제외했을 때의 영구변형이 0.1%가 되는 응력도이다.

정답 (1)

―[문제 8]――
다음에 나타낸 물 중 레디 믹스트 콘크리트 반죽에 사용하는 물의 규정에 대조하여 반죽수로서 사용할 수 없는 것은 어느 것인가?
단, (1)~(3)의 물에 대해서는 그 밖의 품질은 규정에 적합한 것으로 한다.
(1) 모르타르의 압축강도비는 재령 7일 및 28일은 95%가 슬러지수
(2) 용해성 증발잔류물 양이 0.5 g/l인 하천수
(3) 염화물 이온(Cl^-)량이 250 ppm인 우물물
(4) 반죽수로서 품질시험을 하지 않은 상수도물

⊙ 해답 포인트
(3) 염화물 이온(Cl^-)량은 150 ppm 이하로 규정되어 있다.

정답 (3)

―[문제 9]――
콘크리트 배합의 보정 방법에 관한 다음의 일반적인 기술 중 부적당한 것은 어느 것인가?
단, 슬럼프는 변화시키지 않는 것으로 한다.
(1) 잔골재를 조립률이 큰 것으로 변경하는 데에 따라 잔골재율을 크게 했다.
(2) 공기량을 줄이는 데에 따라 잔골재율과 단위 수량을 작게 했다.
(3) 물 시멘트비를 작게 하는 데에 따라 잔골재율을 작게 했다.
(4) 굵은 골재를 실적률이 큰 것으로 변경하는 데에 따라 잔골재율과 단위 수량을 작게 했다.

정답 (2)

[문제 10]

물 시멘트비 40.0% 및 62.5%인 콘크리트를 재령 28일의 압축강도 시험결과가 각각 46.0 N/mm² 및 26.2 N/mm²이었다. 재령 28일에서 압축강도가 35.0 N/mm²로 되는 콘크리트의 물 시멘트비 값으로서 적당한 것은 어느 것인가?

단, 사용재료, 공기량 등 기타의 조건은 변하지 않는 것으로 한다.

(1) 45.0%
(2) 47.5%
(3) 50.0%
(4) 52.5%

정답 (3)

[문제 11]

아래 표에 나타낸 시방배합을 토대로 콘크리트를 반죽한 결과, 공기량이 4.0%가 되었다. 실제로 비벼진 콘크리트 배합에 관한 다음의 기술 중 맞는 것은 어느 것인가?

단, 시멘트의 밀도는 3.16 g/cm³, 잔골재의 표건 밀도는 2.62 g/cm³, 굵은 골재의 표건 밀도는 2.67 g/cm³으로 한다.

물 시멘트비 (%)	공기량 (%)	단위량 (kg/m³)			
		물	시멘트	잔골재	굵은 골재
55.0	5.0	73	315	786	1,007

(주) 골재는 표건 상태로 한다.

(1) 잔골재율은 43.8%이다.
(2) 단위 시멘트량은 321 kg/m³이다.
(3) 단위 잔골재량은 797 kg/m³이다.
(4) 단위 굵은 골재량은 1,018 kg/m³이다.

정답 (4)

─[문제 12]─────────────────────────────

굳지 않은 콘크리트의 슬럼프에 관한 다음의 일반적인 기술 중 부적당한 것은 어느 것인가?

(1) 단위 수량이 1.2% 증가하면 슬럼프가 1 cm 정도 증가한다. 이 때문에, 슬럼프가 8 cm인 콘크리트의 슬럼프를 12 cm로 하기 위해서는 단위 수량을 4.5~5% 정도 증가시킬 필요가 있다.

(2) 공기량이 1% 증가하면 슬럼프는 약 1.5 cm 증가한다. 이 때문에, 공기량이 1% 증가된 경우, 슬럼프를 일정하게 유지하기 위해서는 단위 수량을 1.8% 정도 감소시킬 필요가 있다.

(3) 비빔 온도가 높을수록 슬럼프가 작아지며, 비빔 온도가 10℃ 높으면 슬럼프는 2~3 cm 작게 된다.

(4) 굵은 골재의 입형이 좋을수록 슬럼프는 크게 되며, 입형이 좋은 하천자갈을 사용한 콘크리트의 단위 수량은 같은 슬럼프의 부순자갈 콘크리트보다 9~15 kg/m³ 정도 작아진다.

정답 (2)

─[문제 13]─────────────────────────────

콘크리트의 응결시간에 관한 다음의 일반적인 기술 중 적당한 것은 어느 것인가?

(1) 콘크리트의 응결 시발시간은 물 시멘트비가 클수록 길어지는 경향이 있다.

(2) 콘크리트의 응결 시발시간은 슬럼프가 작을수록 길어지는 경향이 있다.

(3) 콘크리트의 응결시간 시험에서는 콘크리트를 시료로서 관입 저항을 측정한다.

(4) 콘크리트의 응결시간 시험에서는 시발용 표준침과 종결용 표준침의 2종류를 사용한다.

정답 (1)

―[문제 14]―
　　AE 콘크리트의 공기량에 관한 다음의 일반적인 기술 중 부적당한 것은 어느 것인가?
　　단, 1 m³당 AE제 양을 일정한 것으로 한다.
　　(1) 단위 시멘트량이 많아지면 공기량은 감소한다.
　　(2) 시멘트의 비표면적이 커지면 공기량은 감소한다.
　　(3) 콘크리트의 잔골재율이 커지면 공기량은 증대한다.
　　(4) 콘크리트 온도가 높으면 공기량이 증대한다.

⊙ **해답 포인트**
　　(4) 온도가 높아지면 물의 계면장력이 저하되어, 기포가 찌그러지기 쉬워져 공기량은 감소한다.

정답 (4)

―[문제 15]―
　　아래 표는 콘크리트 제조시의 시멘트, 고로 슬래그 미분말 및 잔골재의 1회 계량분량의 목표치를 나타낸 것이다.
　　이러한 재료의 실제 계량치를 나타낸 다음의 조합 중 규정에 적합한 것은 어느 것인가?

1회 계량분량

재료의 종류	시멘트	고로 슬래그 미분말	잔골재
목표값(kg)	168	169	786

	계 량 값 (kg)		
	시멘트	고로 슬래그 미분말	잔골재
(1)	168	170	814
(2)	167	168	765
(3)	169	166	781
(4)	165	169	760

정답 (2)

[문제 16]

레디 믹스트 콘크리트의 품질관리 및 검사에 관한 다음의 기술 중 부적당한 것은 어느 것인가?

(1) 슬럼프 및 공기량의 한쪽 또는 양쪽의 시험결과가 허용범위를 벗어난 경우, 새로 채취된 시료에 의해 재시험을 2회까지 할 수 있다.

(2) 콘크리트의 시료를 트럭 애지테이터에서 채취하는 경우에는, 30초의 고속 교반 후 처음에 배출되는 콘크리트 50~100 l를 제외하고, 그 후의 콘크리트 흐름의 전횡단면에서 채취한다.

(3) 1일의 콘크리트 출하량 합계가 150 m³가 안 될 경우, 강도의 검사 로트 크기는 생산자와 구입자의 협의에 따라 3일분을 1로트로 할 수 있다.

(4) 콘크리트의 염화물 함유량은 굳지 않은 콘크리트 속 물의 염화물 이온농도와 배합 설계에 사용된 단위 수량을 곱하여 구한다.

◉ 해답 포인트

(1) 1회에 한해 재시험이 인정되며, 2회 실시하는 것은 인정되지 않는다.

정답 (1)

[문제 17]

레디 믹스트 콘크리트에 관한 다음의 기술 중 적당한 것은 어느 것인가?

(1) 유기 불순물시험에서 시험용액의 색이 표준색액의 색보다 엷어진 모래는 잔골재로서 사용할 수 없다.

(2) 알칼리 실리카 반응성에 의한 구분 A의 골재를 사용하는 경우는, 알칼리 골재반응 억제대책이 필요하다.

(3) 트럭 애지테이터의 드럼 안에 부착되어 있는 굳지 않은 모르타르는 지연형의 유동화제를 사용해 슬러리화 되어 새로이 싣는 콘크리트와 혼합해 사용할 수 있다.

(4) 염화물 함유량의 검사는 생산자와 구입자가 협의한 후에 공장 출하시에 실시할 수 있다.

정답 (4)

[문제 18]

콘크리트의 수송·운반 및 타설에 관한 다음의 기술 중 부적당한 것은 어느 것인가?

(1) 트럭 애지테이터를 사용하는 경우, 일반적으로 반죽 개시로부터 1.5시간 이내에 하역이 가능하도록 운반해야 한다고 정해져 있다.

(2) 콘크리트의 반죽 개시로부터 타설을 끝내기(타설종료)까지의 시간 한도는 바깥기온에 관계없이 일정한 값이 정해져 있다.

(3) 슬럼프 25 cm의 포장콘크리트를 운반하는 경우에 한해 덤프 트럭을 사용할 수 있다고 정해져 있다.

(4) 트럭 애지테이터에서 콘크리트를 하역할 때에는, 하역 직전에 애지테이터를 고속 회전시켜 콘크리트를 균질하게 한 후에 배출하도록 정해져 있다.

⊙ **해답 포인트**

(2) 콘크리트의 반죽·운반시간에 의한 품질변화는 온도의 영향을 받으므로, 양 학회 모두 바깥기온에 따라 2단계로 변한다.

정답 (2)

[문제 19]

펌프에 의한 콘크리트의 운반 및 타설에 관한 다음의 기술 중 적당한 것은 어느 것인가?

(1) 유동성이 높은 콘크리트를 압송할 경우, 압송에 우선하여 실시하는 모르타르의 앞서 보내기를 생략해도 된다.

(2) 사용하는 콘크리트에서 굵은 골재를 제외한 배합 모르타르를 앞서 보내기 모르타르로 사용하는 경우, 이 모르타르를 구조체의 콘크리트로서 타설할 수 있다.

(3) 통 앞에서 배출된 콘크리트는 1군데에 쌓이고, 그 수평방향의 이동은 진동기를 사용한다.

(4) 펌프 압송 중에 막히는 경우, 배관 속에서 품질이 변화된 콘크리트를 구조체의 콘크리트로 타설해서는 안 된다.

정답 (4)

[문제 20]

콘크리트의 타설 및 다짐에 관한 다음의 일반적인 기술 중 부적당한 것은 어느 것인가?

(1) 벽과 보의 콘크리트를 일체로 타설할 때 보 밑에서 일단 중지하고, 콘크리트의 침강이 종료되는 것을 기다려서 보의 콘크리트를 타설했다.

(2) 콘크리트의 타설 계획에 슬래그가 있을 때 타설량, 콘크리트의 공급능력, 콘크리트 펌프의 압송 능력 외에 다짐 능력, 표면마무리 능력 등을 고려해 타설속도를 정했다.

(3) 높은기둥의 콘크리트를 2층으로 나누어 1일에 타설할 때 2층째의 콘크리트 타설시 봉형 진동기의 끝이 1층째의 콘크리트 속에 들어가지 않도록 주의하여 다짐했다.

(4) 철골 철근 콘크리트구조의 기둥·보·벽을 일체로 타설할 때 봉형 진동기의 사용이 곤란한 벽 부분에서는 거푸집 진동기를 사용해 다짐했다.

⊙ 해답 포인트

(3) 봉형 진동기의 끝을 1층째 속으로 10 cm 정도 들어갈 때까지 삽입하여 2개의 층이 일체가 되도록 다짐을 한다.

정답 (3)

[문제 21]

콘크리트의 양생 영향에 대해서 설명한 다음의 일반적인 기술 중 부적당한 것은 어느 것인가?

(1) 습윤 양생기간을 길게 하면 중성화 속도가 지연된다.
(2) 습윤 양생기간을 길게 하면 장기강도가 커진다.
(3) 양생온도를 높게 하면 초기강도가 커진다.
(4) 양생온도를 높게 하면 장기강도의 신장이 커진다.

정답 (4)

[문제 22]
거푸집에 관한 다음 일반적인 기술 중 적당한 것은 어느 것인가?
(1) 콘크리트의 타설 높이가 같다면, 기둥의 거푸집에 걸리는 콘크리트의 측압은 벽의 거푸집에 걸리는 측압보다 작게 된다.
(2) 거푸집에 걸리는 콘크리트 측압의 최대치는 슬럼프가 클수록, 온도가 낮을수록, 또 타설 속도가 빠를수록 크게 된다.
(3) 벽의 측면 거푸집널을 제거할 수 있는 콘크리트 압축강도의 하한치는 보의 측면 거푸집널의 그것보다 작다.
(4) 콘크리트의 압축강도가 $5\,N/mm^2$에 달한 것이 확인되면, 보 및 슬래브 밑면의 지보공을 제거할 수 있다.

정답 (2)

[문제 23]
철근의 가공, 조립 및 이음에 관한 다음의 일반적인 기술 중 부적당한 것은 어느 것인가?
(1) 지름이 굵은 철근의 구부림 가공은 가스버너를 사용해 가열하는 것이 원칙이다.
(2) 철근의 간격은 평행하게 늘어선 철근 표면간의 최단거리이며, 철근의 지름 외에 굵은 골재의 최대치수에 따라 정해진다.
(3) 겹침 이음길이는 철근의 지름이 크게 될수록 길게 잡을 필요가 있다.

(4) 가스압접 이음은 철근을 맞대고, 그 접합면을 가열하면서 가압시켜 접합하는 방법이다.

◉ 해답 포인트

(1) 철근은 열처리를 하면 강재로서의 성능이 변하므로, 가공장소에서는 상온에서의 구부림 가공(냉간 가공)이 원칙.

정답 (1)

[문제 24]

포장 콘크리트에 관한 다음의 기술 중 부적당한 것은 어느 것인가?
(1) 굵은 골재로서 사용하는 부순자갈에는 엄격한 마모 감량의 규정치를 만족하는 품질이 요구된다.
(2) 배합 강도는 설계기준 휨 강도와 현장에서 콘크리트 품질의 편차를 고려해 정한다.
(3) 일반 포장 콘크리트의 슬럼프 표준은 5 cm이며, 진동대식 반죽질기 시험방법에 의한 침하도의 표준은 7~10초이다.
(4) 포장판의 표면은 평탄 마무리를 한 후에 차량 등의 미끄럼 방지, 광선의 반사 완화 등을 목적으로 조면으로 마무리한다.

◉ 해답 포인트

(3) 슬럼프는 2.5 cm, 진동대식 반죽질기 시험방법에 의한 침하도는 30초를 표준으로 한다.

정답 (3)

[문제 25]

한중 콘크리트에 관한 다음의 기술 중 부적당한 것은 어느 것인가?
(1) 시멘트를 투입하기 직전 믹서 안의 골재 및 물의 온도가 40℃를 초과하지 않도록 각각의 재료 온도를 관리했다.

(2) 하역시의 콘크리트 온도가 20℃를 초과하지 않도록 관리했다.
(3) 타설시의 콘크리트 온도가 0℃보다 낮게 되지 않도록 관리했다.
(4) 초기양생 중의 콘크리트 온도가 5℃를 밑돌지 않도록 관리했다.

정답 (3)

[문제 26]
서중 콘크리트에 관한 다음의 일반적인 기술 중 부적당한 것은 어느 것인가?
(1) 콜드 조인트의 발생을 억제하기 위하여 타설 계속 중의 이어붓기 시간 간격을 보통 시기보다 짧게 했다.
(2) 콘크리트의 응결을 지연시키고, 또한 슬럼프의 경시저하나 플라스틱 수축 균열의 발생을 억제하기 위하여 AE 감수제 지연형을 사용했다.
(3) 콘크리트의 비빔 온도를 내리기 위해 비열이 작거나 사용량이 많은 골재를 냉각했다.
(4) 콘크리트의 강도 발현이 빠른 것을 고려하여 습윤 양생기간을 보통 시기보다 짧게 했다.

정답 (4)

[문제 27]
매스 콘크리트의 온도 균열에 관한 다음의 일반적인 기술 중 부적당한 것은 어느 것인가?
(1) 내부구속에 의한 온도 균열은 콘크리트의 표면과 내부와의 온도차이에 따라 발생한다.
(2) 부재 단면치수가 80 cm 이하의 부재에서도 온도 균열에 대한 대책이 필요한 경우가 있다.
(3) 외부구속에 의한 온도 균열은 콘크리트의 중심부 온도가 최대가 되었을 때 발생한다.

(4) 외부구속에 의한 온도 균열은 외부구속이 클수록 발생되기 쉽다.

◉ 해답 포인트
(3) 온도 균열은 콘크리트에 발생하는 인장응력으로 생기지만, 인장응력은 중심부 온도가 최대치에서 저하됨에 따라 증가한다.

정답 (3)

[문제 28]
수중 콘크리트에 관한 다음의 기술 중 부적당한 것은 어느 것인가?
(1) 일반 수중 콘크리트에서는 보통 콘크리트보다 점성이 풍부한 배합으로 하고, 또 배합강도를 크게 한다.
(2) 트레미 공법에 의한 수중 콘크리트에서는 슬럼프 25 cm 정도의 묽은비빔 콘크리트를 사용한다.
(3) 수중 불분리성 콘크리트의 펌프 압송 저항은 보통 콘크리트에 비해 크다.
(4) 수중 불분리성 콘크리트를 건조시키면 보통 콘크리트보다 건조 수축이 커진다.

◉ 해답 포인트
(2) 최대 21 cm까지 슬럼프를 허용한다.

정답 (2)

[문제 29]
해양 콘크리트 및 바닷물의 작용을 받는 콘크리트에 관한 다음의 일반적인 기술 중 부적당한 것은 어느 것인가?
(1) 바닷물 속의 황산마그네슘($MgSO_4$)은 콘크리트에는 유해하지 않지만, 철근의 부동태 피막을 파괴한다.
(2) 늘 바닷물에 접한 부분의 콘크리트는 고로 슬래그 시멘트, 플라이애시 시멘트 또는 중용열 포틀랜드 시멘트가 적합하다.

(3) 바닷물이 얼지 않는 기상조건하에서는 언제나 수면 아래에 있는 부분의 콘크리트에 대해서는 동결 융해작용의 영향을 고려하지 않아도 된다.

(4) 부득이 시공이음(이어붓기)을 만드는 경우는 감조(感潮) 부분을 피하도록 계획하는 것이 좋다.

◉ 해답 포인트

(1) 철근의 부동태 피막을 파괴하는 물질은 바닷물 속에 존재하는 염화물 이온 Cl^-이며, 황산마그네슘에는 이와 같은 작용은 생기지 않는다.

정답 (1)

[문제 30]

각종 콘크리트에 관한 다음의 일반적인 기술 중 부적당한 것은 어느 것인가?

(1) 수축 보상을 목적으로 하는 팽창 콘크리트에서는 단위 팽창재량을 30 kg/m^3 정도로 하는 것이 좋다.

(2) 프리팩트 콘크리트용의 주입 모르타르는 알루미늄 분말 등을 사용해 적당한 팽창성을 가지고 있다.

(3) 숏크리트의 되튀어 나옴은 굵은 골재의 최대치수가 작을수록, 물 시멘트비가 작을수록 적어진다.

(4) 수밀성과 내구성이 필요한 댐 콘크리트에서는 내부 콘크리트를 외부 콘크리트보다 부배합으로 하는 것이 좋다.

정답 (4)

[문제 31]

고유동 콘크리트에 관한 다음의 일반적인 기술 중 부적당한 것은 어느 것인가?

(1) 단위 수량은 200 kg/m^3 정도를 목표로 하는 경우가 많다.

(2) 슬럼프 플로우는 60~65 cm 정도를 목표로 하는 경우가 많다.

(3) 블리딩량은 슬럼프 12 cm 정도의 보통 콘크리트보다 적다.

(4) 단위 굵은 골재량은 슬럼프 18 cm 정도의 보통 콘크리트보다 적다.

◉ 해답 포인트
(1) 단위 수량의 목표치를 $175 \, kg/m^3$ 이하로 하도록 규정되어 있다.

정답 (1)

─[문제 32]─────────────────────────
　콘크리트의 역학적 성질에 관한 다음의 일반적인 기술 중 적당한 것은 어느 것인가?
　(1) 압축강도가 높아질수록 정탄성 계수는 작아진다.
　(2) 압축강도가 높아질수록 최대 압축응력시(압축강도시)의 변형은 작아진다.
　(3) 압축강도가 높아질수록 재하응력이 같은 경우의 크리프 변형은 커진다.
　(4) 압축강도가 높아질수록 압축강도에 대한 인장강도의 비(인장강도/압축강도)는 작아진다.

정답 (4)

─[문제 33]─────────────────────────
　원주 공시체에 의한 콘크리트의 압축강도가 시험치에 미치는 시험조건의 영향에 대해서 설명한 다음의 일반적인 기술 중 적당한 것은 어느 것인가?
　(1) 직경에 대한 높이비(높이/직경)가 2인 경우, 공시체의 치수가 클수록 얻어지는 시험치는 작게 된다.
　(2) 직경에 대한 높이비가 작을수록 얻어지는 시험치는 작게 된다.
　(3) 재하속도가 빠를수록 얻어지는 시험치는 작게 된다.
　(4) 공시체를 시험 직전에 건조시키면 얻어지는 시험치는 작게 된다.

정답 (1)

[문제 34]
철근 콘크리트의 내구성 확보를 위한 대책에 관한 다음의 기술 중 부적당한 것은 어느 것인가?
(1) 알칼리 실리카 반응에 의한 콘크리트의 열화를 억제하기 위해, 고로 시멘트 B종을 사용했다.
(2) 콘크리트의 중성화에 의한 철근의 부식을 억제하기 위해, 물 시멘트비를 크게 했다.
(3) 콘크리트 속의 철근 부식을 억제하기 위해, 콘크리트 속의 염화물 이온량의 상한을 $0.2 \, kg/m^3$로 했다.
(4) 동결 융해작용에 의한 콘크리트의 열화를 억제하기 위해, 콘크리트의 공기량을 50%로 했다.

⊙ 해답 포인트
(2) 밀실한 콘크리트일수록 중성화의 속도는 늦다.

정답 (2)

[문제 35]
콘크리트의 수밀성에 관한 다음의 일반적인 기술 중 부적당한 것은 어느 것인가?
(1) 물 시멘트비가 작을수록 수밀성이 향상된다.
(2) 굵은 골재의 최대치수가 클수록 수밀성이 향상된다.
(3) 양질의 포와송을 사용하면 수밀성이 향상된다.
(4) 습윤 양생기간이 길수록 수밀성이 향상된다.

정답 (2)

[문제 36]
단면적이 $1 \times 10^4 \, mm^2$인 콘크리트 공시체에 응력이 균등하게 되도록 120kN

의 압축하중을 작용시켰다. 이 공시체에 생긴 축방향의 압축변형 및 이것과 직각방향(횡방향)의 인장변형 값을 나타낸 다음 조합 중 맞는 것은 어느 것인가?

단, 콘크리트의 정탄성 계수(영 계수)는 $30 \, kN/mm^2$, 포와송비는 0.2로 한다.

	축방향의 압축변형 ($\times 10^{-6}$)	직각방향의 인장변형 ($\times 10^{-6}$)
(1)	360	72
(2)	360	180
(3)	400	80
(4)	400	200

정답 (3)

―[문제 37]―

하중 P를 받는 철근 콘크리트 구조물의 인장철근 배치를 나타낸 아래 그림 (a)~(d) 중 적당한 것은 어느 것인가?

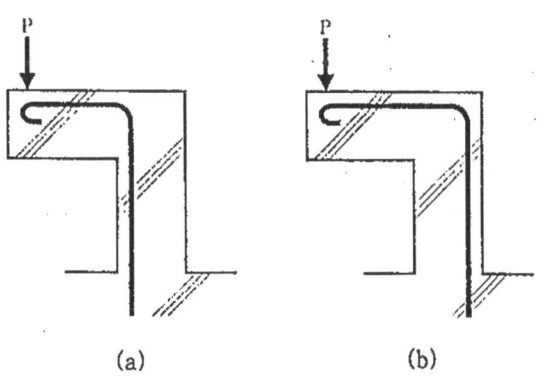

(a)   (b)

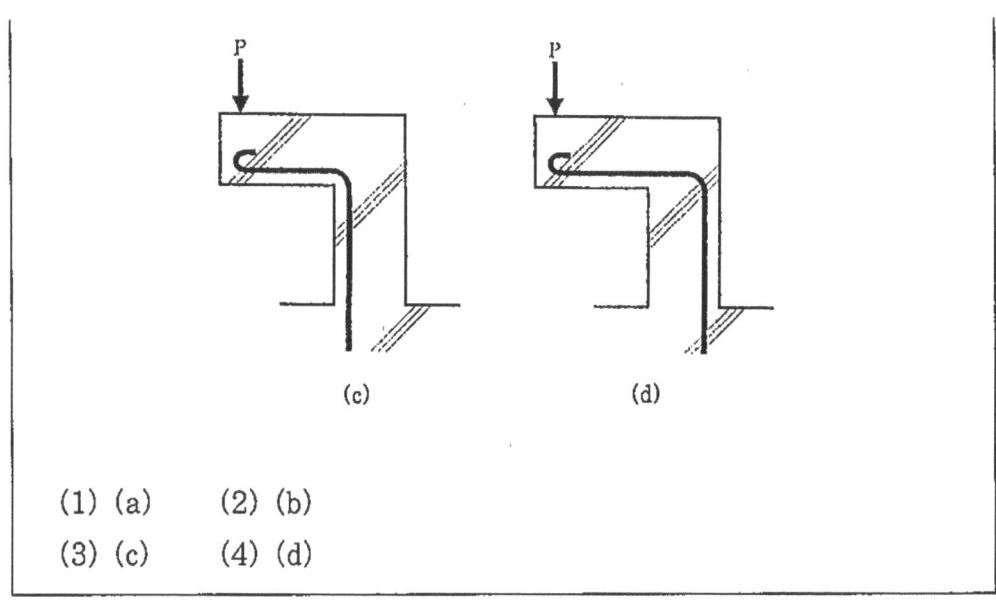

(1) (a)　　(2) (b)
(3) (c)　　(4) (d)

정답 (2)

─[문제 38]─────────────────────
　철근 콘크리트 기둥의 띠철근 효과에 대해서 설명한 다음의 기술 중 부적당한 것은 어느 것인가?
　(1) 휨 균열의 발생을 억제한다.
　(2) 전단 균열의 진전을 억제한다.
　(3) 휨 파괴시의 인성을 증가시킨다.
　(4) 전단 파괴시의 내력을 증가시킨다.

정답 (1)

─[문제 39]─────────────────────
　콘크리트 제품의 다짐 및 양생에 관한 다음의 일반적인 기술 중 부적당한 것은 어느 것인가?
　(1) 원심력 다짐할 때 거푸집의 회전수는 제품의 단면치수에 따라 변화시킨다.

(2) 가압 다짐에서는 콘크리트를 가압해 내부의 기포를 압축하는 것에 의해 강도와 밀도를 높인다.
   (3) 상압 증기 양생은 성형 직후보다 성형하여 2~3시간 경과한 뒤에 하는 것이 좋다.
   (4) 오토클레이브 양생은 일반적으로 상압 증기 양생을 끝낸 뒤 탈형된 콘크리트의 2차 양생으로서 실시한다.

◉ 해답 포인트
   (2) 가압 다짐은 가압으로 콘크리트의 수분을 짜내어 밀실하게 하기 위해 실시한다.

정답 (2)

[문제 40]
프리텐션 방식의 프리스트레스트 콘크리트에 관한 다음의 일반적인 기술 중 부적당한 것은 어느 것인가?
   (1) 긴장용 강재로서 PSC 강선, PSC강연선, 이형 PSC 강봉 등이 사용된다.
   (2) PSC 강재와 콘크리트와의 부착으로 콘크리트에 프리스트레스가 도입된다.
   (3) 정착구를 사용하지 않을 경우, 부재 중앙의 콘크리트에 도입되는 프리스트레스는 부재 단부의 프리스트레스에 비해 크다.
   (4) PSC 강재의 곡선상 배치가 용이하여 대형구조물에 적합하다.

◉ 해답 포인트
   (4) PSC 강재의 곡선상 배치가 용이한 것은 포스트텐션 방식

정답 (4)

> 문제 41~60은 「맞음 혹은 적당함」 기술인가, 또는 「틀린다 혹은 부적당함」 기술인지를 판단하는 ○×문제이다.
> 「맞음 혹은 적당함」 기술은 정답용지의 ◎란을, 「틀린다 혹은 부적당함」 기술은 ⊗란을 검게 칠해 주십시오. ○×식 문제에서는 틀리면 감점(마이너스점)됩니다.

[문제 41] 시멘트의 물리 시험방법의 시멘트 강도 시험에서는 질량의 비율이 시멘트 1, 표준모래 3, 물 0.5가 되는 배합 모르타르를 사용한다.

해답 ○

[문제 42] 골재의 알칼리 실리카 반응성 시험방법(모르타르바법)에서 「무해」로 판정된 2종류의 골재를 혼합한 경우, 혼합 후의 골재가 「무해하지 않다」로 판정되는 경우도 있다.

◉ 해답 포인트

모르타르바법을 사용해 각각 무해로 판정된 골재를 2종류 혼합한 경우, 유해로 바뀌는 경우는 없다.

정답 ×

[문제 43] 레디 믹스트 콘크리트용 골재에서는 인공 경량 골재에 대해서도 알칼리 실리카 반응성에 의한 구분이 규정되어 있다.

정답 ×

[문제 44] 플라이애시는 모두 구형입자로 이루진 미세분말이며, 일반적으로 물과 반응해 경화하는 성질을 가진다.

정답 ×

[문제 45] 고성능 AE 감수제의 감수효과는 일반적으로 단위 시멘트량이 많을수

록 커진다.

정답 ○

[문제 46] 부순자갈을 실적률이 큰 것으로 변경하는 경우, 양호한 워커빌리티를 유지하기 위해서 단위 굵은 골재 부피 용적을 크게 한다.

정답 ○(또는 ×)

[문제 47] 시험 비빔에 있어서 콘크리트의 상태가 몹시 거칠어 슬럼프가 목표의 값보다 약간 작게 된 경우, 물 시멘트비는 일정하게 된 그대로 단위 수량 및 잔골재율을 크게 한다.

정답 ○

[문제 48] 단위 수량 및 단위 시멘트량이 같은 경우, 잔골재의 조립률이 작을수록, 또 잔골재율이 클수록 콘크리트의 슬럼프는 작아진다.

정답 ○

[문제 49] 골재밀도가 동일한 경우, 단위 용적 질량이 큰 골재일수록 콘크리트의 슬럼프는 작아진다.

정답 ×

[문제 50] 수평으로 배치되어 있는 철근과 콘크리트의 부착강도는 일반적으로 부재의 상부에 배치되어 있는 철근 쪽이 하부에 있는 철근보다 크다.

정답 ×

[문제 51] 굵은 골재의 최대치수를 20 mm에서 40 mm로 변경하는 경우, 연행 공기량을 0.5~1% 정도 줄여도 콘크리트의 동결 융해 저항성은 동등하다.

정답 ○

[문제 52] 백화(efflorescence)는 콘크리트 속의 가용성 성분이 물에 용해되어 표면에 석출된 백색의 물질이다.

정답 ○

[문제 53] 콘크리트 속의 철근이 부식되면 녹의 생성에 따라 팽창압으로 인해 콘크리트 표면에 철근을 따라서 균열이 생기거나, 피복 콘크리트의 박리나 박락이 생긴다.

정답 ○

[문제 54] 콘크리트의 열적 성질은 골재의 종류나 단위량보다 물 시멘트비에 크게 영향된다.

⊙ 해답 포인트

    콘크리트의 열적 성질은 콘크리트 전체적의 70~80%를 차지하는 골재의 열적 성질에 크게 좌우되며, 물 시멘트비의 영향은 작다.

정답 ×

[문제 55] 콘크리트 펌프의 압송 부하를 수평 환산거리로 산정하는 경우, 콘크리트의 종류, 슬럼프 및 토출량은 고려할 필요는 없다.

⊙ 해답 포인트

    펌프의 최대 압송부하는 수송관의 수평 환산거리에 수평직관 1m당의 관내 압력손실을 곱해 산정되는데, 관내 압력손실은 콘크리트의 종류, 슬럼프, 토출량 등에 좌우된다.

정답 ×

[문제 56] 콘크리트의 습윤 양생을 목적으로서 사용하는 막 양생제는 블리딩수가 거의 없어지지 않은 시기에 살포하는 것이 좋다.

정답 ○

〔문제57〕 콘크리트 침하에 의한 균열은 콘크리트가 아직 플라스틱한 상태이면, 탬핑 등으로 처리할 수 있다.

정답 ○

〔문제 58〕 타설 후 재령 28일까지 일평균기온의 평균치가 2℃로 예상될 때는 한중 콘크리트로서 시공하지 않아도 된다.

⊙ **해답 포인트**
　일평균기온이 4℃ 이하로 되는 것이 예상될 때 적용하도록 규정되어 있다.

정답 ×

〔문제 59〕 매스 콘크리트에 사용되는 온도 균열 지수는 어느 부위의 인장강도(f_t)를 수화열로 의해 발생하는 응력(σ_t)에 나눈 값(f_t/σ_t)이며, 이 값이 작을수록 콘크리트에 균열이 발생하기 쉬운 것으로 나타나고 있다.

정답 ○

〔문제 60〕 매스 콘크리트 표면에 발생하는 온도 균열은 철근을 다량으로 배치하는 것으로서 방지할 수 있다.

정답 ×

1998년도 문제

―[문제 1]―
시멘트 규격에 관한 다음의 기술 중 맞는 것은 어느 것인가?
(1) 포틀랜드 시멘트에서는 시멘트 밀도의 하한치를 규정하고 있다.
(2) 중용열 포틀랜드 시멘트에 대해서 규산3칼슘의 함유율을 8% 이하로 규정하고 있다.
(3) 고로 슬래그 시멘트에서는 고로 시멘트 C종의 고로 슬래그 분량(질량 %)을 60를 초과 70 이하로 규정하고 있다.
(4) 플라이애시 시멘트에서는 플라이애시 시멘트 B종의 플라이애시 분량(질량 %)을 20을 초과 30 이하로 규정하고 있다.

정답 (3)

―[문제 2]―
저열 포틀랜드 시멘트 규격에 관한 다음의 기술 중 틀린 것은 어느 것인가?
(1) 재령 3, 7 및 28일의 압축강도 하한치가 규정되어 있다.
(2) 재령 7일 및 28일의 수화열 상한치가 규정되어 있다.
(3) 규산2칼슘의 함유율 하한치가 규정되어 있다.
(4) 응결의 시발과 종결에 대해서는 보통 포틀랜드 시멘트와 같은 값이 규정되어 있다.

◉ 해답 포인트
(1) 재령 3일의 압축강도는 규정되어 있지 않고, 재령 7일, 28일, 91일의 압축강도가 규정되어 있다.

정답 (1)

[문제 3]

아래 표는 부순자갈 (1)~(4)의 품질 시험결과를 나타낸 것이다. 콘크리트용 부순골재의 규정에 적합한 것은 어느 것인가?

단, 표에 나타낸 항목 이외의 품질에 대해서는 어느 것이나 규정에 만족된 것으로 한다.

부순자갈	흡수율 (%)	입형 판정실적률 (%)	안전성 (%)	세척시험으로 잃어버리는 양 (미립분량)(%)
(1)	1.83	58.5	10.8	0.8
(2)	2.59	54.2	8.5	0.9
(3)	3.15	60.8	9.6	1.2
(4)	1.41	53.7	7.2	2.4

정답 (1)

[문제 4]

콘크리트에 사용하는 혼화재에 관한 다음의 일반적인 기술 중 부적당한 것은 어느 것인가?

(1) 실리카 흄은 실리카질 미립자의 마이크로 필러 효과에 따라 물 결합재비가 작은 콘크리트의 강도를 높인다.
(2) 플라이애시는 글래스질 입자의 잠재수경성에 의해 콘크리트의 초기강도를 증대시킨다.
(3) 팽창재는 에트링가이트나 수산화칼슘 등의 생성에 의해 콘크리트를 팽창시킨다.
(4) 고로 슬래그 미분말은 이것을 포틀랜드 시멘트의 일부와 치환해 사용하는 것으로, 콘크리트의 단열온도 상승속도를 억제한다.

◉ 해답 포인트
(2) 플라이애시는 포졸란 반응에 의해 콘크리트의 장기강도를 증진시킨다.

정답 (2)

─[문제 5]─────────────────────────────────
강재의 역학적 성질에 관한 다음의 기술 중 틀린 것은 어느 것인가?
 (1) 탄성 계수(영 계수)는 인장강도가 큰 것일수록 크다.
 (2) 종류의 기호 SD 295A로 나타내는 봉강의 항복점 또는 0.2% 내력의 하한치는 295 N/mm²이다.
 (3) 종류의 기호 SDR 295로 나타낸 강재는 재생 이형봉강이다.
 (4) 철근 콘크리트용 봉강은 PSC 강봉보다 파단시의 신장상이 크다.

◉ 해답 포인트
(1) 강재의 탄성 계수(영 계수)는 인장강도나 강의 종류가 변해도 일반적으로 변화하지 않고, 200~210 kN/mm²이다.

정답 (1)

─[문제 6]─────────────────────────────────
콘크리트의 반죽수 (1)~(4)에 대해서 시험하여 아래 표의 결과를 얻었다. 레디 믹스트 콘크리트 반죽에 사용하는 물「상수도물 이외의 물」의 규정에 적합한 것은 다음 중 어느 것인가?

단, 표에 나타낸 항목 이외의 품질에 대해서는 어느 것이나 규정을 만족시키는 것으로 한다.

물\품질 항목	염화물 이온(Cl^-)량 (ppm)	시멘트 응결시간의 차이(분)		모르타르의 압축강도비 (%)	
		시발	응결	7일	28일
(1)	210	10	20	100	95
(2)	170	30	50	85	85
(3)	180	25	55	95	95
(4)	150	40	80	95	95

정답 (3)

[문제 7]
콘크리트 배합에 관한 다음의 일반적인 기술 중 부적당한 것은 어느 것인가?
(1) 단위 수량은 소정의 워커빌리티가 얻어지는 범위 내에서 가능한 한 작은 값으로 한다.
(2) 물 시멘트비는 소요의 강도, 내구성, 수밀성 등으로 정해지는 각각의 값 중 가장 작은 값을 웃돌지 않도록 정한다.
(3) 공기량을 크게 하면 동일 슬럼프를 얻기 위해 단위 수량을 줄일 수 있다.
(4) 실적률이 작은 굵은 골재를 사용하면 동일 슬럼프를 얻기 위해 단위 수량을 줄일 수 있다.

⊙ 해답 포인트
(4) 굵은 골재의 실적률이 작게 되면, 즉 굵은 골재 입자간의 틈이 늘어나면, 그 틈을 메우는 데에 필요한 물·시멘트·잔골재의 단위량이 증가한다.

정답 (4)

[문제 8]
철근 콘크리트조 건물 공사에서 콘크리트의 설계기준강도가 $21 N/mm^2$, 내구 설계기준강도가 $24 N/mm^2$ 일 때, 품질기준강도의 값으로서 적당한 것은 다음 중 어느 것인가?

	품질기준강도(N/mm^2)
(1)	21
(2)	24
(3)	27
(4)	30

정답 (3)

[문제 9]

부순자갈을 사용한 AE 콘크리트 배합의 수정방법에 관한 다음의 일반적인 기술 중 적당한 것은 어느 것인가?

(1) 물 시멘트비를 60%에서 55%로 변경하는 경우, 잔골재율을 일정하게 유지한 채 단위 수량을 작게 한다.
(2) 공기량을 4.0%에서 6.0%로 변경하는 경우, 잔골재율을 크게 하고, 단위 수량을 크게 한다.
(3) 굵은 골재의 최대치수를 20 mm에서 40 mm로 변경하는 경우, 잔골재율을 일정하게 유지한 채 단위 수량을 크게 한다.
(4) 슬럼프를 15 cm에서 18 cm로 변경하는 경우, 단위 수량 및 단위 시멘트량을 4~6% 크게 하고, 잔골재율을 1~2% 크게 한다.

정답 (4)

[문제 10]

아래 표에 나타낸 배합에서 굵은 골재 A(표건 비중 2.70, 실적률 60%)를 굵은 골재 B(표건 비중 2.58, 실적률 57%)로 변경하게 되었다. 배합 변경 후 굵은 골재 B의 단위량으로서 적당한 것은 어느 것인가?

단, 물 시멘트비, 공기량, 단위 수량 및 단위 굵은 골재나 용적은 변경시키지 않는 것으로 한다.

단위량 (kg/m³)

물	시멘트	잔골재	굵은 골재 A
180	315	832	972

(1) 882kg/m³
(2) 923kg/m³
(3) 929kg/m³
(4) 973kg/m³

정답 (1)

[문제 11]
아래 표에 나타낸 배합의 콘크리트 제조에서 잔골재의 표면수율이 4.0%에서 5.0%로, 또 굵은 골재의 표면수율이 1.0%에서 0.5%로 변화된 것을 깨닫지 못하고 그대로 반죽했다. 비벼진 콘크리트의 슬럼프 및 잔골재율의 변화를 나타낸 다음의 조합 중 맞는 것은 어느 것인가?

단, 공기량은 변화되지 않은 것으로 한다.

단위량 (kg/m³)

물	시멘트	잔골재	굵은 골재
180	320	824	946

(주) 골재는 표건 상태로 한다.

	시멘트	잔골재율
(1)	커진다	작아진다
(2)	커진다	커진다
(3)	커진다	작아진다
(4)	커진다	커진다

정답 (1)

[문제 12]
콘크리트의 재료분리에 관한 다음의 일반적인 기술 중 부적당한 것은 어느 것인가?

(1) 공기량을 크게 하면 재료 분리되기 어렵게 된다.
(2) 슬럼프를 크게 하면 재료 분리되기 쉽게 된다.
(3) 잔골재율을 크게 하면 재료 분리되기 어렵게 된다.
(4) 물 시멘트비를 작게 하면 재료 분리되기 쉽게 된다.

⊙ 해답 포인트

(4) 물 시멘트비가 작아지면, 즉 시멘트 양에 비해서 물의 양이 줄어들면 점성이 높아져서 재료 분리되기 어렵게 된다.

정답 (4)

[문제 13]
콘크리트 응결에 관한 다음의 일반적인 기술 중 부적당한 것은 어느 것인가?
(1) 응결의 시발은 주수에서부터 관입 저항이 $35\,N/mm^2$으로 되기까지의 경과시간으로 나타낸다.
(2) 응결의 시발은 블리딩이 적고, 슬럼프가 작을수록 빨라진다.
(3) 응결의 종결은 당류나 부식토 등 유기물이 많이 함유되면 지연된다.
(4) 응결의 종결은 재진동 다짐이 가능한 시간의 한도를 판단하는 기준으로서 사용된다.

⊙ 해답 포인트
(4) 재진동 다짐의 효과를 기대할 수 있는 한도로서 일반적으로 사용되는 것은, 시발이며, 종결은 아니다.

정답 (4)

[문제 14]
콘크리트의 기포 및 공기량에 관한 다음의 일반적인 기술 중 부적당한 것은 어느 것인가?
(1) 일정량의 AF제에 의해 연행되는 공기량은 콘크리트의 비빔 온도가 낮을수록 많아진다.
(2) 일정량의 AE제에 의해 연행되는 공기량은 콘크리트 속의 분체량이 많을수록 많아진다
(3) 연행 공기의 기포지름은 갇힌 공기의 기포지름보다 작다.
(4) 물 시멘트비를 일정하게 하고 공기량을 늘리면 콘크리트의 압축강도는 저하한다.

⊙ 해답 포인트
(2) 시멘트나 혼화재 등의 분체량이 늘어나면 그 주위에 AE제의 일부가 흡착되는 등의 영향으로 공기량은 감소한다.

정답 (2)

[문제 15]

아래 그림은 압축강도가 30 N/mm² 정도의 보통 콘크리트, 경량 콘크리트 및 강섬유 보강 콘크리트의 압축응력과 변형의 관계를 개념적으로 나타낸 것이다. 그림 중의 응력-변형율 곡선 A, B, C와 콘크리트 종류의 조합을 나타낸 다음의 (1)~(4) 중 적당한 것은 어느 것인가?

	보통 콘크리트	경량 콘크리트	강섬유보강 콘크리트
(1)	A	B	C
(2)	B	C	A
(3)	C	B	A
(4)	B	A	C

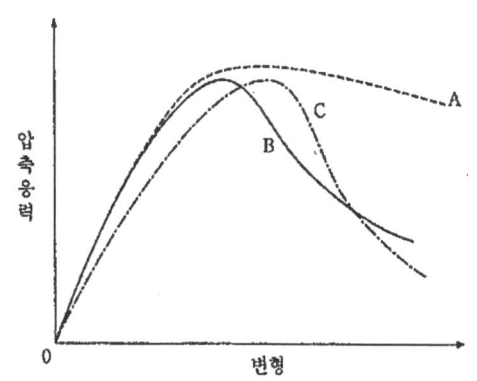

정답 (2)

[문제 16]

압축강도에 미치는 각종 요인의 영향을 모식적으로 나타낸 아래 그림 (a)~(d) 중 부적당한 것은 어느 것인가?

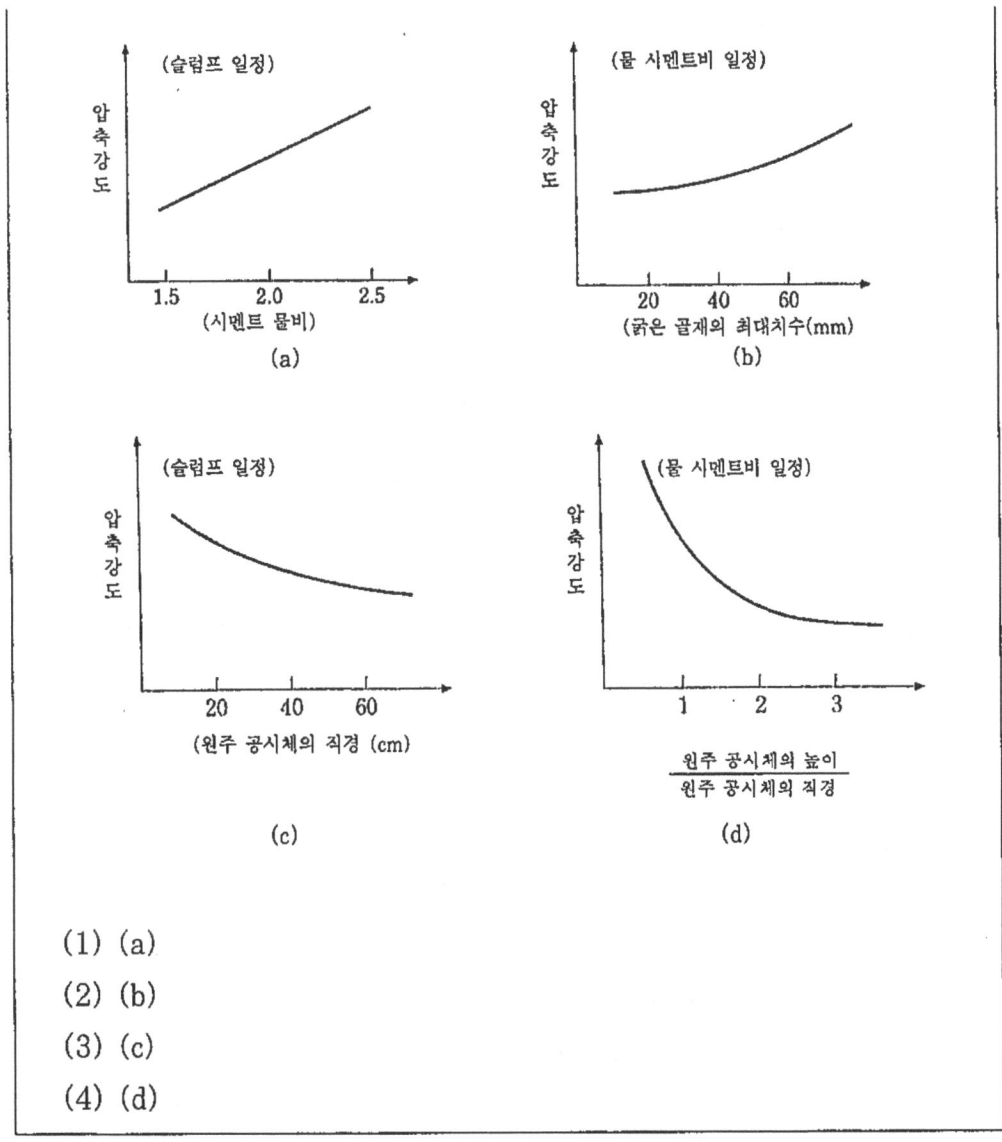

(1) (a)
(2) (b)
(3) (c)
(4) (d)

⊙ 해답 포인트

(2) 물 시멘트비가 일정해도 굵은 골재의 최대치수가 커지면, 일반적으로 콘크리트 강도는 작아진다.

정답 (2)

―[문제 17]―――――――――――――――――――――――
　콘크리트의 균열에 관한 다음의 일반적인 기술 중 부적당한 것은 어느 것인가?
　(1) 시멘트량이 많은 콘크리트는 수화열에 의한 온도 균열이 발생되기 쉽다.
　(2) 조강 포틀랜드 시멘트를 사용한 콘크리트는 수화열에 의한 온도 균열이 발생되기 쉽다.
　(3) 팽창재를 사용한 콘크리트는 건조 수축에 의한 균열이 발생되기 쉽다.
　(4) 미립분이 많은 모래를 사용한 콘크리트는 건조 수축에 의한 균열이 발생되기 쉽다.

◉ 해답 포인트
　(3) 팽창재는 콘크리트의 자기수축이나 건조 수축이 생기는 크기와 같은 정도의 크기로 팽창을 발생시킬 수 있다. 즉 수축을 보전할 수 있어 건조 수축에 의한 균열 발생을 막을 수 있다.

　　　　　　　　　　　　　　　　　　　　　　　　　정답 (3)

―[문제 18]―――――――――――――――――――――――
　콘크리트의 내구성에 관한 다음의 일반적인 기술 중 부적당한 것은 어느 것인가?
　(1) 알칼리 골재반응에 의한 콘크리트의 균열은 빗물이 닿지 않는 곳보다 빗물이 닿는 쪽이 발생되기 어렵다.
　(2) 마무리가 안된 콘크리트의 중성화 깊이는 옥외보다 옥내 쪽이 크다.
　(3) 보통 포틀랜드 시멘트를 사용한 콘크리트의 초산에 대한 저항성은 황산에 대한 저항성보다 크다.
　(4) 콘크리트의 내동해성은 공기량이 2%인 경우보다 공기량이 5%인 경우가 크다.

⊙ 해답 포인트
  (1) 알칼리 골재 반응은 콘크리트가 건조된 상태보다 습윤 상태에서 촉진되는 경향이 있다.

정답 (1)

─[문제 19]────────────────────────────
경화 콘크리트 성질에 관한 다음의 기술 중 부적당한 것은 어느 것인가?
  (1) X선에 대한 차폐 효과는 콘크리트의 단위 용적 질량이 클수록 크다.
  (2) 약 500℃의 고온으로 가열된 경우, 콘크리트의 압축강도는 상온시에 비해 대개 반감되어 탄성 계수의 저하는 더욱 크다.
  (3) 콘크리트의 마모 저항성에 미치는 골재의 영향은 굵은 골재보다 잔골재의 품질 쪽이 크다.
  (4) 백화는 물 시멘트비가 클수록 생기기 쉽고, 또 균열이나 콜드 조인트 등이 생기기 쉽다.

⊙ 해답 포인트
  (3) 골재의 영향은 잔골재보다 굵은 골재 쪽이 크다.

정답 (3)

─[문제 20]────────────────────────────
콘크리트의 수밀성에 관한 다음의 일반적인 기술 중 부적당한 것은 어느 것인가?
  (1) 물 시멘트비가 클수록 수밀성은 저하한다.
  (2) 플라이애시 등의 포졸란을 적절하게 사용하면 수밀성은 향상한다.
  (3) 습윤 양생기간이 짧을수록 수밀성은 저하한다.
  (4) 굵은 골재의 최대치수가 클수록 수밀성은 향상한다.

◉ 해답 포인트
(4) 굵은 골재의 최대치수가 크게 될수록 블리딩에 의해 굵은 골재의 아래면에 생긴 공극이 커지며, 공극량도 많아지므로 콘크리트의 수밀성은 저하한다.

정답 (4)

[문제 21]
콘크리트의 강도 검사에 관한 다음의 기술 중 틀린 것은 어느 것인가?
(1) 1회의 시험결과는 지정된 호칭강도의 강도치 85% 이상이 되어야만 한다.
(2) 3회 시험결과의 평균치는 지정된 호칭강도의 강도값 이상이 되어야만 한다.
(3) 1회의 시험결과는 1개의 공시체 시험치로 나타낸다.
(4) 시험횟수는 원칙으로 150 m³에 대해서 1회의 비율로 한다.

◉ 해답 포인트
(3) 1회의 시험결과는 임의의 1운반차에서 채취된 시료로 만든 3개의 공시체 시험치의 평균치로 나타낸다.

정답 (3)

[문제 22]
레디 믹스트 콘크리트 배합보고서에 관한 다음의 기술 중 부적당한 것은 어느 것인가?
(1) 생산자는 레디 믹스트 콘크리트의 납품에 앞서 배합보고서를 구입자에게 제출해야만 한다.
(2) 인공 경량 골재는 보통 충분히 흡수시킨 상태에서 사용하기 때문에, 배합표에는 표면 건조 포화수 상태의 질량을 표시한다.
(3) 포틀랜드 시멘트를 사용하는 경우는 사용재료란에 Na_2O eq의 값(%)을 기입한다.

(4) 유동화 콘크리트의 경우, 지정사항란에 유동화 후의 슬럼프 증대량(유동화 전 콘크리트의 슬럼프 증대량)을 기입하여야 한다.

◉ **해답 포인트**
(2) 인공 경량 골재를 사용하는 경우는 배합보고서에 절대 건조 상태의 값을 기재한다.

정답 (2)

[문제 23]

콘크리트 펌프의 압송 부하에 관한 다음의 일반적인 기술 중 부적당한 것은 어느 것인가?
(1) 콘크리트의 슬럼프가 클 수록 작다.
(2) 배관길이가 짧을수록 작다.
(3) 콘크리트의 토출량(m^3/h)이 클수록 작다.
(4) 콘크리트의 토출량(m^3/h)이 같은 경우, 수송관의 직경이 클수록 작다.

정답 (3)

[문제 24]

콘크리트의 이어붓기 및 다짐에 관한 다음의 기술 중 부적당한 것은 어느 것인가?
(1) 단면이 큰 매스 콘크리트의 다짐에는 봉형(내부) 진동기보다 거푸집(외부) 진동기 쪽이 적합하다.
(2) 봉형(내부) 진동기는 동일한 봉경이라면 진동수가 큰 것일수록 진동의 영향범위가 크다.
(3) 타설 계속 중에서 이어붓기 시간 간격의 한도는, 먼저 타설된 콘크리트의 재진동이 가능한 시간의 범위로 한다.

(4) 면적이 큰 수평 이어붓기면에서는 콘크리트가 경화하기 전에 그 표면에 지연제를 적당량 살포해 두면, 다음날 이어붓기면의 처리작업이 용이하게 된다.

⊙ 해답 포인트
(1) 거푸집(외부) 진동기는 벽이나 슬래브 등 얇은 부재에 적합하지만 진동이 내부까지 전달되지 않기 때문에, 단면이 큰 부재를 다지는 데는 봉형(내부) 진동기를 사용하여야 한다.

정답 (1)

─[문제 25]─
콘크리트의 타설, 이어붓기 및 다짐에 관한 다음의 기술 중 적당한 것은 어느 것인가?
(1) 높이 5 m의 기둥과 벽에 콘크리트를 타설할 경우, 수직 슈트(chute) 등을 사용하지 않고, 콘크리트를 상부에서 자유 낙하시켰다.
(2) 기둥과 보의 콘크리트를 일체로서 타설할 경우, 기둥의 콘크리트 치기를 끝낸 후 즉시 보의 콘크리트를 타설했다.
(3) 된비빔 콘크리트를 봉형(내부) 진동기로 다지는 경우, 1개소당 진동시간은 콘크리트 표면에 시멘트풀이 얇게 떠오를 때까지 시간을 기준으로 했다.
(4) 구 콘크리트에 이어붓기를 하는 경우, 신 콘크리트의 타설 직전에 살수를 실시하여 이어붓기면에 수막이 남아 있는 상태에서 콘크리트를 타설했다.

정답 (3)

─[문제 26]─
콘크리트 양생에 관한 다음의 일반적인 기술 중 적당한 것은 어느 것인가?
(1) 초기재령에서의 건조는 단기적으로는 강도 발현을 저하시키지만, 장기적인 강도 발현이나 내구성에는 영향이 없다.

(2) 고로 시멘트나 플라이애시 시멘트를 사용하는 경우의 습윤 양생기간은 보통 포틀랜드 시멘트의 경우보다 짧게 할 수 있다.
(3) 한랭기에는 타설 후 5일째까지 콘크리트 온도가 0℃를 밑돌지 않도록 양생한다.
(4) 강한 햇빛이나 바람의 영향을 받는 콘크리트 표면은 플라스틱 수축 균열이 생기지 않도록 양생한다.

정답 (4)

─[문제 27]─
거푸집에 작용하는 콘크리트의 측압에 관한 다음의 일반적인 기술 중 맞는 것은 어느 것인가?
(1) 콘크리트의 단위용적질량이 클수록 측압은 작아진다.
(2) 콘크리트의 슬럼프가 클수록 측압은 커진다.
(3) 콘크리트의 타설속도(치올림 속도)가 클수록 측압은 작아진다.
(4) 1회의 타설높이가 높을수록 측압은 작아진다.

정답 (2)

─[문제 28]─
철근의 가공 및 조립에 관한 다음의 일반적인 기술 중 적당한 것은 어느 것인가?
(1) 지름이 다른 철근의 이음에는 어떠한 경우도 가스압접을 사용해서는 안 된다.
(2) 가스압접 이음 강도는 압접공의 기량이나 날씨의 영향을 대부분 받지 않는다.
(3) 철근을 구부림 가공하는 경우, 상온에서 가공하는 것이 원칙이다.
(4) 철근 상호의 간격은 굵은 골재의 최대치수 이상이면 된다.

정답 (3)

[문제 29]
포장 콘크리트에 관한 다음의 기술 중 적당한 것은 어느 것인가?
(1) 물 시멘트비를 소정의 값 이하로 한 AE 콘크리트를 사용하는 것을 원칙으로 한다.
(2) 포장 콘크리트의 슬럼프는, 80 cm를 표준으로 한다.
(3) 서중에는 포장 콘크리트 운반에 덤프 트럭을 사용해서는 안 된다.
(4) 습윤양생은 표준양생을 한 콘크리트 공시체의 압축강도가 설계기준강도의 70% 이상에 달할 때까지 한다.

정답 (1)

[문제 30]
한중 콘크리트에 관한 다음의 일반적인 기술 중 부적당한 것은 어느 것인가?
(1) 한중 콘크리트에서는 원칙으로 AE 콘크리트를 사용한다.
(2) 콘크리트는 그 응결 경화초기에 동결하면, 그 후 충분한 양생을 실시해도 품질이 현저하게 저하한다.
(3) 적산 온도방식에서는 5℃에서 28일간 양생된 콘크리트의 강도는, 20℃에서 14일간 양생된 경우와 거의 같다고 한다.
(4) 한중 콘크리트로서 시공해야할 기간은 일평균 기온이 0℃ 이하가 되는 기간이다.

◉ 해답 포인트
(4) 한중 콘크리트의 적용기간은 일평균기온이 4℃ 이하가 되는 것이 예상될 때, 콘크리트의 타설에서부터 28일까지 바깥기온의 적산온도가 370°D·D(평균 32℃) 이하의 기간으로 규정되어 있다.

정답 (4)

[문제 31]
서중 콘크리트 시공에 관한 다음의 기술 중 부적당한 것은 어느 것인가?
(1) 거푸집널의 온도가 높아질 우려가 있으므로 거푸집 안에 물이 모이지 않을 정도로 거푸집널면에 물을 분무했다.
(2) 콘크리트의 온도가 37℃로 되는 것이 예상되므로, 반죽수의 온도를 10℃ 내려서 콘크리트를 제조했다.
(3) 레디 믹스트 콘크리트의 운반시간은 40분 정도로 예상되었지만, 콜드 조인트의 발생을 방지하기 위해 사용하는 AE 감수제를 표준형에서 지연형으로 변경했다.
(4) 콘크리트의 온도 상승을 억제하는 것을 목적으로, 연속타설 중의 이어붓기 시간간격을 보통의 시기보다 길게 했다.

⊙ 해답 포인트
(4) 서중 콘크리트는 응결시간이 빨라지므로, 타설 중 이어붓기 시간간격은 짧게 할 필요가 있다.

정답 (4)

[문제 32]
매스 콘크리트의 온도 균열 대책에 관한 다음의 기술 중 부적당한 것은 어느 것인가?
(1) 보통 포틀랜드 시멘트 단위량의 20%를 플라이애시로 치환하고, 소요의 강도를 얻기 위해 관리재령을 길게 했다.
(2) 반죽수에는 냉각된 물을, 또 골재에는 살수하여 냉각시킨 골재를 사용하여 콘크리트의 비빔 온도를 낮게 했다.
(3) 콘크리트 속에 미리 매설된 통수파이프에 냉수를 통과시켜서 콘크리트의 온도 상승량을 저감시켰다.
(4) 콘크리트 부재의 중심부가 최고온도에 달한 것이 확인되었으므로, 즉시 거푸집을 제거하고, 살수를 실시해 냉각시켰다.

⊙ 해답 포인트

(4) 온도 균열은 콘크리트 구조물의 온도저하에 의한 내외부의 수축량 차이에 따라 생기는 것인데, 표면 등을 급격하게 냉각하는 것은 내외부의 수축량 차이를 크게 하는 것이므로, 온도 균열이 쉽게 발생된다.

정답 (4)

---[문제 33]---

수중 콘크리트에 관한 다음의 기술 중 부적당한 것은 어느 것인가?

(1) 수중 콘크리트의 배합은 보통 콘크리트보다 점성이 큰 것으로 하는 것이 좋다.
(2) 현장타설 말뚝에 사용하는 보통의 수중 콘크리트 타설은 수중에서 자유 낙하 높이 50 cm 이하로 한다.
(3) 수중 불분리성 콘크리트의 배합강도는 수중 제작 공시체의 압축강도를 기준으로 정한다.
(4) 수중 불분리성 콘크리트의 유동성은 슬럼프 플로우로 표시한다.

⊙ 해답 포인트

(2) 수중 불분리성 혼화제를 사용해 점성을 높인 수중 불분리성 콘크리트 이외의 콘크리트에 대해서는 트레미관을 사용하는 경우, 그 끝은 항상 콘크리트 속에 꽂아 두고, 콘크리트는 물 속으로 낙하시켜서는 안된다.

정답 (2)

---[문제 34]---

해양 콘크리트 및 바닷물의 작용을 받는 콘크리트에 관한 다음의 기술 중 부적당한 것은 어느 것인가?

(1) 해양 콘크리트에는 고로 슬래그 시멘트나 플라이애시 시멘트 등의 혼합 시멘트를 사용하는 것이 바람직하다.
(2) 항상 바닷물 속에 있는 콘크리트 속의 철근 부식이 심한 것은 물보라를 받는 부분(물보라대)과 같다.

(3) 조수의 간만 부분(감조대)에는 시공이음을 만들지 않도록 해야 한다.
(4) 바닷물 속에서 시공되고, 공용시에도 항상 바닷물 속에 있는 구조물에서는 건조 수축을 고려할 필요는 없다.

◉ 해답 포인트
(2) 항상 바닷물 속에 있는 콘크리트보다 물보라대 쪽이 내부 철근의 부식이 심하다.

정답 (2)

[문제 35]
각종 콘크리트 시공에 관한 다음의 기술 중 부적당한 것은 어느 것인가?
(1) 기둥·보·슬래브 시공에서, 현장에서 발생하는 건설 폐기물량을 삭감하는 목적으로서 프리캐스트 콘크리트제의 타설 거푸집을 사용했다.
(2) 배근량이 많은 옹벽 시공에서, 유동화 콘크리트를 사용하여 단위 수량이 적은 콘크리트의 시공성을 확보했다.
(3) 현장타설 콘크리트말뚝에 사용하는 수중 콘크리트의 배합에서 단위 시멘트량을 $300\,kg/m^3$로 하여 충분한 점성과 재료분리 저항성을 확보했다.
(4) 교각기초의 바닷속 시공에서 바닷물의 오탁 방지를 목적으로서 수중 불분리성 콘크리트를 사용했다.

◉ 해답 포인트
(3) 현장타설 콘크리트말뚝에 사용하는 수중 콘크리트에서 단위 시멘트량의 최소치가 $350\,kg/m^3$로 규정되어 있다.

정답 (3)

[문제 36]
각종 콘크리트에 관한 다음의 일반적인 기술 중 부적당한 것은 어느 것인가?
(1) 자철광을 골재로 한 중량 콘크리트의 단위 용적 질량은 $6.0\,kg/l$ 이상이다.

(2) 수중 불분리성 콘크리트의 단위 수량은 일반적으로는 200 kg/m³ 이상이다.
(3) 프리팩트 콘크리트에 사용하는 굵은 골재의 최소치수는 15 mm 이상이다.
(4) 숏크리트에 사용하는 굵은 골재의 최대치수는 일반적으로 15 m 이하이다.

◉ **해답 포인트**
(1) 자철광의 비중은 4.5~5.2 정도이며, 이것을 골재로서 사용된 중량 콘크리트의 기건 단위 용적 질량은 3.5~4.0 kg/ l 정도이다)

정답 (1)

[문제 37]

아래 그림의 막대기 형태의 철근 콘크리트 부재가 똑같이 건조된 경우, 중앙 부분의 A-A 단면 콘크리트 및 철근에 생기는 응력 상태를 설명한 다음의 기술 중 적당한 것은 어느 것인가?

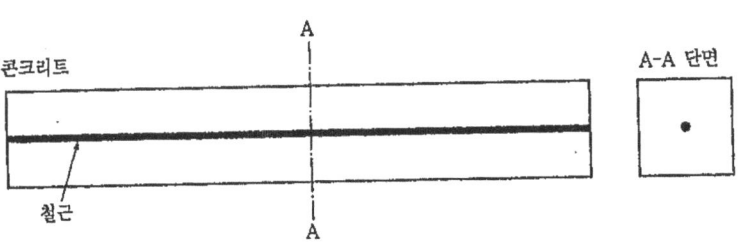

(1) 콘크리트와 철근의 양쪽에 인장응력이 생긴다.
(2) 콘크리트에는 인장응력이 생기고, 철근에는 압축응력이 생긴다.
(3) 콘크리트와 철근 양쪽에 압축응력이 생긴다.
(4) 콘크리트에는 압축응력이 생기고, 철근에는 인장응력이 생긴다.

정답 (2)

[문제 38]

중앙부에 집중하중 P를 받는 철근 콘크리트 단순보의 배근 방법을 모식적으로 나타낸 아래 그림의 (a)~(d) 중 휨모멘트에 대한 배근으로서 적당한 것은 어느 것인가?

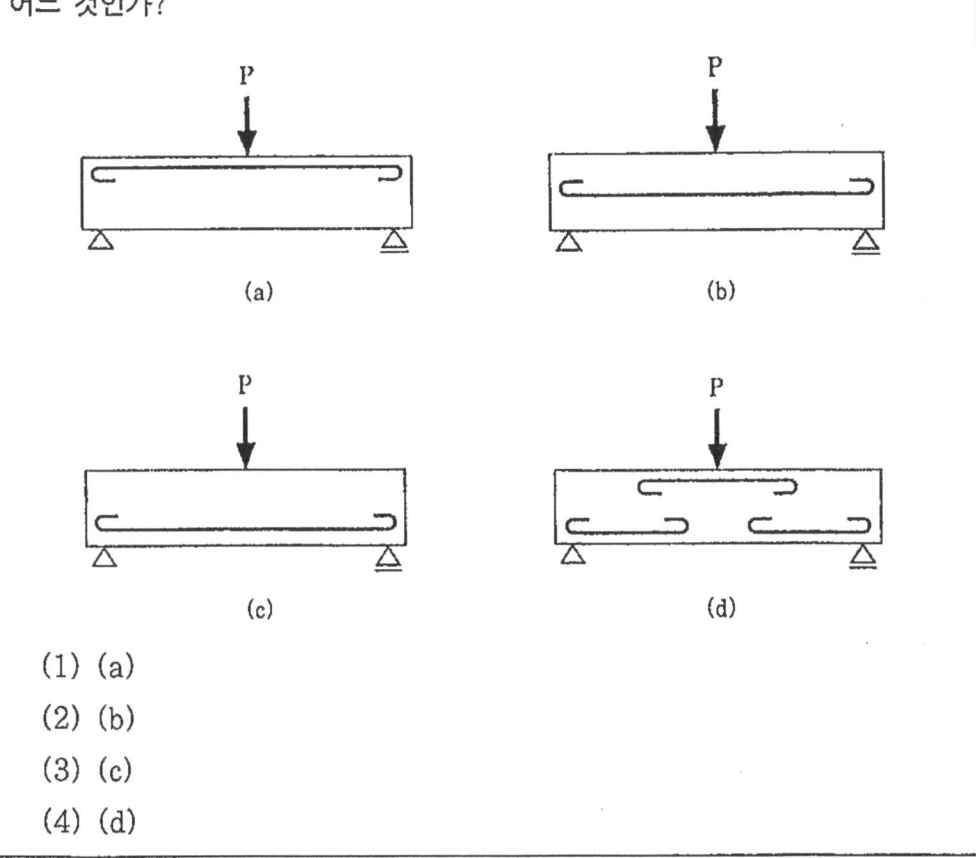

(1) (a)
(2) (b)
(3) (c)
(4) (d)

정답 (3)

[문제 39]

콘크리트 제품의 촉진양생에 관한 다음의 기술 중 부적당한 것은 어느 것인가?

(1) 증기 양생하는 목적은 조기에 강도를 발현시켜서 생산성을 향상시키는 것에 있다.

(2) 반죽에서부터 증기 양생을 개시하기까지의 시간은 물 시멘트비가 작을수록 길게 할 필요가 있다.

(3) 상압 증기양생의 최고온도는 일반적으로 65℃ 정도이다.

(4) 오토클레이브 양생의 최고온도는 일반적으로는 180℃ 정도이며, 그 때의 압력은 약 10기압(1 MPa)이다.

⊙ 해답 포인트

(2) 물 시멘트비가 작은 것은 강도의 발현이 빠르므로 전치 시간은 짧아도 된다.

정답 (2)

[문제 40]

프리스트레스트 콘크리트에 관한 다음의 기술 중 부적당한 것은 어느 것인가?

(1) 포스트텐션 방식에서는 긴장재와 콘크리트와의 부착력에 따라 콘크리트에 압축력이 도입된다.

(2) 프리텐션 방식에서는 프리스트레스 도입시 콘크리트의 압축강도는 일반적으로 30 N/mm² 이상이 필요하다.

(3) 초기에 도입되는 프리스트레스는 긴장재의 릴렉세이션, 콘크리트의 크리프나 건조 수축 등에 따라 감소한다.

(4) 프리스트레스트 콘크리트에서는 일반적으로 설계기준강도가 30~60 N/mm² 정도인 고강도 콘크리트가 사용된다.

⊙ 해답 포인트

(1) 긴장재와 콘크리트의 부착력에 따라 콘크리트에 압축력이 도입되는 방식은 프리텐션 방식

정답 (1)

문제 41~60은 「맞음 혹은 적당함」 기술인가, 또는 「틀린다 혹은 부적당함」 기술인지를 판단하는 ○×문제이다.
「맞음 혹은 적당함」 기술은 정답용지의 ◎란을, 「틀린다 혹은 부적당함」 기술은 ⊗란을 검게 칠해 주십시오. ○×식 문제에서는 틀리면 감점(마이너스점) 됩니다.

〔문제 42〕 슬래그 잔골재를 사용한 콘크리트의 블리딩량은 일반적으로 하천모래를 사용한 경우에 비해 적다.

정답 ×

〔문제 43〕 골재의 알칼리 실리카 반응성 시험방법(화학법)에서는 알칼리농도 감소량 및 용해 실리카량을 측정하고, 이러한 측정값에 따라 골재를 무해하지 않은 것, 또는 무해한 것으로 판정한다.

정답 ○

〔문제 44〕 콘크리트용 화학혼화제에 규정되어 있는 감수제의 감수율 하한치는 AE제의 그것보다 크다.

◉ 해답 포인트

감수율은 표준형, 지연형 및 촉진형의 3종류 감수제는 모두 4% 이상, AE제는 6% 이상.

정답 ×

〔문제 45〕 동결융해에 대한 저항성은 시험 콘크리트와 기준 콘크리트의 상대 동탄성 계수의 비율로 규정되어 있다.

◉ 해답 포인트

시험 콘크리트와 기준 콘크리트의 상대 동탄성 계수의 비율은 아니고, 동일한 공시체에 대해서 시험 개시 전의 값과 시험 후의 값을 사용한 상대 동탄성 계수.

정답 ×

[문제 46] 워커빌리티는 일반 콘크리트에서는 슬럼프 시험값이나 시험 후의 시료 상태에서 판단할 수 있지만, 고유동 콘크리트에서는 슬럼프 플로우시험이나 충전성시험, 각종 깔때기시험 등의 시험결과에서 판단한다.

정답 ○

[문제 47] 비빔 온도가 높을수록 시멘트의 초기 수화반응이 촉진되어 짧은 재령의 압축강도는 커지지만, 장기재령에서 강도의 신장은 작아진다.

정답 ○

[문제 48] 벽의 중앙부에 설치된 개구부의 4귀퉁이에서 방사상으로 발생하는 균열은 주로 콘크리트의 건조 수축으로 인한 것이다.

정답 ○

[문제 49] 콘크리트의 동결 융해에 대한 저항성은, 공기량이 같으면 기포 간격 계수가 큰 것일수록 크다.

◉ **해답 포인트**

콘크리트 속의 수분이 동결되어 용적이 증가되기 시작할 때 더욱 접근되어 기포가 존재하면 팽창압은 완화되기 쉽다.

정답 ×

[문제 50] 블리딩은 물길이나 굵은 골재 아랫면의 수막을 형성하고, 경화 후 콘크리트의 수밀성을 저하시킨다.

정답 ○

[문제 51] 계량 발취검사에서는 샘플을 시험하여 특정의 검사 항목에 대해서 계량치로서 얻어진 측정결과에 연산을 하고, 그 결과를 기준치와 비교해 검사 로트의 합격·불합격을 판정한다.

정답 ○

[문제 52] 콘크리트의 강도 시험시에 공시체의 표면이 건조되어 있으면, 젖어있는 경우에 비해 압축강도는 작게 되며, 휨 강도는 크게 된다.

정답 ×

[문제 53] AE 콘크리트의 반죽시간을 필요 이상으로 길게 하면 공기량은 증가하고, 압축강도는 저하한다.

⊙ 해답 포인트

공기량은 반죽시간이 3~5분 정도까지는 시간이 길어지는 동시에 증가하지만, 더욱 반죽을 계속하면 오히려 감소한다.

정답 ×

[문제 54] 봉형(내부) 진동기에 의한 다짐은 1군데당 진동시간을 길게 해 진동의 영향범위를 크게 하고, 진동기의 삽입간격을 넓히는 것이 좋다.

⊙ 해답 포인트

시간이 오래 걸려도 영향범위는 넓어지지 않고, 오히려 분리를 일으킬 위험성이 있다.

정답 ×

[문제 55] 타설할 때 콘크리트 온도가 낮을수록 콘크리트의 종국 단열온도 상승량은 커지지만, 콘크리트 부재 중심부의 최고온도와 바깥기온과의 차이는 작게 된다.

정답 ○

[문제 56] 함수율이 큰 인공 경량 골재를 사용한 콘크리트나 압축강도가 $100N/mm^2$ 정도의 초고강도 콘크리트는 불에 의해 폭발적 균열을 일으키기 쉽다.

정답 ○

[문제 57] 감마선의 차폐벽에는 중량 콘크리트가 적합하지만, 보통 콘크리트에서도 벽두께를 두껍게 하면 소요의 차폐효과가 얻어진다.

정답 ○

[문제 58] 고강도를 필요로 하는 콘크리트제품은 오토클레이브 양생을 한 후에 상압 증기 양생을 실시해 제조한다.

◉ **해답 포인트**

　오토클레이브 양생은 보통의 수화반응에서는 아니고, 석회와 실리카의 수열반응에 따라 경화하는 것이므로, 후에 상압 증기 양생을 해도 효과는 없다. 고강도 콘크리트말뚝은 상압 증기 양생을 하고 나서 오토클레이브 양생을 하여 제조되고 있다.

정답 ×

[문제 59] 철근 콘크리트의 설계계산에서 보통은 콘크리트의 인장저항은 무시하고, 인장응력은 철근이 맡게 한다.

정답 ○

[문제 60] 프리스트레스트 콘크리트 보는 철근 콘크리트 보에 비해, 지간을 크게 하는 것이 가능하며, 또 균열의 제어가 가능하다.

정답 ○

1997년도 문제

―[문제 1]―
시멘트에 관한 다음의 기술 중 부적당한 것은 어느 것인가?
 (1) 고로 시멘트 B종은 고로 슬래그의 분량이 질량으로 30%를 초과 60% 이하로 규정되어 있으며, 내해수성이나 화학저항성에 우수하다.
 (2) 중용열 포틀랜드 시멘트는 규산3칼슘과 알루민산3칼슘의 함유율이나 수화열의 상한치가 규정되어 있으며, 보통 포틀랜드 시멘트에 비해 초기강도가 작다.
 (3) 플라이애시 시멘트 B종은 플라이애시의 분량이 질량으로 10%를 초과 20% 이하로 규정되어 있으며, 초기강도는 낮지만, 습윤 조건하에서 장기강도의 신장이 크다.
 (4) 포틀랜드 시멘트(저알칼리형)은 산화나트륨과 산화칼슘 질량의 총합인 전알칼리가 0.75% 이하로 규정되어 있으며, 알칼리 골재반응을 억제하는 효과가 있다.

⊙ **해답 포인트**
 (4) 저알칼리형 시멘트의 전알칼리량은 0.6% 이하로 규정되어 있다.

정답 (4)

―[문제 2]―
시멘트에 관한 다음의 기술 중 적당한 것은 무엇인가?
 (1) 시멘트가 풍화하면 신선한 시멘트와 비교해 강열 감량은 감소되고, 비중(밀도)은 크게 된다.

(2) 조강 포틀랜드 시멘트 중 석고는 규산2칼슘의 수화를 억제하는 역할을 하고 있다.

(3) 포틀랜드 시멘트 클링커의 주요한 화학성분은 산화칼슘, 2산화규소, 산화알루미늄 및 산화제2철이다.

(4) 고로 시멘트의 비중(밀도)은 고로 슬래그의 분량이 많아질수록 크게 된다.

정답 (3)

[문제 3]

레디 믹스트 콘크리트용 골재의 규정에 관한 다음의 기술 중 맞는 것은 어느 것인가?

(1) 다른 종류의 골재를 혼합해서 사용하는 경우는 혼합 전의 각 골재 품질이 각 규정의 모든 항목에 적합해야만 한다.

(2) 모래의 유기불순물시험에서, 모래 상부의 용액 색조가 표준색보다 진한 경우에도 모르타르의 압축강도에 의한 모래의 시험방법에 의해 압축강도비가 85% 이상이라면 구입자의 승인을 받아 사용할 수 있다.

(3) 모래의 염화물량이 NaCl로서 0.04%를 초과하는 경우, 구입자의 승인을 얻어 사용할 수 있는 염화물량의 상한치는 일반적인 경우 0.2%이다.

(4) 모래의 절건 비중 및 흡수율의 규정치는 각각 2.5 이상 및 3.5% 이하이지만, 구입자의 승인을 얻어 이러한 값을 2.4 이상 및 4.0% 이하로 할 수 있다.

정답 (4)

[문제 4]

콘크리트용 화학혼화제의 규정에 관한 다음의 기술 중 적당한 것은 어느 것인가?

(1) 감수제, AE 감수제 및 고성능 AE 감수제는 응결시간의 차이에 따라 어

느 것이나 표준형, 지연형 및 촉진형으로 구분되어 있다.
(2) AE제, AE 감수제 및 고성능 AE 감수제의 동결 융해에 대한 저항성의 시험은 어느 것이나 슬럼프 8 cm의 시험콘크리트에 대해서 실시한다.
(3) 전알칼리량은 콘크리트용 화학혼화제 속에 함유된 알칼리량의 시험방법에 의거해 산화나트륨과 산화칼륨 질량의 총합을 구하고, 화학 혼화제 속의 전알칼리량(%)으로서 산출한다.
(4) AE 감수제의 성능을 시험하는 시험콘크리트의 잔골재율은 기준 콘크리트의 잔골재율에서 1~3%를 감소시킨 값으로 한다.

정답 (4)

―[문제 5]―
강재에 관한 다음의 기술 중 틀린 것은 어느 것인가?
(1) 철근 콘크리트용 봉강에 규정되어 있는 이형봉강의 호칭명(예를 들면 D 25)의 숫자는 공칭직경을 mm 단위로 정수에서 반올림한 값이다.
(2) SD 235의 숫자는 인장강도의 하한 규격치를 N/mm^2의 단위로 표시된 것이다.
(3) 강재의 열팽창 계수는 약 1×10^{-5}/℃이며, 콘크리트의 그것과 거의 동일하다.
(4) 강재의 영 계수는 약 $200 \ kN/mm^2$이다.

⊙ 해답 포인트
(2) 숫자는 항복점 또는 내력의 최소값을 N/mm^2 단위로 표시된 것

정답 (2)

―[문제 6]―
콘크리트 반죽에 사용하는 물에 관한 다음의 기술 중 레디 믹스트 콘크리트 반죽에 사용하는 물의 규정에 대조하여 맞는 것은 어느 것인가?

(1) 하천수는 상수도물 이외 물의 품질규정에 적합하지 않으면 사용할 수 없다.
(2) 회수물의 품질규정에는 용해성 증발 잔류물량의 상한치가 정해져 있다.
(3) 상수도물, 상수도물 이외의 물 및 회수물을 혼합해 사용하는 경우, 혼합된 것이 상수도물 이외의 물 또는 회수물 어느 것의 규정에 적합하다면 반죽수로서 사용할 수 있다.
(4) 슬러지수는 배합 수정을 하면 슬러지 고형분율에 관계없이 사용할 수 있다.

정답 (1)

---[문제 7]---

콘크리트의 배합 수정에 관한 다음의 기술 중 적당한 것은 어느 것인가?
(1) 시험 비빔에서 소요의 워커빌리티가 얻어졌지만, 공기량이 목표치보다 1.5% 작아졌으므로 잔골재율을 크게 하는 것으로서 공기량을 보정했다.
(2) 하천자갈과 부순자갈을 혼합한 굵은 골재 속의 부순자갈 혼합률이 커졌으므로 소요의 워커빌리티를 확보하기 위하여 잔골재율을 크게 했다.
(3) 잔골재의 조립률이 작아졌으므로 잔골재율을 크게 했다.
(4) 부순자갈 실적률이 커졌으므로 잔골재율을 크게 했다.

정답 (2)

---[문제 8]---

아래 표에 나타낸 배합의 콘크리트에 관한 다음의 기술 중 부적당한 것은 어느 것인가?
단, 시멘트의 비중은 3.16, 잔골재의 표건 비중은 2.57, 굵은 골재의 표건 비중은 2.67이다.

단 위 량 (kg/m³)				AE제** (C×%)
물	시멘트	잔골재*	굵은 골재	
180	383	766	951	0.02

*골재의 단위량은 표건 상태를 표시한다.
**AE제의 사용량은 시멘트에 대한 질량비이다.

(3) 구입자는 필요에 따라 생산자와 협의한 후 JIS에서 정한 공기량과 다른 값을 지정해도 된다.
(4) 굵은 골재 최대치수 20 mm, 슬럼프 18 cm의 보통 콘크리트를 규격품으로 발주하는 경우, 호칭강도는 21, 24, 27, 30, 33, 36 및 39 중에서 지정한다.

◉ 해답 포인트
(4) 굵은 골재의 최대치수 20 mm, 슬럼프 18 cm인 보통 콘크리트의 호칭강도 종류는 18, 21, 24, 27, 30, 33, 36, 40.

정답 (4)

[문제 22]
레디 믹스트 콘크리트에 관한 다음의 기술 중 틀린 것은 어느 것인가?
(1) 트럭 애지테이터의 드럼 속에 부착된 모르타르의 사용방법에 의하면 트럭 애지테이터의 드럼 속에 부착된 모르타르를, 안정제인 희석용액을 슬러리화 해 사용하는 경우, 새로이 싣는 콘크리트는 이 희석용액을 반죽수의 일부로 간주하고, 1회 반죽마다 그 양을 계량수량에서 균등하게 뺀 값으로 반죽한다.
(2) 계량 설비(batcher plant)의 계량기에는 골재의 표면수율에 의한 계량치의 보정이 쉽게 되는 장치를 구비해야만 한다.
(3) 경량 거푸집에 규정되어 있는 경량 거푸집의 품질 항목 중, 밑면의 평면도 및 밑면과 측면의 직각도 시험은 경량 거푸집을 사용해 제작된 콘크리트 공시체에 대해서 실시한다.
(4) 콘크리트의 염화물 함유량을 콘크리트 납품시에 검사하는 경우에 대해서는, 제조자의 판단에 따라 정밀도가 확인된 염분 함유량 측정기로 측정할 수 있다.

(2) 트럭 애지테이터에서 시료를 채취하는 경우, 처음에 배출되는 50~100 l 를 제외하고, 그 후에 흘러내린 콘크리트에서 채취해도 된다.
(3) 압축강도 관리에 사용하는 경량 거푸집은 재질이 양철, 종이, 플라스틱으로 만들어진 것을 사용한다.
(4) 압축강도 관리에 사용하는 공시체의 치수는 굵은 골재의 최대치수가 15 mm인 경우 직경 75 cm, 높이 15 cm로 해도 된다.

정답 (4)

[문제 20]

호칭방법이 [보통 27 18 20 N]인 레디 믹스트 콘크리트에 대해서 3회 시험하여 아래 표의 결과를 얻었다. 합격되지 않는 항목은 다음 중에 어느 것인가?

	시험 항목	시험결과		
		1회째	2회째	3회째
(1)	슬럼프(cm)	20.0	18.0	19.0
(2)	공기량(%)	5.5	5.0	3.0
(3)	압축강도(N/mm^2)	22.9	28.8	29.7
(4)	염화물 함유량 (Cl$^-$로서)(kg/m^3)	0.21	0.18	0.19

정답 (3)

[문제 21]

레디 믹스트 콘크리트에 관한 다음의 기술 중 틀린 것은 어느 것인가?
(1) 콘크리트의 염화물 함유량 검사방법은 주고받는 당사자간의 협의에 따라 결정, 검사는 공장 출하시에 해도 된다.
(2) 콘크리트의 염화물 함유량이 염화물 이온(Cl$^-$)량으로서 0.30 kg/m^{3}를 초과하는 경우에 구입자의 승인을 받으면 그 상한값을 0.60 kg/m^3 이하의 범위로 정할 수 있다.

(1) 일반적으로 강도가 큰 콘크리트는 투수성이 작아진다.
(2) 흡수되기 쉬운 콘크리트는 표면이 더러워지기 쉽다.
(3) 습윤 양생을 충분히 하면 콘크리트의 종류나 품질에 상관없이 투수 계수는 일정하게 된다
(4) 콘크리트 속으로 물이 침투되는 것은 외부에서의 수압이나 내부의 모세관 공극에 의한 흡인력 등으로 인해 생긴다.

⊙ 해답 포인트
(3) 일반적으로 투수 계수는 물 시멘트비가 큰 쪽, 빈배합 쪽이 커진다.

정답 (3)

[문제 18]
재료의 계량에 관한 다음의 기술 중 틀린 것은 어느 것인가?
(1) 시멘트는 미리 계량된 혼화재와 함께 누가계량해도 된다.
(2) 물은 미리 계량된 혼화제와 함께 누가계량해도 된다.
(3) 혼화재가 포대에 담겨진 것은 구입자의 승인이 있으면 포대의 수량으로서 계량해도 된다.
(4) 굵은 골재는 계산에 따라 표면수율을 보정한 계산치로서 계량해도 된다.

⊙ 해답 포인트
(1) 미리 계량된 혼화제와 물의 누가계량은 인정되고 있지만, 시멘트와 혼화재의 누가계량은 인정되지 않는다.

정답 (1)

[문제 19]
품질관리 및 검사에 관한 다음의 기술 중 부적당한 것은 어느 것인가?
(1) 슬럼프 및 공기량의 한쪽 또는 양쪽의 시험결과가 허용범위를 벗어난 경우, 1회에 한해 새로운 시료로서 재시험할 수 있다.

(1) 마무리가 안된 콘크리트의 중성화 속도는 옥내에 인접된 부분이 옥외에 인접된 부분에 비해 크다.
(2) 물 시멘트비가 큰 콘크리트는 중성화 속도가 커진다.
(3) 콘크리트가 중성화 된 부분은 페놀프탈레인의 1% 에탄올 용액을 분무하면 적자색이 된다.
(4) 콘크리트의 중성화 깊이는 경과년수의 제곱근에 거의 비례한다.

◉ 해답 포인트
(3) 중성화되지 않은 부분이 적자색이 되며, 중성화된 부분은 색을 띄지 않는다.

정답 (3)

[문제 16]
콘크리트의 내화성 및 내구성에 관한 다음의 일반적인 기술 중 부적당한 것은 어느 것인가?
(1) 경화 콘크리트가 가열되면 압축강도보다 탄성 계수의 저하가 현저하다.
(2) 콘크리트의 내동해성을 확보하기 위해서는 단단하게 굳어 흡수율이 작은 골재를 사용하는 것이 좋다.
(3) 콘크리트 속에 염화물 이온이 일정량 이상 존재하면, 철근 표면의 부동태 피막이 파괴되어 철근이 부식되기 쉽게 된다.
(4) 공기량이 동일한 경우, 경화 콘크리트의 기포 간격 계수가 작게 될수록 내동해성이 저하한다.

◉ 해답 포인트
(4) 공기량이 동일한 경우, 작은 기포가 분산해 존재할 정도로, 즉 기포 간격 계수가 작을수록 내동해성은 향상된다.

정답 (4)

[문제 17]
콘크리트의 수밀성에 관한 다음의 기술 중 부적당한 것은 어느 것인가?

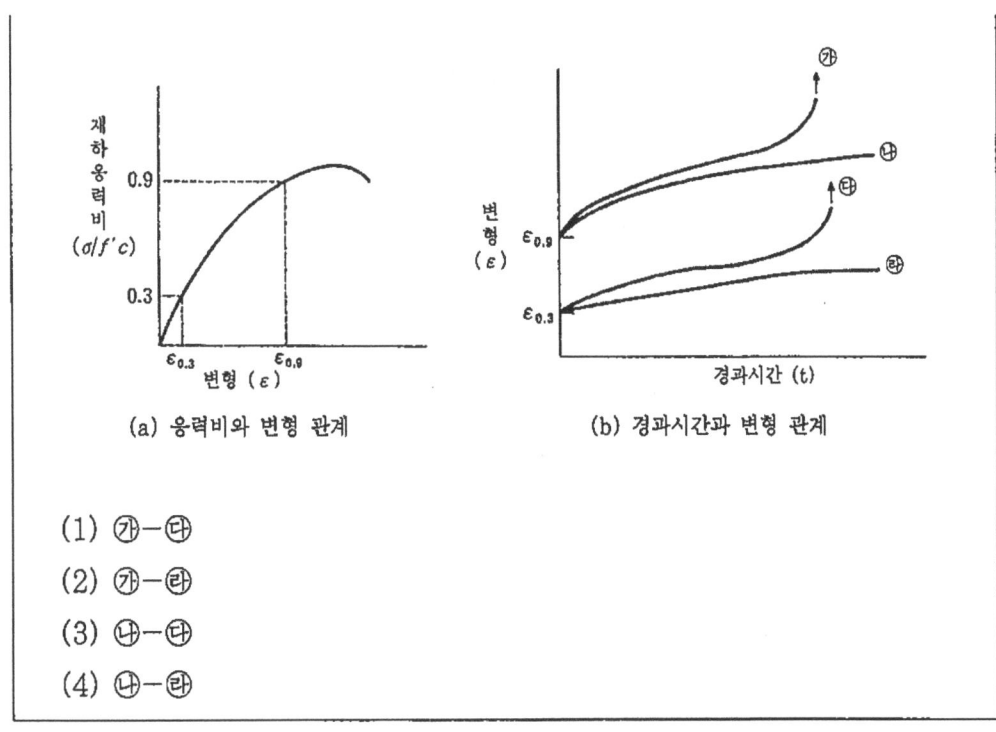

(a) 응력비와 변형 관계
(b) 경과시간과 변형 관계

(1) ㉮－㉰
(2) ㉮－㉱
(3) ㉯－㉰
(4) ㉯－㉱

정답 (2)

─[문제 14]─────────────────────────────
　콘크리트의 건조 수축량에 관한 다음의 일반적인 기술 중 적당한 것은 어느 것인가?
　　(1) 단위 굵은 골재량이 많을수록 건조 수축량은 크다.
　　(2) 시멘트의 종류가 동일하면 비표면적이 클수록 건조 수축량은 많다.
　　(3) 물 시멘트비가 동일하면 단위 수량이 크게 달라져도 건조 수축량은 같다.
　　(4) 골재의 탄성 계수가 작을수록 건조 수축량은 작다.

정답 (2)

─[문제 15]─────────────────────────────
　콘크리트의 중성화에 관한 다음의 기술 중 부적당한 것은 어느 것인가?

[문제 12]

아래 그림은 콘크리트의 역학특성과 압축강도의 관계를 모식적으로 나타내고 있다.

다음에 나타내는 콘크리트의 역학특성 중 압축강도와의 관계가 아래 그림과 같이 되지 않는 것은 어느 것인가?

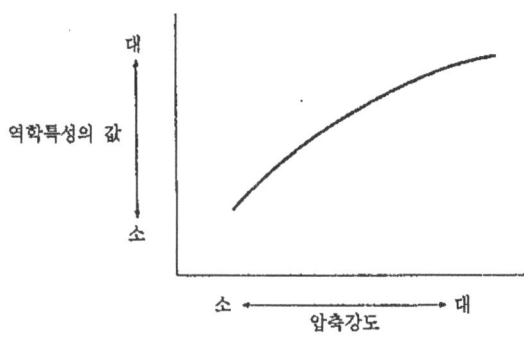

(1) 휨강도
(2) 영계수
(3) 포와송비
(4) 인장강도

⊙ 해답 포인트

(3) 콘크리트의 포와송비는 하중 레벨이나 콘크리트의 품질에 따라 약간 다르지만 거의 1/6의 일정치이며, 문제의 그림처럼은 되지 않는다.

정답 (3)

[문제 13]

아래 그림 (a)는 정적 압축시험으로 얻어진 콘크리트의 응력비(압축강도에 대한 비)-변형율 곡선이다. 이 콘크리트에 응력비가 0.3 및 0.9로 되는 크기의 압축하중을 지속 재하했다. (b)그림에 나타낸 경과시간과 변형의 관계 중 적당한 조합은 다음 중 어느 것인가?

─[문제 10]─────────────────────────────
　　굳지 않은 콘크리트의 일반적 성상에 관한 다음의 기술 중 부적당한 것은 어느 것인가?
　　(1) 단위수량이 크고, 슬럼프가 클수록 콘크리트는 분리되기 쉽다.
　　(2) 잔골재의 세립분이 많을수록 콘크리트는 분리되기 쉽다.
　　(3) 시멘트의 비표면적이 크고, 응결이 빠를수록 콘크리트의 블리딩은 적게 된다
　　(4) 콘크리트의 블루딩이 많을수록 침하 균열이 생기기 쉽다.

⊙ 해답 포인트
　　(2) 단위량이 동일하면 잔골재의 세립분이 많을수록 콘크리트의 점성이 증가되어 분리되기 어렵다.

　　　　　　　　　　　　　　　　　　　　　　　　　　　　　　정답 (2)

─[문제 11]─────────────────────────────
　　AE 콘크리트 공기량의 일반적 경향에 관한 다음의 기술 중 부적당한 것은 어느 것인가?
　　(1) 콘크리트의 온도가 낮을수록 공기량은 감소한다.
　　(2) 사용하는 회수물의 슬러지 고형분이 많을수록 공기량은 감소한다.
　　(3) 사용하는 시멘트의 비표면적이 크면, 공기량은 감소한다.
　　(4) 잔골재 중 0.3~0.6 mm 입자의 비율이 적을수록 공기량은 감소한다.

⊙ 해답 포인트
　　(1) 콘크리트의 비빔 온도가 낮게 될수록 점성이 커지기 때문에 공기포가 빠지기 어렵게 되며, 단위 AE제량이 일정하면 공기량은 증가한다.

　　　　　　　　　　　　　　　　　　　　　　　　　　　　　　정답 (1)

(1) 물 시멘트비는 47.0%이다.
(2) 잔골재율은 44.6%이다.
(3) 공기량은 4.5%이다.
(4) 콘크리트의 단위 용적 질량 계산치는 2,280kg/m³이다.

⊙ 해답 포인트
(2) 잔골재율은 45.6%이다.

정답 (2)

[문제 9]

아래 표는 공기량 4.5%인 AE 콘크리트의 시방배합에서 단위량을 나타낸 것이다.

단위량 (kg/m³)				AE제**
물	시멘트	모래*	자갈	(C×%)
182	316	797	1,016	0.25

*골재의 단위량은 표건 상태를 표시한다.
**AE 감수제의 사용량은 시멘트에 대한 질량비이다.

비빔량을 1.5m³로 하고, 모래의 표면수율 2.10%, 자갈의 표면수율 0.41%로서 계산된 현장배합의 물, 모래 및 자갈의 질량을 나타낸 다음의 조합 중 적당한 것은 어느 것인가?

단, AE 감수제는 25% 희석액으로서 사용하는 것으로 한다.

(단위 : kg)

	물	모래	자갈
(1)	231	1,202	1,556
(2)	237	1,221	1,530
(3)	242	1,221	1,530
(4)	243	1,221	1,524

정답 (2)

⊙ 해답·포인트
　(4) 제조자의 판단이 아니라 구입자의 승인을 얻어 실시해야만 한다.

　　　　　　　　　　　　　　　　　　　　　　　　　　정답 (4)

─[문제 23]────────────────────────────
　콘크리트의 운반방법에 관한 다음의 일반적인 기술 중 적당한 것은 어느 것인가?
　(1) 슬럼프 5 및 8 cm의 레디 믹스트 콘크리트는 재료분리가 적어서 덤프 트럭으로 운반할 수 있다.
　(2) 하역 직전에 트럭 애지테이터의 드럼을 고속 회전시키면 콘크리트의 재료 분리가 커진다.
　(3) 경량골재 콘크리트 운반에 콘크리트 펌프를 사용하는 경우는 유동화 콘크리트로 하는 것이 원칙으로 되어 있다.
　(4) 하향 배관에서 펌프 압송하는 경우는 상향 배관에 비해 압송이 쉬워 막히는 경우는 적다.

　　　　　　　　　　　　　　　　　　　　　　　　　　정답 (3)

─[문제 24]────────────────────────────
　콘크리트 운반에 관한 다음의 일반적인 기술 중 적당한 것은 어느 것인가?
　(1) 콘크리트를 펌프 압송하는 경우 수평관 1 m당 관내 압력손실은 슬럼프가 작을수록, 또 수송관의 지름이 작을수록 커진다.
　(2) 양호한 펌프 압송성을 얻기 위한 콘크리트의 잔골재율은, 단위 수량이 최소가 되도록 정한 값보다 크게 해서는 안 된다.
　(3) 경사 슈트를 사용하는 경우는 경사각도를 수평 2에 대해 연직 1 정도 이상으로 하고, 콘크리트의 슬럼프를 가능한 한 크게 한다.
　(4) 운반 중 콘크리트의 품질변화는 시멘트의 응결이 빠를수록, 또 바깥기온이 낮을수록 커진다.

정답 (1)

┌[문제 25]────────────────────────────────
│ 콘크리트의 타설 및 이어붓기에 관한 다음의 일반적인 기술 중 부적당한 것
│ 은 어느 것인가?
│   (1) 높이가 높은 기둥이나 벽에 콘크리트를 타설할 경우, 타설속도가 늦을수
│   록 거푸집으로의 측압이 커진다.
│   (2) 보의 연직 시공 이음은 가능한 한 전단력이 작은 위치에 설정하고, 이어붓
│   기면은 부재의 압축력을 받는 방향과 직각으로 하는 것이 좋다.
│   (3) 기둥과 보·슬래브를 일체로 타설하는 경우는, 일반적으로 기둥부분의
│   콘크리트를 보 밑에서 중지하고, 콘크리트의 침하를 기다려 보와 슬래브
│   의 콘크리트를 타설하는 것이 좋다.
│   (4) 타설 중 콘크리트 표면에 모인 블루딩수는 이것을 없애고 나서 콘크리트
│   를 타설해야만 한다.
└──────────────────────────────────────

⊙ 해답 포인트
   (1) 타설속도가 늦으면 아래쪽의 콘크리트는 응집, 점성이 크게 되기 때문에
       거푸집에 걸리는 측압은 그다지 증가되지 않는다.

정답 (1)

┌[문제 26]────────────────────────────────
│ 콘크리트의 타설 및 다짐에 관한 다음의 기술 중 적당한 것은 어느 것인가?
│   (1) 콘크리트를 2층으로 나누어 타설할 때, 먼저 타설된 하층에 가능한 한 진
│   동이 전해지지 않도록 봉형(내부) 진동기로 상층의 콘크리트를 다짐한다.
│   (2) 타설 중 경량 골재 콘크리트의 표면에 굵은 골재가 두드러지게 되어 시
│   멘트풀 부분이 떠오르도록 봉형 진동기로 충분히 다졌다.
│   (3) 슬럼프가 작은 콘크리트를 다질 때에 콘크리트 속에 봉형 진동기의 빼낸
│   자국이 남지 않도록 하기 위하여 진동기를 가능한 한 빨리 뽑아내었다.

(4) 슬럼프 15 cm의 보통 콘크리트를 다질 때에 봉지름이 60 mm, 진동수가 150 Hz(9000 vpm)인 봉형 진동기를 사용하여 그 삽입간격을 50 cm 정도로 했다.

정답 (4)

[문제 27]

콘크리트 양생에 관한 다음의 일반적인 기술 중 부적당한 것은 어느 것인가?
(1) 습윤 양생은 콘크리트 초기의 급격한 건조를 방지하고, 강도를 충분히 발현시키기 위해 실시되는 것이다.
(2) 고로 시멘트 B종을 사용하는 경우의 습윤 양생기간은 보통 포틀랜드 시멘트를 사용한 경우보다 2일간 이상 길게 하는 것이 좋다.
(3) 한랭기에서 초기강도의 확보와 동결방지를 목적으로 한 양생방법으로서는 콘크리트 표면을 시트, 매트, 단열재 등으로 덮어 단열·보온하는 방법과 미리 임시 울타리나 지붕을 설치해 가열(급열)하는 방법이 있다.
(4) 한중 콘크리트의 초기 양생기간 중 콘크리트 온도는 콘크리트의 수분이 동결되지 않는 0℃ 이상으로 유지되면 된다.

⊙ 해답 포인트
(4) 한중 콘크리트는 동해에 대한 저항성이 얻어지는 강도(조건에 따라서 다르지만 일반적으로는 5 N/mm^2)로 될 때까지 양생하는 것이 필요하다.

정답 (4)

[문제 28]

거푸집·지보공에 관한 다음의 일반적인 기술 중 적당한 것은 어느 것인가?
(1) 거푸집·지보공의 설계에서는 연직(방향)하중으로서 사용재료의 자중 및 시공시의 적재하중을, 또 수평(방향)하중으로서는 타설되는 콘크리트의 측압을 고려하면 된다.

(2) 슬립 폼(slip form) 공법에 사용하는 거푸집은 타설된 콘크리트의 상태가 바깥쪽에서 볼 수 있도록 재질이 투명한 혹은 반투명한 것이라야 한다.
(3) 지간이 큰 슬래브나 보를 설계도에 표시된 그대로 만들기 위해서는 콘크리트의 자중에 의한 변형을 고려하여 지보공을 적당히 위로 넘어가게 해야 한다.
(4) 슬래브 아래 및 보 밑의 지보공 제거는 원칙으로서 표준 수중 양생을 한 콘크리트의 압축강도가 설계기준강도의 100% 이상이 된 것을 확인한 뒤에 한다.

정답 (3)

[문제 29]

철근의 가공 및 조립에 관한 다음의 일반적인 기술 중 부적당한 것은 어느 것인가?

(1) 철근의 절곡 안치수(구부림 내 반경)는 철근의 종류나 지름에 따라서 달라진다.
(2) 철근을 가스 압접하는 경우, 압접부의 부풀어 오른 직경 및 길이는 가능한 한 작게 하는 것이 좋다.
(3) 이형철근의 겹치기 이음길이는 혹이 부착된 경우에는 혹이 없는 경우 보다 짧아도 된다.
(4) 철근 간격의 최소치수는 굵은 골재의 최대치수 및 철근의 지름에 따라 달라진다.

⊙ 해답 포인트
(2) 철근을 가스 압접하는 경우, 압접부의 부풀어 오른 직경은 원칙으로서 철근지름의 1.4배 이상으로 하고, 길이는 철근지름의 1.1배 이상으로 한다.

정답 (2)

[문제 30]
포장 콘크리트에 관한 다음의 기술 중 틀린 것은 어느 것인가?
(1) 콘크리트의 슬럼프는 8 cm를 표준으로 하고 있다.
(2) 일반 콘크리트판에서는 설계기준강도를 휨 강도로 정하고 있다.
(3) 굵은 골재는 마모가 감량이 35% 이하의 것을 사용해야 한다.
(4) 보통 포틀랜드 시멘트를 사용한 콘크리트의 습윤 양생기간은 강도시험을 하지 않고 정하는 경우는 14일간을 표준으로 하면 된다.

⊙ 해답 포인트
(1) 슬럼프는 2.5 cm, 침하도는 30초를 표준으로 하고, 프리스트레스트 콘크리트에서 판두께가 작은 강재가 많이 배치된 경우는 8 cm를 표준으로 한다.

정답 (1)

[문제 31]
겨울의 철근 콘크리트 공사에 관한 다음의 기술 중 적당한 것은 어느 것인가?
(1) 매스 콘크리트에서 시멘트의 수화열을 이용하기 위해 단위 시멘트량을 가능한 한 크게 했다.
(2) 콘크리트의 초기강도 발현을 앞당기기 위해서 혼화제로서 염화칼슘을 사용했다.
(3) 콘크리트의 초기강도를 높이기 위해서 감수제를 사용해 단위 수량을 저감함과 동시에 공기량을 2% 이하로 억제했다.
(4) 소정의 비빔 온도를 얻기 위해서 시멘트가 급결을 일으키지 않는 범위의 온도에서 골재 및 물을 가열해 사용했다.

정답 (4)

―[문제 32]―
매스 콘크리트에 관한 다음의 일반적인 기술 중 부적당한 것은 어느 것인가?
 (1) 매스 콘크리트의 배합에는 소요의 품질이 얻어지는 범위 내에서 단위 시멘트량을 적게 할 필요가 있기 때문에 슬럼프는 가능한 한 작게 하는 것이 좋다.
 (2) 보통 포틀랜드 시멘트의 일부를 혼화재로 치환하는 경우, 동일한 치환율이라면 플라이애시보다 고로 슬래그 미분말 쪽이 수화열의 저감효과가 크다.
 (3) 타설시의 콘크리트 온도를 내리는 것은 시공시기와 관계없이 콘크리트의 최고온도를 저감시키는 효과가 있다.
 (4) 온도 균열에는 콘크리트 부재의 표면부와 내부의 온도차이로 인해 발생하는 경우와 콘크리트 부재의 온도변형에 인접한 부재나 암반에 강하게 구속되는 것으로 인해 발생하는 경우가 있다.

정답 (2)

―[문제 33]―
수밀 콘크리트 배합에 관한 다음의 기술 중 부적당한 것은 어느 것인가?
 (1) 감수성능이 높은 콘크리트용 화학혼화제를 사용하여 단위 수량을 15% 저감했다.
 (2) 보통 포틀랜드 시멘트 질량의 10%를 실리카 흄으로 치환했다.
 (3) AE제의 첨가량을 줄이고, 콘크리트의 공기량을 2% 이하로 억제했다.
 (4) 콘크리트용 팽창재에 적합한 팽창재를 사용하고, 그 단위량을 30 kg/m^{3}으로 했다.

정답 (3)

―[문제 34]―

해양 콘크리트 및 바닷물의 작용을 받는 콘크리트에 관한 다음의 기술 중 적당한 것은 어느 것인가?

(1) 혼합시멘트는 일반적으로 강도발현이 늦어 바닷물의 작용에 대해 내구적이 아니므로 해양 콘크리트에 사용되지 않는다.

(2) 바닷물에 함유되어 있는 각종 염류 중 NaCl은 철근의 부식을 촉진시키고, 또 $MgCl_2$는 수용성 염화칼슘을 형성하여 콘크리트의 조직을 다공질화하 시킨다.

(3) 바닷물이 침투하면 물의 동결온도가 저하하기 때문에, 콘크리트의 동결융해작용에 대한 저항성이 커진다.

(4) 물 시멘트비가 내구성으로 정해지는 경우, 그 값은 항상 바다 속에 있는 부분보다 늘 물보라를 받는 물보라대 부분 쪽이 커진다.

정답 (2)

―[문제 35]―

각종 콘크리트에 관한 다음의 기술 중 부적당한 것은 어느 것인가?

(1) ALC(오토클레이브 양생 기포콘크리트)는 그 내부 공극이 독립된 기포이므로, 흡수로 인한 단열 성능이 현저하게 저하하는 경우는 없다.

(2) X선이나 감마선에 대한 콘크리트의 차폐 성능은 단위 용적 질량이 큰 것일수록 크다.

(3) 프리팩트 콘크리트의 주입 모르타르로 사용하는 잔골재는 입경이 25 mm 이하이고, 조립률이 1.4~2.2 범위에 있는 것이 적합하다.

(4) 수중 불분리성 콘크리트를 펌프 압송하는 경우의 압송 부하는 시간당 실제토출량이 큰 범위에서는 보통 콘크리트에 비해 꽤 커진다.

⊙ 해답 포인트

(1) ALC는 다공질로 체적의 약 75%가 공극이며, 격벽은 투수성이 크기 때문

에 흡수되기 쉽고, 흡수하면 단열 성능이 현저하게 저하한다.

정답 (1)

[문제 36]

각종 콘크리트에 관한 다음의 기술 중 부적당한 것은 어느 것인가?

(1) 암반의 풍화나 건조에 의한 붕락을 방지할 필요가 있는 부정형의 급경사면을 숏크리트 공법으로 시공했다.
(2) 공용시에는 물론 대기에 작용되지만, 시공이 수중에서 행해지는 부재의 콘크리트는 수중 불분리성 콘크리트를 채용했다.
(3) 콘크리트 운반에 1시간 가까이 걸리는 서중 콘크리트에 유동화 콘크리트를 채용했다.
(4) 내마모성이 요구되는 공장의 바닥공사에 진공 콘크리트 공법을 채용했다.

◉ **해답 포인트**

(2) 수중 불분리성 콘크리트는 항상 물 속에 있는 장소에 사용되는 것이 원칙.

정답 (2)

[문제 37]

프리스트레스트 콘크리트에 관한 다음의 일반적인 기술 중 부적당한 것은 어느 것인가?

(1) 콘크리트에 도입된 프리스트레스는 시간이 경과되어도 대부분 변화되지 않는다.
(2) 긴장재의 정착방식 중 나사식은 PSC 강봉에, 쐐기식은 PSC 강연선에 사용된다.
(3) 프리텐션 방식에서는 콘크리트 강도를 조기에 발현시키기 위하여 촉진 양생이 실시된다.
(4) 프리스트레스트 콘크리트구조는 설계하중에 차지하는 자중 비율이 큰 대지간 구조에 유리하다.

⊙ 해답 포인트
(1) 콘크리트는 크리프나 건조 수축에 의해 본래 길이보다 감소되고, PSC 강재는 릴렉세이션(응력 완화)에 의해 본래 길이보다 늘어난다. 이러한 현상은 본래의 프리스트레스를 감소시킨다.

정답 (1)

[문제 38]

기둥과 보로 이루어진 철근 콘크리트 라멘 구조에서 아래 그림에 나타낸 균열을 발생시킨 하중으로서 적당한 것은 어느 것인가?

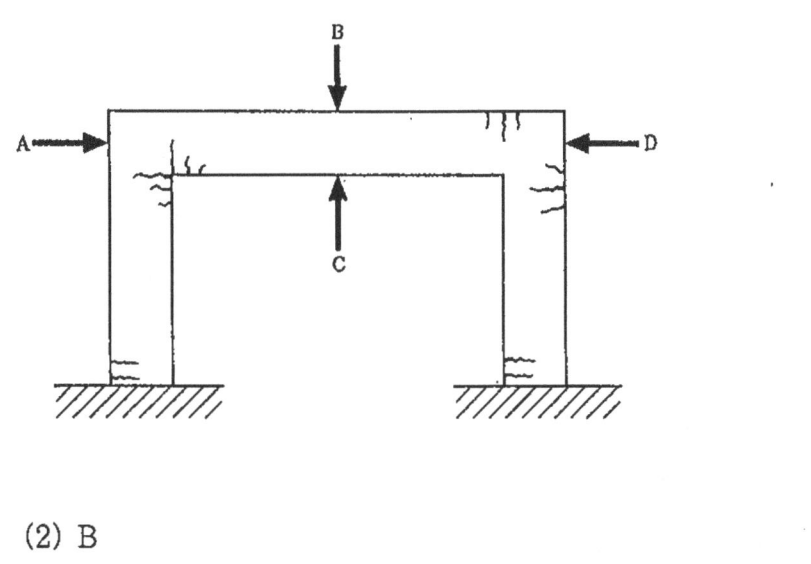

(1) A   (2) B
(3) C   (4) D

정답 (1)

[문제 39]

아래 그림은 철근 콘크리트조 4층 건물에서 건물의 외벽에 생긴 균열을 모식적으로 나타낸 것이다. 다음에 나타낸 균열의 설명 중 적당한 것은 어느 것인가?

[문제 39]

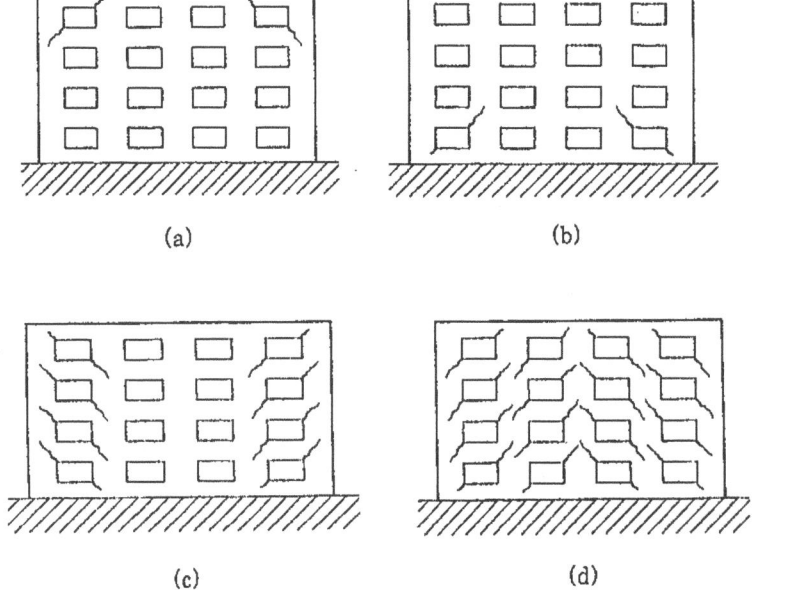

(1) 지붕 슬래브가 일사에 의해 팽창하면 A와 같은 균열이 생긴다.
(2) 건물 전체가 냉각 수축하면 (B)와 같은 균열이 발생한다.
(3) 중앙부의 기초가 침하하면 (C)와 같은 균열이 발생한다.
(4) 지진에 의한 수평방향의 힘을 반복해 받으면 (D)와 같은 균열이 발생한다.

정답 (1)

[문제 40]

콘크리트 제품에 관한 다음의 기술 중 부적당한 것은 어느 것인가?

(1) 원심력 다짐에 사용하는 콘크리트의 슬럼프는 0~2 cm로 하는 것이 좋다.
(2) 원심력 다짐을 한 콘크리트 제품은 외측 표층부가 치밀하게 된다.

(3) 증기 양생을 한 콘크리트는 표준 수중 양생을 한 콘크리트보다 장기강도가 작다.
(4) 증기 양생은 반죽 직후보다 반죽 후 2~3시간 경과된 뒤에 하는 것이 강도를 높이는 데에 유효하다.

◉ **해답 포인트**
(1) 원심력 다짐의 경우는 슬럼프는 지나치게 단단한 것보다 5 cm 정도로 하는 것이 좋다.

정답 (1)

문제 41~60은 「맞음 혹은 적당함」 기술인가, 또는 「틀린다 혹은 부적당함」 기술인지를 판단하는 ○×문제이다.

「맞음 혹은 적당함」 기술은 정답용지의 ◎란을, 「틀린다 혹은 부적당함」 기술은 ⊗란을 검게 칠해 주십시오. ○×식 문제에서는 틀리면 감점(마이너스점)됩니다.

[문제 41] 플라이애시 시멘트에서는 전알칼리 0.6% 이하를 보증한 플라이애시 시멘트(저알칼리형)가 규정되어 있다.

◉ 해답 포인트

플라이애시 시멘트는 전알칼리가 적으므로 특히 저알칼리형을 규정하고 있지 않다.

정답 ×

[문제 42] 부순자갈의 입형 판정 실적률은 시험한 값이 55% 이상이라야만 한다.

정답 ○

[문제 43] 사용한 부순모래의 알칼리 실리카 반응성 시험을 하지 않았지만, 원석의 채취장소가 같은 부순자갈이 무해로 판정되었기 때문에 그 부순모래를 구분 A로 했다.

정답 ○

[문제 44] 플라이애시 속의 함유탄소는 AE제를 흡착하기 쉬워서 일반적으로 플라이애시를 사용하는 경우는, AE제의 사용량을 증가시킬 필요가 있다.

정답 ○

[문제 45] 유동화 콘크리트의 베이스 콘크리트 단위 수량을 185 kg/m^3 이하로 규정하고 있다.

정답 ○

〔문제 46〕 굵은 골재의 최대치수가 큰 경우는 작은 경우에 비해 내구성상 필요한 콘크리트의 공기가 적어도 된다.

정답 ○

〔문제 47〕 내구성이 요구되는 경량 콘크리트에서 물 시멘트비의 최대치는 보통 콘크리트보다 5% 작다.

정답 ○

〔문제 48〕 콘크리트의 응결시간은 일반적으로 슬럼프가 작을수록, 또 콘크리트 온도가 높게 될수록 짧아진다.

정답 ○

〔문제 49〕 콘크리트의 영 계수는 압축강도가 동등하면, 단위 용적 질량이 작은 것이 크다.

⊙ 해답 포인트

콘크리트의 영 계수는 압축강도가 동등하다면, 단위 용적 질량(기건 비중)이 작은 것이 작다.

정답 ×

〔문제 50〕 콘크리트의 중성화란 공기 중의 탄산가스로 인해 콘크리트가 알칼리성을 잃어 pH 7의 중성으로 되는 현상이다.

⊙ 해답 포인트

중성화는 pH가 7이 되는 것은 아니다. 탄산화 반응에서 pH 7이 되지 않더라도 대부분의 경우 pH 9~9.5 이하에서는 페놀프탈레인 1%의 알코올 용액 (물 15% 정도)은 홍색으로 나타나기 어렵고, 나타나도 색이 희미해서 철근을 방청할 수 없다)

정답 ✕

〔문제 51〕 레디 믹스트 콘크리트의 품질관리에서 압축강도의 1회 시험은 연속된 3대의 운반차에서 1개씩 채취된 3개의 공시체로 실시한다.
⊙ 해답 포인트
　　연속된 3대의 운반차에서 1개씩 채취하는 것은 아니고, 임의의 1운반차에서 채취된 3개의 공시체에서 실시한다.

정답 ✕

〔문제 52〕 콘크리트 믹서의 반죽 성능은 콘크리트 중 모르타르의 단위 질량차이 및 단위 굵은 골재량의 차이 외에 압축강도, 공기량 및 슬럼프의 평균치 차이에 대해서도 시험해야 한다.

정답 ○

〔문제 53〕 반죽 개시에서부터 타설 종료까지의 시간한도는, 바깥기온 25℃를 경계로 하고, 고온일 때는 30분 짧게 규정되어 있다.

정답 ○

〔문제 54〕 콘크리트를 연속으로 치올린 기둥 부재에서 구조체의 콘크리트 강도는 일반적으로 기둥의 상부보다 하부 쪽이 크다.

정답 ○

〔문제 55〕 콘크리트가 굳어지기 시작할 때까지 사이에 표면에 발생된 플라스틱 수축 균열이나 가라앉은 균열은 즉시 탬핑 또는 재마무리로 조치하는 것이 좋다.

정답 ○

〔문제 56〕 콘크리트 타설 후 습윤 양생기간은 사용하는 시멘트의 종류에 따라 다르며, 보통 포틀랜드 시멘트를 사용하는 경우에는 3일간을 표준으로 하느 것이

좋다.

◉ 해답 포인트

일평균기온이 15℃일 때 보통 포틀랜드 시멘트를 사용하는 경우는 5일간 이상, 조강 포틀랜드 시멘트에서는 3일간 이상, 그 밖의 시멘트에서는 7일간 이상을 표준으로 하고 있다.

정답 ×

[문제 57] 거푸집 설계에서는 측압에 영향을 미치는 요인으로서 타설 속도 및 타설 높이의 2가지를 고려하면 된다.

◉ 해답 포인트

측압은 타설속도와 타설높이 외에도 사용재료, 배합, 굳지 않은 콘크리트의 단위 용적 질량, 다짐 방법, 타설시의 콘크리트 온도, 부재의 단면치수, 철근량 등에 따라 다르다.

정답 ×

[문제 58] 서중 콘크리트의 운반 중에 생기는 슬럼프의 저하는 주로 반죽수의 증발로 인한 것이기 때문에, 하역지점에서 적당량의 물을 더하여 슬럼프의 회복을 꾀하는 것이 좋다.

◉ 해답 포인트

반죽수의 증발 외에 응결시간이나 발열도 영향이 있으며, 단지 물을 더하여 슬럼프를 회복시키는 것은 강도나 내구성 저하를 일으키므로 금지되어 있다. 고성능 AE 감수제나 유동화제를 적량 더하여 회복시키는 것이 좋다.

정답 ×

[문제 59] 철근 콘크리트 속에 미리 배치된 배관 속으로 냉수를 통과시켜 콘크리트를 냉각하는 것을 프리 쿨링이라고 한다.

◉ 해답 포인트

콘크리트 타설시에 파이프를 매설하고, 타설 후에 파이프 안으로 냉수를 통과시켜 콘크리트 온도를 내리는 공법은 파이프 쿨링이라고 한다. 프리 쿨링은 콘크리트의 타설 전에 사용재료나 콘크리트를 냉각하는 공법.

정답 ×

[문제 60] 철근 콘크리트 보의 구부림 응력도 산정에 있어서 콘크리트와 철근과의 부착은 완전한 것으로 가정되고 있다.

정답 ○

1996년도 문제

─[문제 1]────────────────────────────
시멘트 클링커의 주요 조성화합물 및 그 수화물의 특성에 관한 다음의 기술 중 틀린 것은 어느 것인가?
단, 규산3칼슘을 C_3S, 규산2칼슘을 C_2S, 알루민산3칼슘을 C_3A, 철알루민산4칼슘을 C_4AF로 약기한다.
 (1) 수화 반응속도는 C_3S보다 C_2S 쪽이 늦다.
 (2) 수화열은 C_3A보다 C_4AF 쪽이 작다.
 (3) 화학저항성은 C_2S보다 C_3A 쪽이 작다.
 (4) 수축은 C_2S보다 C_3A 쪽이 작다.

◉ 해답 포인트
 (4) C_3A는 4가지 주요 조성화합물 중에서 수축이 제일 크다.

정답 (4)

─[문제 2]────────────────────────────
시멘트에 관한 다음의 기술 중 틀린 것은 어느 것인가?
 (1) 포틀랜드 시멘트에서는 조강 포틀랜드 시멘트의 재령 1일에서 압축강도의 하한치가 규정되어 있다.
 (2) 중용열 포틀랜드 시멘트의 수화열 상한치가 규정되어 있다.
 (3) 고로 슬래그 시멘트에서는 전알칼리(%)의 상한치가 규정되어 있다.
 (4) 플라이애시 시멘트에서는 산화마그네슘(%)의 상한값이 규정되어 있다.

◉ 해답 포인트

(3) 고로 슬래그는 고로에서 철을 제조할 때 발생하는 고로재를 급랭 처리한 것이며, 화학성분으로서는 Na^+이나 K^+을 거의 함유하지 않는다.

정답 (3)

─[문제 3]─────────────────────────────

골재의 용어에 관한 다음의 기술 중 틀린 것은 어느 것인가?

(1) 절건 비중은 골재의 절대 건조 상태의 질량을 절대 건조 상태의 용적으로 나눈 값이다.

(2) 흡수율은 표면 건조 포화수 상태의 골재에 함유되어 있는 전수량을 절대 건조 상태의 골재 질량으로 나눈 값을 백분율로 표시한 것이다.

(3) 단위 용적 질량은 절대 건조 상태 혹은 공기 중 건조 상태에서 골재의 단위 용적당의 질량이다.

(4) 실적률은 절대 건조 상태에서 골재의 단위 용적 질량을 절건 비중으로 나눈 값을 백분율로 표시한 것이다.

◉ 해답 포인트

(1) 절건 비중은 절대 건조 상태의 질량을 표면 건조 포화수 상태의 용적으로 나눈 값으로서 구해진다.

정답 (1)

─[문제 4]─────────────────────────────

골재에 관한 다음의 기술 중 부적당한 것은 어느 것인가?

(1) 잔골재의 유기불순물시험에서 불합격된 모래라 해도 그 모래를 사용한 모르타르의 압축강도와 그 모래를 수산화나트륨 3% 용액에서 세척하고, 또 물로 충분히 씻어낸 것을 사용한 모르타르의 압축강도비가 90% 이상이라면 사용을 인정한다.

(2) 레디 믹스트 콘크리트용 골재의 규정에 의하면 잔골재 중 염화물 함유량이 0.04%의 규정을 초과하는 모래라 해도 다른 모래와 혼합된 것의 염화물 함유량이 0.04% 이하이면 사용할 수 있다.
(3) 절건 비중이 2.5 미만의 모래라 해도 다른 모래와 혼합된 것의 절건 비중이 2.5 이상이면 사용할 수 있다.
(4) 부순골재 및 자갈의 일부에 알칼리 골재반응성에 의한 구분 B의 골재를 혼합한 경우는 이 골재 전체를 무해한 것이 확인되지 않은 골재로서 취급해야만 한다.

◉ **해답 포인트**
(3) 절건 비중이 2.5 미만인 모래는 다른 모래와 혼합된 경우라 해도 구입자의 승인이 없는 한 사용할 수 없다.

정답 (3)

[문제 5]

콘크리트용 화학혼화제에 관한 다음의 기술 중 맞는 것은 어느 것인가?
(1) AE제, 감수제, AE 감수제, 고성능 감수제 및 고성능 AE 감수제의 5종류에 대해서 성능·품질이 규정되어 있지만, 유동화제는 대상으로 되어 있지 않다.
(2) 감수제 및 AE 감수제는 응결시간 차이에 따라 각각 표준형, 지연형, 촉진형으로 구분되어 있지만, 고성능 AE 감수제는, 표준형 및 지연형으로 구분되어 있다.
(3) 화학혼화제는 콘크리트 속에 혼입되는 전알칼리량(R_m)에 따라 Ⅰ종, Ⅱ종, Ⅲ종으로 구분되어 있다.
(4) AE 감수제 및 고성능 AE 감수제에 대해서는 슬럼프 및 공기량의 경시 변화량 상한치가 규정되어 있다.

정답 (2)

―[문제 6]―――――――――――――――――――――――――――――――――

철근에 관한 다음의 기술 중 맞는 것은 어느 것인가?
(1) 철근의 항복점이 달라도 항복 개시할 때의 변형은 거의 동일하다.
(2) 철근에 탄성 한계를 초과해 인장력을 더한 경우, 인장력을 제거하여도 잔류 변형이 생긴다.
(3) 철근의 파단 신장은 PSC 강재의 파단 신장보다 작다.
(4) 철근의 구부림 시험에서는 구부림 파단때의 하중에서 구부림 강도를 구한다.

정답 (2)

―[문제 7]―――――――――――――――――――――――――――――――――

배합 보정방법으로서 아래 표 A, B, C의 조합 중 적당한 것은 어느 것인가?

보정항목	굵은 골재의 보정	단위 수량의 보정
슬럼프를 크게 한다	A	크게 된다
공기량	작게 한다	B
W/C	C	보정되지 않는다

	A	B	C
(1)	보정이 안됨	작게 한다	크게 한다
(2)	보정이 안됨	크게 한다	작게 한다
(3)	크게 한다	작게 한다	작게 한다
(4)	크게 한다	크게 한다	크게 한다

정답 (1)

―[문제 8]―――――――――――――――――――――――――――――――――

아래 표에 나타낸 배합을 토대로 콘크리트를 반죽한 결과, 공기량이 6.0%가 되었다. 실제로 비벼진 콘크리트 배합에 관한 다음의 기술 중 적당한 것은 어느 것인가?

단, 시멘트의 비중은 3.16, 잔골재의 표건 비중은 2.60, 굵은 골재의 표건 비중은 2.65로 한다. 또 잔골재의 단위량은 표면건조 포화상태를 나타낸다.

물 시멘트비 (%)	공기량 (%)	단위량(kg/m³)	
		물	잔골재
55.0	5.0	175	780

(1) 단위 시멘트량은 318 kg/m³이다.
(2) 단위 잔골재량은 788 kg/m³이다.
(3) 단위 굵은 골재량은 982 kg/m³이다.
(4) 잔골재율은 45.4%이다.

정답 (3)

[문제 9]

콘크리트의 시방배합은 아래 표와 같다. 실제로 사용하는 잔골재의 표면수율이 6.0%, 굵은 골재의 표면수율은 0.5%인 경우, 1 m³의 콘크리트를 제조하기 위해 필요한 물의 계량치로서 다음에 나타낸 값 중 적당한 것은 어느 것인가?

단, AE 감수제는 10배로 희석해 사용하고, 물과 AE 감수제 수용액은 따로 따로 계산하기로 한다.

물 (kg/m³)	시멘트 (kg/m³)	잔골재 (kg/m³)	굵은 골재* (kg/m³)	AE감수제 (kg/m³)
162	320	780	1,040	0.70

(1) 89 kg
(2) 104 kg
(3) 110 kg
(4) 116 kg

정답 (2)

[문제 10]

굳지 않은 콘크리트의 일반적 성상에 관한 다음의 기술 중 적당한 것은 어느 것인가?

(1) 같은 배합에서 잔골재를 조립률이 큰 것으로 변경하였더니 블리딩량이 작아졌다.
(2) 같은 배합에서 굵은 골재를 실적률이 큰 것으로 변경하였더니 슬럼프가 작아졌다.
(3) 같은 배합에서 비빔 온도를 낮게 하였더니 슬럼프 및 공기량은 모두 작아졌다.
(4) 같은 재료를 사용한 슬럼프 8 cm와 18 cm의 콘크리트에서 단위 수량을 5%만 크게 하였더니 슬럼프의 증대량은 18 cm의 콘크리트 쪽이 작아졌다.

정답 (4)

[문제 11]

굳지 않은 콘크리트의 응결 또는 공기량에 관한 다음의 기술 중 **틀린** 것은 어느 것인가?

(1) 콘크리트 응결의 시발시간은 5 mm 체로 체질한 후 모르타르의 관입 저항이 $3.5 \, N/mm^2$에 달하기까지 주수로부터의 경과시간이다.
(2) 콘크리트의 응결시간 시험에서, 종결시간에 가까운 시기에는 단면적이 $100 \, mm^2$의 관입침을 사용한다.
(3) 연행 공기량은 사용하는 시멘트의 분말도가 클수록 감소한다.
(4) 갇힌 공기량은 굵은 골재의 최대치수가 크게 될수록 감소한다.

⊙ 해답 포인트

(2) 관입저항 시험장치에서는 모르타르가 굳어짐에 따라 관입침을 순차적으로 $100\,mm^2$, $50\,mm^2$, $25\,mm^2$, $12.5\,mm^2$로 가는 것으로 바꿔 나간다. 그 때문에 종결시간은 $100\,mm^2$나 $50\,mm^2$나 굵은 침으로는 측정할 수 없다.

정답 (2)

[문제 12]

보통의 콘크리트 압축강도에 대한 각종 강도의 비율에 관한 다음의 기술 중 부적당한 것은 어느 것인가?

(1) 인장강도는 압축 강도의 $\frac{1}{13} \sim \frac{1}{8}$ 정도이다.

(2) 휨강도는 압축강도의 $\frac{1}{8} \sim \frac{1}{5}$ 정도이다.

(3) 지압강도는 압축강도의 $\frac{1}{3} \sim \frac{1}{2}$ 정도이다.

(4) 200만회 압축 피로강도는 압축강도의 $\frac{1}{2} \sim \frac{2}{3}$ 정도이다.

⊙ 해답 포인트

(3) 지압강도는 압축강도의 3/2 정도이다)

정답 (3)

[문제 13]

압축강도 $30.0\,N/mm^2$, 영계수 $28.0\,kN/mm^2$의 콘크리트 원주 공시체에 압축응력이 $8.4\,N/mm^2$가 되는 하중을 지속시켜 재하했더니 1년 후 전체 변형은 $1,200 \times 10^{-6}$, 건조수축 변형은 390×10^{-6}이 되었다. 탄성 변형과 1년 후 크리프 계수치를 나타낸 다음의 조합 중 맞는 것은 어느 것인가?

	탄성 변형	크리프 계수
(1)	300×10^{-6}	1.70
(2)	300×10^{-6}	3.00
(3)	333×10^{-6}	1.43
(4)	333×10^{-6}	2.60

정답 (1)

[문제 14]

콘크리트의 압축강도 시험치에 미치는 시험조건의 영향에 관한 일반적인 경향을 설명한 다음의 기술 중 부적당한 것은 어느 것인가?

(1) 공시체에 대한 재하속도를 크게 하면 시험치는 커진다.
(2) 원주 공시체의 직경에 대한 높이비를 크게 하면 시험치는 커진다.
(3) 한 변이 15 cm인 정육면체 공시체의 시험치는 직경 15 cm이고 높이 30 cm의 원주 공시체에 의한 값보다 커진다.
(4) 습윤 상태에 있는 공시체를 시험 직전에 건조시키면 시험치는 습윤 상태의 경우보다 커진다.

⊙ 해답 포인트

(2) 원주 공시체의 높이와 직경과의 비가 커지면 압축 강도는 낮아진다.

정답 (2)

[문제 15]

아래 표에 나타낸 균열의 발생부위와 형태로부터 추측되는 균열 원인의 일례와 그 방지 대책의 일례에 관한 다음의 조합 중 부적당한 것은 어느 것인가?

	균열의 발생부위	균열의 형태	추측된 원인의 일례	방지대책의 일례
(1)	보 윗면	축 방향 균열	콘크리트의 침하	탬핑
(2)	슬래브 윗면	불규칙한 표면 균열	급격한 건조	막 양생
(3)	보 단부와 기둥의 접합부	관통 균열	콘크리트의 침하	분할해서 타설
(4)	개구부가 있는 벽	모서리부 균열	시멘트량의 과다	프리 쿨링

⊙ 해답 포인트

(4) 개구부가 있는 벽에서 모서리부 균열은 콘크리트의 수축이나 모서리부의 응력 집중이 그 원인으로서 생각된다. 따라서, 그 방지대책으로서는 개구부의 양쪽 끝에 수축(유발) 줄눈을 만들거나, 보강철근을 배치하는 방법이 취

해진다.

정답 (4)

─[문제 16]────────────────────────────
콘크리트 구조물의 내구성에 관한 다음의 기술 중 틀린 것은 어느 것인가?
(1) 콘크리트의 중성화 깊이는 경과년수의 제곱근 역수에 거의 비례한다.
(2) 콘크리트 바닥 위로 흘러내린 기름을 방치한 경우, 광물유이면 약화되지 않지만, 동식물성 기름인 경우는 표면이 약화된다.
(3) 공기량을 같게 한 AE 콘크리트의 내동해성은 연행된 공기포의 지름이 작을수록 크다.
(4) 피복두께 및 물 시멘트비가 같은 철근 콘크리트 부재 속의 철근은, 늘 물보라를 받는 부분보다 항상 바닷물 속에 있는 부분 쪽이 부식되기 어렵다.

◉ 해답 포인트
(1) 일반적으로 콘크리트의 중성화 깊이는 경과년수의 제곱근에 거의 비례하고 있다.

정답 (1)

─[문제 17]────────────────────────────
경화 콘크리트의 성상·품질에 관한 다음의 기술 중 맞는 것은 어느 것인가?
(1) 콘크리트의 건조 수축은 골재의 종류에 따른 영향은 대부분 받지 않는다.
(2) 백화는 블리딩수와 함께 떠오른 미세한 입자가 건조로 인해 콘크리트 표면에 석출된 것이다.
(3) 중성자선(방사선의 일종)의 차폐에는 중량 콘크리트가 적합하다.
(4) 공동현상(cavitation)에 의한 콘크리트의 약화를 방지하기 위해 콘크리트 표면을 평평하고 매끄럽게 마무리하는 것이 좋다.

정답 (4)

[문제 18]
콘크리트 제조시 각 재료의 목표로 하는 1회 계량분량은 아래와 같다. 다음의 계량치 조합 중 어떠한 재료도 허용계량 오차 내에 있다고 판단할 수 있는 것은 어느 것인가?

재료의 종류	시멘트	플라이애시	물	잔골재	굵은 골재	혼화제 수용액
목표로 하는 1회 계량분량(kg)	256	64	131	782	1,083	16.3

	계 량 치(kg)					
	시멘트	플라이애시	물	잔골재	굵은 골재	혼화제 수용액
(1)	261	65	132	782	1,059	16.5
(2)	258	63	130	760	1,052	16.7
(3)	257	66	130	806	1,110	15.9
(4)	254	65	131	803	1,123	16.0

정답 (2)

[문제 19]
콘크리트 제조에 관한 다음의 기술 중 틀린 것은 어느 것인가?
  (1) 콘크리트의 압축강도, 공기량, 슬럼프에 대해서도 시험하여 믹서의 반죽 성능을 판정하도록 규정되어 있다.
  (2) 콘크리트 플랜트선에서 콘크리트 재료를 계량하는 경우, 선체가 동요하기 때문에 질량 계산을 하면 계량오차가 커진다.
  (3) 시험을 하지 않는 경우 반죽시간의 최소치 표준을 가경식 믹서는 1분 30초, 강제 비빔 믹서는 1분으로 되어 있다.
  (4) 연속 믹서는 콘크리트를 연속해서 제조하는 장치이며, 재료의 계량에는 일반적으로 질량 계량이 채용되고 있다.

◉ 해답 포인트
  (4) 연속 믹서에는 재료를 1배치씩 계량하는 것이 어려우므로, 용적 계량을 하게 되어 있다.

정답 (4)

[문제 20]

레디 믹스트 콘크리트의 품질 관리 및 검사에 관한 다음의 기술 중 부적당한 것은 어느 것인가?
  (1) 콘크리트의 시료를 채취할 때, 트럭 애지테이터를 30초 동안 고속 교반시킨 후 처음의 약 100리터를 제외하고, 그 후 콘크리트 흐름의 전횡단면에서 채취했다.
  (2) 한중 콘크리트에서 적산온도방식을 사용하는 경우 압축강도 시험용 공시체의 양생을 현장 수중 양생으로 했다.
  (3) 구입자의 승인을 얻어 염화물 함유량의 검사를 정밀도가 확인된 측정기를 사용하여 공장 출하시에 실시했다.
  (4) 2일 동안 콘크리트 출하량의 합계가 150 m³로 되었기 때문에, 주고받는 당사자간에 협의에 따라 강도의 검사 로트 크기는 2일분을 1로트로 정했다.

◉ 해답 포인트
  (2) 한중 콘크리트에서 콘크리트의 조합 강도를 적산온도방식으로 정한 경우는, 조합 강도 관리를 위한 공시체는 20±3℃의 수중에서 양생하고, 소정의 적산온도가 얻어지는 재령으로 시험한다.

정답 (2)

[문제 21]

다음의 기술 중 틀린 것은 어느 것인가?
  (1) 레디 믹스트 콘크리트의 납입서는 규격품이라면 150 m³에 1회 제출하면 된다.

(2) 하역지점에서 슬럼프, 공기량의 시험에서 허용범위가 벗어난 경우에는 새로운 시료를 채취하여 1회에 한해서 재시험을 할 수 있다.
(3) 구입자가 생산자와 협의해 지정된 사항에 대해서는 주고받는 당사자간의 협의에 따라 검사한다.
(4) 인공 경량 굵은 골재와 인공 경량 잔골재를 사용한 경량 콘크리트의 기호는 경량 2종이다.

⊙ 해답 포인트
(1) 생콘의 납입서는 각 운반차마다 제출할 필요가 있다.

정답 (1)

[문제 22]
다음의 기술 중 틀린 것은 어느 것인가?
(1) 레디 믹스트 콘크리트 검사에서는 강도, 슬럼프, 공기량 및 염화물 함유량의 규정을 만족시키면 합격으로 판정한다.
(2) 콘크리트 중의 알칼리 총량은 일반적으로 시멘트 속의 전알칼리, 염화물 측정에 의해 얻어지는 염화물 이온량, 혼화제에 함유된 알칼리량을 계산하여 구한다.
(3) 구입자의 승인을 얻으면 모래, 자갈 모두 흡수율이 4.0%일지라도 사용할 수 있다.
(4) 경량 콘크리트의 공기량 허용차이는 구입자가 지정한 값에 대해서 보통 콘크리트보다 0.5% 많은 ±2.0%로 규정되어 있다.

⊙ 해답 포인트
(4) 콘크리트의 공기량 허용차이는 보통 콘크리트, 경량 콘크리트 모두 ±1.5%이다)

정답 (4)

[문제 23]

콘크리트 펌프에 더해지는 최대부하는 아래 식으로 계산하게 되었다. 아래 그림에 나타낸 배관에서 콘크리트를 토출량 30 m³/시로 압송하는 경우, 펌프에 더해지는 최대 부하치 P의 산정치로서 다음에 표시된 값 중 적당한 것은 어느 것인가?

단, 펌프 토출량 30 m³/시일 때 125A 수평관 1 m당 압력 손실은 0.12 kgf/cm² 로 한다.

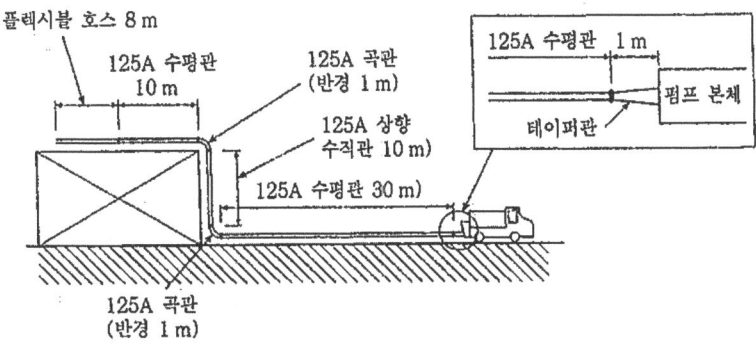

$$P = K(L + 3B + 2T + 2F) + 0.1 \times WH$$

여기서, P : 콘크리트 펌프에 가해지는 압송 부하(kgf/cm²)

K : 수평관의 판내 압력 손실(kgf/cm²/m)

L : 직관의 길이(m)

B : 곡관의 길이(m)(실제 길이로 한다)

T : 테이퍼관의 길이(m)

F : 플렉시블 호스의 길이(m)

W : 굳지 않은 콘크리트의 단위 용적당 중량으로,
여기서는 2.3을 사용한다.

H : 압송 높이(m)

(1) 10 kgf/cm²
(2) 11 kgf/cm²
(3) 12 kgf/cm²
(4) 13 kgf/cm²

정답 (3)

─[문제 24]─
콘크리트의 타설 및 다짐에 관한 다음의 일반적인 기술 중 부적당한 것은 어느 것인가?
(1) 20 m를 초과하는 높이에서 콘크리트를 하향으로 타설하는 경우, 낙하저항을 크게 하도록 연구된 스네이크 슈트(snake chute) 등의 수직 슈트를 사용한다.
(2) 버킷은 콘크리트가 투입 및 배출될 때에 재료분리를 일으키기 어렵고, 또한 빠르게 배출시킬 수 있는 구조의 것이라야 한다.
(3) 콘크리트는 거푸집 상부에서 슈트, 호스 등을 사용해 타설하는 것을 원칙으로 하고, 타설 높이가 5 m를 초과하는 경우에도 거푸집 중간부에 타설구를 만들어 타설해서는 안 된다.
(4) 슬럼프 18 cm의 콘크리트를 공칭봉경 45 mm 정도의 내부 진동기를 사용하여 다지는 경우, 내부 진동기의 삽입 간격은 60 cm 이하로 하는 것이 좋다.

⊙ 해답 포인트
(3) 콘크리트의 타설높이가 5 m를 초과하는 경우에는 낙하에 의한 분리나 충전불량으로 인한 결함을 방지하기 위하여 거푸집 중간부에 투입구를 만들어 타설하는 것이 좋다.

정답 (3)

[문제 25]
콘크리트의 타설, 이어붓기 및 다짐에 관한 다음의 기술 중 부적당한 것은 어느 것인가?
(1) 콘크리트의 타설속도는 콘크리트 펌프의 압송 능력 뿐만 아니라 다짐 능력도 고려해 정한다.
(2) 콘크리트를 이어붓기하는 경우, 구 콘크리트 표면을 살수하여 충분히 흡수시켜 두어야 한다.
(3) 동일 타설 구획 내의 콘크리트는 시공 이음이 생기지 않도록 연속으로 타설할 필요가 있다.
(4) 거푸집 진동기는 높은 벽과 같은 수직부재의 콘크리트 다짐에는 적합하지 않다.

⊙ 해답 포인트
(4) 거푸집 진동기는 거푸집의 진동을 콘크리트에 전달해 다지는 진동기이며, 내부 진동기가 닿지 않는 높은 수직부재에 적용된다.

정답 (4)

[문제 26]
콘크리트의 양생기간에 관한 다음의 기술 중 부적당한 것은 어느 것인가?
(1) 보통 포틀랜드 시멘트를 사용한 콘크리트의 타설 후 바깥기온의 평균치가 20℃를 초과하였으므로 습윤 양생을 5일 동안에 종료했다.
(2) 매스 콘크리트의 경우 내부온도가 상승되는 기간은 표면부의 온도가 급격히 저하하는 일이 없도록 양생하고, 내부온도가 최고온도에 달한 후는 보온하여 내부와 외부의 온도차이가 크게 되지 않도록 했다.
(3) 한랭기에 조강 포틀랜드 시멘트를 사용한 콘크리트를 사용하였으므로 콘크리트 온도를 2℃ 이상 유지하는 기간을 3일간으로 했다.
(4) 수밀 콘크리트의 양생기간을 일반 경우보다 2일간 이상 길게 했다.

정답 (1)

[문제 27]
거푸집에 관한 다음의 기술 중 부적당한 것은 어느 것인가?
(1) 합판 거푸집를 합성수지 등으로 표면 가공하는 것은, 일반적으로 콘크리트면의 착색, 변색, 경화불량의 방지, 거푸집의 전용횟수 증대 등의 효과를 얻는 것이 주목적이다.
(2) 투수성 거푸집은 콘크리트 속의 잉여수를 배출하여 콘크리트의 조기 강도를 높이기 위해서 사용된다.
(3) 슬럼프 18 cm의 묽은비빔 콘크리트를 높이 3 m의 기둥 형상 거푸집에 20 m/시를 초과하도록 급격한 속도로 일시에 타설할 경우, 콘크리트의 측압은 액압이 작용하는 것으로서 계산한다.
(4) 거푸집에 작용하는 콘크리트의 측압은 타설 개소의 배근량, 배근 상태에는 좌우되지 않는 것으로서 계산한다.

⊙ **해답 포인트**
(2) 투수성 거푸집은 타설 후 콘크리트의 잉여수를 배출하여 물 시멘트비를 내려서 표층부를 치밀화 할 수 있는 것이다.

정답 (2)

[문제 28]
철근의 가공 및 조립에 관한 다음의 기술 중 적당한 것은 어느 것인가?
(1) SD 295A, D 13의 띠철근을 구부림 가공할 때 주철근 직경에 맞추어 띠근의 중간부 및 단부의 절곡내 반경을 11 mm(절곡 안치수 직경을 22 mm)로 구부려 가공했다.
(2) 스터럽 및 띠철근을 주철근과 동일하게 ±15 mm의 치수 정밀도로 가공했다.
(3) 철근을 500℃에서 가열해 구부려 가공했다.
(4) 종류가 SD 345에 지름이 다른 D 25와 D 22의 철근을 서로 압접했다.

정답 (4)

─[문제 29]──────────────────────────────
포장의 배합에 관한 다음의 기술 중 적당한 것은 어느 것인가?
(1) 굵은 골재에 함유된 유해물에 관하여는 일반 콘크리트용 굵은 골재와는 달리 연한 돌조각의 함유량 한도가 규정되어 있다.
(2) 단위 굵은 골재 용적은 소요의 워커빌리티 및 피니셔빌리티가 얻어지는 범위 내에서 가능한 한 작은 값으로 하는 것이 좋다.
(3) 마모에 대한 저항성에서 정해지는 물 시멘트비의 최대치는 55%로 규정되어 있다.
(4) 마모 저항 및 미끄럼 저항을 증가시킬 필요가 있기 때문에 굵은 골재의 최대치수 하한치가 규정되어 있다.

◉ 해답 포인트
(1) 굵은 골재가 취약하면 마모 저항성이 작아지므로, 일반 콘크리트용 굵은 골재의 유해물 함유량의 한도에 더하며, 연한 돌조각의 한도는 최대치가 5.0%로 규정되어 있다.

정답 (1)

─[문제 30]──────────────────────────────
한중 콘크리트에 관한 다음의 기술 중 부적당한 것은 어느 것인가?
(1) 골재를 가열해 콘크리트의 비빔 온도를 올리는 경우, 시멘트의 급결을 방지하기 위해서 골재 온도는 65℃ 이하로 하는 것이 좋다.
(2) 타설시의 콘크리트 온도가 10~20℃로 되어 있으므로 이것을 기준으로 타설까지의 열 손실을 고려해 비빔 온도를 정하는 것이 좋다.
(3) 보통의 적산온도방식을 적용하면 5℃에서 28일간 양생된 콘크리트는 10℃에서 14일간 양생된 콘크리트와 거의 강도가 동일한 값이 된다.

(4) 한중 콘크리트는 초기의 시멘트 수화는 늦어지지만, 적절한 양생을 하면 장기재령에서 강도의 신장이 커진다.

⊙ **해답 포인트**
(3) 보통 적산온도방식을 적용하면 양자의 값은 다른 것이 된다.

정답 (3)

[문제 31]

서중 콘크리트에 관한 다음의 기술 중 부적당한 것은 어느 것인가?
(1) 서중 콘크리트란 하역시 콘크리트 온도가 35℃를 초과하는 것을 말한다.
(2) 서중 콘크리트는 초기강도의 발현은 빠르지만 장기강도의 증진은 작다.
(3) 콘크리트의 비빔 온도를 내리는 것을 목적으로서 얼음 조각을 이용하는 것도 있다.
(4) 반죽수의 온도를 12℃ 내리면 콘크리트의 비빔 온도는 약 3℃ 내려간다.

⊙ **해답 포인트**
(1) 서중 콘크리트의 정의는 일평균기온이 25℃가 넘는 시기에 시공하는 콘크리트를 말한다.

정답 (1)

[문제 32]

매스 콘크리트의 온도 균열 저감 대책에 관한 다음의 기술 중 적당한 것은 어느 것인가?
(1) 시공 계획을 할 때 온도 균열지수가 가능한 한 작아지는 재료, 배합 및 시공법을 채용하기로 했다.
(2) 사용 시멘트를 보통 포틀랜드 시멘트에서 고로 시멘트 A종으로 변경했다.
(3) 서중 시공이어서 트럭 애지테이터 안에 액체질소를 불어넣고, 콘크리트 온도를 20℃ 정도까지 냉각시켰다.

(4) 서중 시공이어서 2℃ 정도까지 냉각시킨 물을 양생수로서 사용하고, 노출면 온도가 가능한 한 낮아지도록 했다.

정답 (3)

[문제 33]

벽두께 10 m, 높이 3.0 m의 연속하는 매스 콘크리트 벽체 공사에서 보통 포틀랜드 시멘트(단위 시멘트량 300 kg/m³)를 사용해 슬럼프 12 cm의 콘크리트를 강제 거푸집 안으로 타설, 그 직후부터 온도 이력을 계측했다. 아래 그림에 나타낸 곡선 중 벽체 단면 중심부의 온도 이력곡선으로서 적당한 것은 어느 것인가?

단, 타설시의 콘크리트 온도는 20℃, 또 계측기간 중 바깥기온은 20℃이었다.

또한, 그림 중에는 사용 콘크리트의 단열 온도 상승곡선을 함께 나타내었다.

(1) A
(2) B
(3) C
(4) D

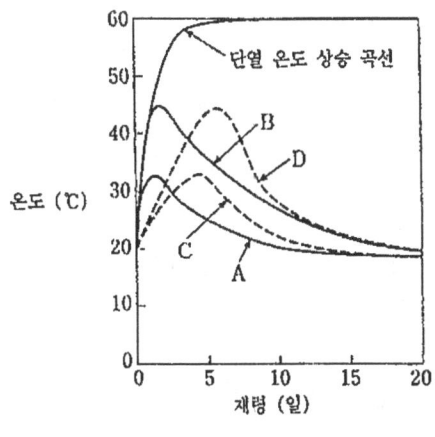

정답 (2)

[문제 34]

보통 콘크리트와 비교한 경우 수중 불분리성 콘크리트의 일반적인 성질에 관한 다음의 기술 중 부적당한 것은 어느 것인가?

(1) 블리딩량은 적어진다.
(2) 응결시간은 짧아진다.
(3) 건조 수축은 증대한다.
(4) 동결 융해에 대한 저항성은 저하한다.

⊙ 해답 포인트

(2) 수중 불분리성 혼화제의 첨가에 따라 수중 불분리 콘크리트의 응결시간은 지연된다. 일반적으로는 첨가량이 많게 될수록 응결이 지연된다.

정답 (2)

[문제 35]

각종 콘크리트에 관한 다음의 기술 중 부적당한 것은 어느 것인가?

(1) ALC(오토클레이브 양생 기포 콘크리트)는 시멘트와 석회질 모래를 주원료로 하고, 이것에 물, 발포제(알루미늄 분말)를 더하여 다공질화하여 고온 고압 양생된 기포 콘크리트이다.
(2) 차폐용 콘크리트의 굵은 골재로서는 자철광, barite(중정석) 등 비중이 큰 것 외에 보통의 자갈, 부순자갈도 사용된다.
(3) 모래와 자갈을 포함한 파도 등에 의해 마모 작용을 받는 해양 콘크리트에서는 적당한 재료에 의한 표면 보호, 피복이나 단면의 증대 등 대책을 세워야 한다.
(4) 유동화 콘크리트의 강도나 건조 수축은 베이스 콘크리트와 거의 동등하다.

⊙ 해답 포인트

(1) ALC는 석회질 부순모래는 재료로 사용하지 않는다.

정답 (1)

─[문제 36]─────────────────────────────
　프리스트레스트 콘크리트에 관한 다음의 기술 중 부적당한 것은 어느 것인가?
(1) 철근 콘크리트에 비해 대지간 구조에 적합하다.
(2) 긴장재는 보통 철근의 2~4배 인장 강도를 갖는 PSC 강재를 사용한다.
(3) 포스트텐션 방식에서는 긴장재와 콘크리트간의 부착으로 프리스트레스가 전달된다.
(4) 콘크리트에 도입되는 프리스트레스는 콘크리트의 크리프나 건조 수축, PSC 강재의 릴렉세이션 등으로 초기의 값보다 저하한다.

◉ 해답 포인트
(3) 포스트텐션 방식은 시스 내의 PSC 강재 양단부를 긴장시키고, 정착구로 불리는 특수한 장치를 사용하여 인장된 PSC 강재를 콘크리트 부재에 고정시켜 프리스트레스를 도입한다. 일반적으로 포스트텐션 방식에서는 긴장재와 콘크리트간의 부착에 의해 프리스트레스가 전달되는 경우는 없다.

정답 (3)

─[문제 37]─────────────────────────────
　휨모멘트를 받는 철근 콘크리트 보 설계 계산의 사고방식에 관한 다음의 기술 중 부적당한 것은 어느 것인가?
(1) 단면은 휨모멘트를 받은 후에도 평면을 유지하는 것으로 한다.
(2) 허용 응력도 설계법에서는 콘크리트의 영 계수에 대한 철근의 영 계수비를 15로 한다.
(3) 주철근은 인장력 외에 압축력도 부담하는 것으로 한다.
(4) 피복 부분의 콘크리트는 인장력, 압축력을 불문하고 응력을 부담하지 않는 것으로 한다.

◉ 해답 포인트
(4) 압축쪽 콘크리트에 대해서는 피복 콘크리트를 포함해 압축 응력을 부담시킨다.

정답 (4)

[문제 38]
　주각부가 고정되고, 기둥머리에 캔틸레버 보를 갖는 철근 콘크리트 구조물에서 그림과 같은 연직 하중 P가 작용되고 있다. 이 구조물의 휨 균열 발생 상황을 표시한 다음 그림 중 적당한 것은 어느 것인가?

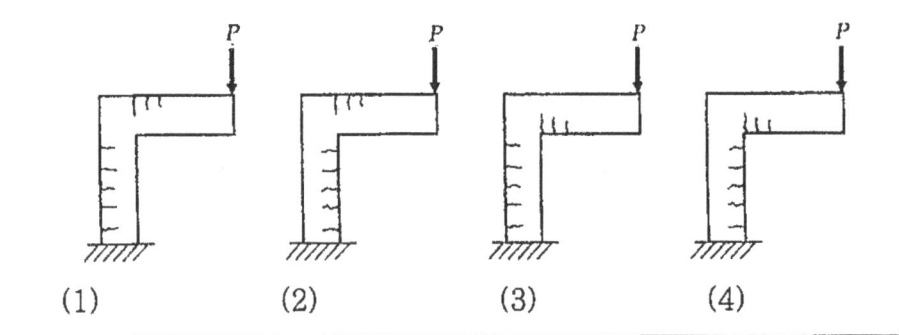

정답 (1)

[문제 39]
　포스트텐션 방식의 프리스트레스트 콘크리트 단순보 그 윗면 전체에 등분포 하중을 받는 경우의 긴장재 배치를 나타낸 다음 그림 중 역학적으로 합리적인 것은 어느 것인가?

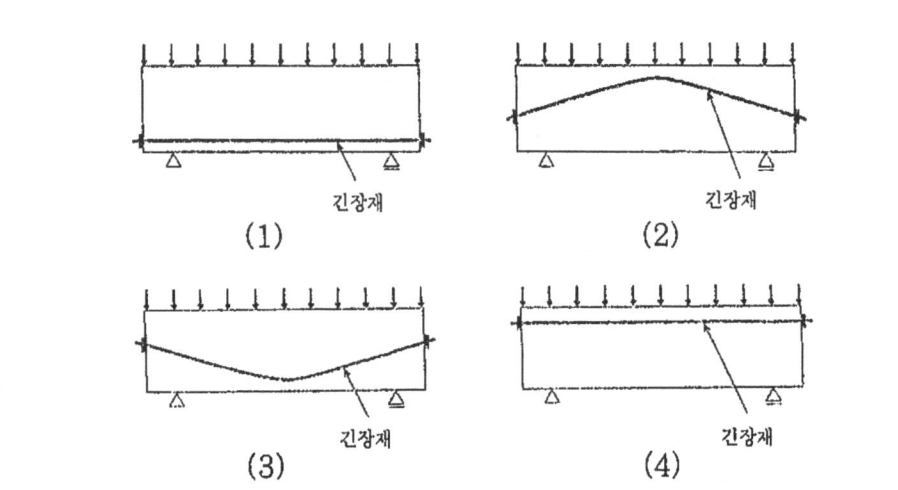

정답 (2)

[문제 40]
콘크리트 제품에 관한 다음의 기술 중 부적당한 것은 어느 것인가?
 (1) 원심력 다짐을 하는 흄관이나 말뚝은 성형시에 다량의 물이 탈수되지만, 일반적으로는 그 즉시 탈형되지 않는다.
 (2) 오토클레이브 양생된 콘크리트 제품은 보통 그 후의 양생은 필요없다.
 (3) 포장 블록과 같이 형상이 단순하고 소형인 콘크리트 제품은 즉시 탈형 방식 생산에 적합하다.
 (4) 생산성 향상 혹은 조기 탈형을 목적으로 하는 증기양생은 일반적으로 콘크리트의 타설 후 즉시 실시된다.

⊙ 해답 포인트
 (4) 콘크리트 타설 직후에 증기양생을 하면, 열팽창으로 인해 균열이 생길 우려가 있으므로, 일정한 전양생시간(2~3시간)에 할 필요가 있다.

정답 (4)

문제 41~60은 「맞음 혹은 적당함」 기술인가, 또는 「틀린다 혹은 부적당함」 기술인지를 판단하는 ○×문제이다.
「맞음 혹은 적당함」 기술은 정답용지의 ◎란을, 「틀린다 혹은 부적당함」 기술은 ⊗란을 검게 칠해 주십시오. ○×식 문제에서는 틀리면 감점(마이너스점)됩니다.

[문제 41] 초기재령에서 시멘트의 압축강도는 클링커의 광물 조성뿐만 아니라 시멘트의 분말도에 따라서도 크게 영향을 준다.

정답 ○

[문제 42] 레디 믹스트 콘크리트의 반죽에 사용하는 물에 정의되는 슬러지 고형분율이란 콘크리트의 배합에서 단위 시멘트량에 대한 슬러지 고형분의 질량 비율을 백분율로 표시한 것이다.

정답 ○

[문제 43] 콘크리트의 블리딩률은 시료의 양이나 시험용기의 크기에 따른 영향을 조금도 받지 않는다.

⊙ 해답 포인트

같은 콘크리트일지라도 시료의 양이나 용기 크기에 따라 측정되는 블리딩률은 다르게 된다.

정답 ×

[문제 44] 진동에 대한 변형 성능이 큰 굳지 않은 콘크리트는 진동대식 반죽질기 시험방법에 의해 얻어지는 침하도의 값이 커진다.

⊙ 해답 포인트

진동에 대한 변형 성능이 큰 콘크리트의 침하도(초)는 작게 된다.

정답 ×

〔문제 45〕 물 시멘트비를 같게 한 배합에서 굵은 골재의 최대치수를 크게 하면 시멘트풀의 양이 감소되므로 소요의 내동해성을 얻기 위해서 필요한 공기량을 줄일 수 있다

해답 ○

〔문제 46〕 철근과 콘크리트와의 부착강도는, 일반적으로 연직으로 배치된 철근 쪽이 수평으로 배치된 철근보다 크다.

해답 ○

〔문제 47〕 콘크리트의 내황산염성이란, 황산 작용으로 인해 시멘트의 수화생성물이 분해·용출하는 것에 대한 저항성이다.
◉ 해답 포인트
　　콘크리트의 내황산염성이란, 황산은 아니고 황산염의 작용에 대한 저항성이다.

해답 ×

〔문제 48〕 바깥기온이 25℃를 넘을 경우 콘크리트의 반죽에서 하역까지의 시간 한도를 1.5시간으로 규정하고 있다.
◉ 해답 포인트
　　규정되어 있는 것은 반죽에서 타설 종료까지의 시간이며, 하역까지의 시간은 아니다.

해답 ×

〔문제 49〕 인공 경량 골재 콘크리트를 펌프 압송하는 경우에는 프리 웨팅으로 인공 경량 골재의 함수율이 15% 정도 이상 되도록 관리하는 것이 좋다.

해답 ○

〔문제 50〕 보통 콘크리트를 펌프 압송할 때 최대 압송 부하를 수평 환산거리에 따

라 산정하는 경우, 상향 수직관 1 m당 수평 환산길이의 값은 배관지름이 크게 될수록 커진다.

해답 ○

[문제 51] 슬래브 아래 및 보 밑의 지보공은 콘크리트 강도가 설계기준강도의 80%에 달한 것이 확인된다면 제거할 수 있다.

◉ **해답 포인트**

슬래브 아래 및 보 밑의 지보공은 원칙으로서 설계기준강도의 100% 이상 압축 강도가 얻어지면 제거하도록 규정되어 있다. 또한, 이 경우의 공시체는 구조체에 가까운 조건으로 양생된 것을 사용한다.

해답 ×

[문제 52] 아래 표에 나타낸 온도 응력 해석 결과에서 산정되는 온도 균열 지수의 최소치는 약 1.28이다.

재령 (일)	0	0.5	1.0	2.0	3.0	7.0	14.0
온도 응력(kgf/cm^2)	0	−7.5	−10.0	−2.5	+5.5	+15.0	+12.0

단, 재령 t 일에서 콘크리트의 압축 강도 및 인장 강도는 아래 식에서 계산하고, 위의 표 중 + 부호는 인장을, − 부호는 압축을 나타낸다.

$$f'_c(t) = \frac{t}{4.5 + 0.95t} \cdot f'_c(91)$$

$$f_t(t) = 1.4\sqrt{f'_c(t)}$$

여기서, $f'_c(t)$: 재령 t 일의 압축 강도(kgf/cm^2)

$f'_c(91)$: 재령 91일의 압축 강도이며, 여기서는 300 kgf/cm^{2}로 한다.

$f_t(t)$: 재령 t 일의 인장 강도(kgf/cm^2)

해답 ○

[문제 53] AE 콘크리트는 물 시멘트비나 굵은 골재의 최대치수 등이 같은 무근 콘크리트에 비해 공기량이 많기 때문에 일반적으로 수밀성이 뒤떨어진다.

◉ 해답 포인트

　　AE 콘크리트의 공기포는 콘크리트의 유동성을 높여 재료분리를 억제하고, 블리딩수를 감소시키는 효과가 있다. 따라서 AE 콘크리트는 균등질이 되어 굵은 골재 아랫면에 콘크리트의 압밀 침하나 블리딩수에 의한 결함부분도 적어져서 콘크리트의 수밀성은 크게 된다.

해답 ×

[문제 54] 주입 모르타르의 충진성을 높이기 위해서 프리팩트 콘크리트에 사용하는 굵은 골재의 최소치수를 15 mm 이상으로 규정하고 있다.

해답 ○

[문제 55] 믹서에서 반죽된 콘크리트 속의 모르타르 차이 및 굵은 골재량의 차이 시험방법에서는 믹서의 반죽 성능의 판정기준으로서 모르타르의 단위 용적 질량 차이가 5% 이하, 단위 굵은 골재량의 차이가 0.8% 이하로 규정하고 있다.

◉ 해답 포인트

　　믹서의 반죽 시험에 의한 반죽 성능의 판정은 모르타르의 단위 용적 질량 차이가 0.8% 이하, 단위 굵은 골재량의 차이가 5% 이하이다.

해답 ×

[문제 56] 시험 비빔으로 물 시멘트비를 정하는 경우에는, 실제 공사에 사용하는 재료를 사용해 콘크리트의 압축 강도 시험을 하고, 그 결과에 최소제곱법을 적용해 구한 직선식에 설계기준강도를 대입해 물 시멘트비를 산출한다.

◉ 해답 포인트

　　시험 비빔으로 물 시멘트비를 결정하는 방법의 기술은 맞지만, 직선식에 적용하는 강도는 설계기준강도는 아니고, 이것에 할증을 가한 배합 강도이다.

해답 ×

[문제 57] 바닷물의 작용을 받는 콘크리트의 내구성에서 정해지는 물 시멘트비의 최대치는 때때로 물보라를 받는 부분보다 항상 바닷물 속에 있는 부분 쪽이 작다.

⊙ 해답 포인트

일반 현장시공의 경우, 해상 대기 중이나 물보라지역에서 물 시멘트비의 최대치를 해중보다 5% 작게 하고 있다.

해답 ○

[문제 58] 호칭강도 24의 배합강도가 260 N/mm²인 레디 믹스트 콘크리트의 압축강도 시험을 하고, 3회의 시험결과가 각각 25.9, 20.6 및 26.6 N/mm²이었으므로 불합격으로 판정했다.

⊙ 해답 포인트

강도의 판정은, ① 1회의 시험결과가 호칭강도값의 85% 이상, ② 3회 시험결과의 평균치가 호칭강도값 이상(판정 기준은 배합강도는 아니다)으로 된다. 본 설문의 경우는 합격으로 판정된다.

해답 ×

[문제 59] 생산자는 구입자의 요구가 없는 경우에도 배합 보고서 및 배합 설계의 기초가 되는 자료를 제시하여야 한다.

⊙ 해답 포인트

배합 보고서는 반드시 구입자에게(원칙으로 배달에 앞서) 제출하여야 하지만, 배합 설계의 기초가 되는 자료는 구입자의 요구가 있는 경우에 제출하도록 규정되어 있다.

해답 ×

[문제 60] 시멘트의 선정 등에 의한 알칼리 골재 반응의 억제 대책방법의 규정에 따라서 콘크리트 속의 Na^+, K^+를 대량으로 늘리지 않고 혼화제 만큼 사용하는 경우 콘크리트의 알칼리 총량을 시멘트의 것만 계산하여 25 kg/m^3 이하로 했다.

해답 ○

1995년도 문제

[문제 1]
시멘트의 분말도를 높게 한 경우 콘크리트의 일반적 성질에 관한 다음의 기술 중 부적당한 것은 어느 것인가?
(1) 블리딩량이 감소한다.
(2) 유동성이 저하한다.
(3) 초기강도가 증대한다.
(4) 건조수축량이 감소한다.

정답 (4)

[문제 2]
골재의 입도분포나 입자형태가 굳지 않은 콘크리트의 슬럼프나 공기량에 미치는 영향에 관한 다음의 기술 중 부적당한 것은 어느 것인가?
(1) 골재의 입자형태 판정 실적률이 커지면 콘크리트의 슬럼프는 크다
(2) 잔골재의 조립률이 작아지면 콘크리트의 슬럼프는 작아진다.
(3) 잔골재 중에 0.3~0.6 mm 입자가 많아지면 콘크리트의 공기량은 많아진다.
(4) 굵은 골재의 최대치수가 커지면 콘크리트의 공기량은 많아진다.

정답 (4)

┌[문제 3]─────────────────────────────────
│ 레디 믹스트 콘크리트용 골재 또는 콘크리트용 부순골재에 규정되어 있는 알
│ 칼리 실리카 반응성 시험결과의 판정에 관한 다음의 기술 중 **틀린** 것은 어느
│ 것인가?
│ (1) 화학법과 모르타르법에 따라 시험하여 화학법에서는 구분 B로 판정되고
│   모르타르법에서는 구분 A로 판정되었으므로, 종합판정으로서 구분 B로
│   했다.
│ (2) 화학법에 따라 시험하여 구분 A로 판정되었으므로 모르타르법에 의한
│   시험은 하지 않고 종합판정으로서 구분 A로 했다.
│ (3) 모르타르법에 따라 시험하여 구분 A로 판정되었으므로 화학법에 의한
│   시험은 하지 않고 종합판정으로서 구분 A로 했다.
│ (4) 시험에서 구분 A로 판정된 골재 90%와 구분 B로 된 골재 10%를 혼
│   합 사용하는 경우, 종합판정으로서 구분 B로 했다.
└───

정답 (1)

┌[문제 4]─────────────────────────────────
│ 콘크리트용 화학혼화제에 관한 다음의 기술 중 틀린 것은 어느 것인가?
│ (1) 감수제 및 AE 감수제는 표준형, 지연형 및 촉진형으로 구분되어 있다.
│ (2) 염화물 이온(Cl^-)량에 의해 Ⅰ종, Ⅱ종 및 Ⅲ종으로 구분되어 있다.
│ (3) 동결 융해작용에 대한 저항성은 AE제, 감수제, AE 감수제 및 고성능
│   AE 감수제에 대해 규정되어 있다.
│ (4) 슬럼프 및 공기량의 경시변화량은 고성능 AE 감수제에 대해서만 규정되
│   어 있다.
└───

정답 (3)

[문제 5]
혼화재에 관한 다음의 기술 중 부적당한 것은 어느 것인가?
(1) 보통 포틀랜드 시멘트의 일부를 플라이애시로 치환하는 것에 따라 콘크리트의 초기강도는 저하한다.
(2) 보통 포틀랜드 시멘트의 일부를 플라이애시로 치환하는 것에 따라 수화열로 인한 콘크리트의 온도상승은 저감한다.
(3) 보통 포틀랜드 시멘트의 일부를 고로 슬래그 미분말로 치환하는 것에 따라 콘크리트의 중성화 진행을 억제할 수 있다.
(4) 보통 포틀랜드 시멘트의 일부를 고로 슬래그 미분말로 치환하는 것에 따라 알칼리 골재반응을 억제할 수 있다.

정답 (3)

[문제 6]
아래 그림은 구조용 강재의 응력-변형율 관계를 나타낸 것이다. 인장강도, 탄성한계, 상항복점 및 비례한계와 그림 속의 A점에서 B점까지의 다음 조합 중 맞는 것은 어느 것인가?

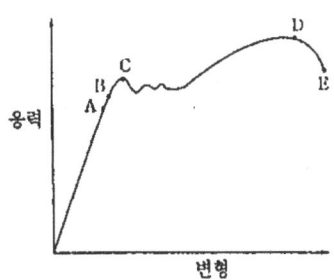

	인장강도	탄성한계	상항복점	비례한계
(1)	D	A	C	B
(2)	E	A	D	C
(3)	D	B	C	A
(4)	E	C	D	A

정답 (3)

[문제 7]

콘크리트의 배합에서 시멘트 물비에 관한 다음의 기술 중 부적당한 것은 어느 것인가?

(1) 시멘트 물비의 값이 커지면, 일반적으로 중성화에 대한 저항성이 향상된다.
(2) 시멘트 물비의 값이 커지면, 일반적으로 마모에 대한 저항성이 저하한다.
(3) 시멘트 물비의 값이 작아지면, 일반적으로 압축강도는 거의 직선적으로 저하한다.
(4) 시멘트 물비의 값이 작아지면, 일반적으로 수밀성이 저하한다.

정답 (2)

[문제 8]

아래 표의 조건으로 된 콘크리트의 배합 계산에서 골재의 표면수에 의한 수량의 보정을 실시하는 경우에 1m³당의 계량수량으로서 다음의 값 중 적당한 것은 어느 것인가? 단, 시멘트의 비중은 3.15로 한다.

공기량 (%)	물 시멘트비 (%)	잔골재율 (%)	단위 시멘트량 (kg/m³)	잔 골 재			굵은 골재		
				절건 비중	흡수율 (%)	표면수율 (%)	절건 비중	흡수율 (%)	표면수율 (%)
4.5	50	45	350	2.56	1.6	5.0	2.66	1.1	0.5

(1) 121 kg/m³
(2) 125 kg/m³
(3) 128 kg/m³
(4) 131 kg/m³

정답 (4)

[문제 9]

아래 표에 나타내는 시방배합의 콘크리트에서 굵은 골재로서 부순자갈 대신 하천자갈을 사용하기로 했다. 배합을 변경하기 위해서 시험반죽을 실시한 결과, 같은 정도의 슬럼프를 얻기 위해서 잔골재율을 3% 적게 하고, 또 단위 수량을 10kg 줄일 필요가 생겼다. 수정된 배합에서 골재의 단위량으로서 다음의 조합 중 적당한 것은 어느 것인가?

단, 물 시멘트비 및 공기량은 본래의 배합과 같은 값으로 한다. 또 시멘트 비중은 3.16, 골재는 표면건조 포화(표건) 상태로 하여 잔골재의 표건 비중은 260, 굵은 골재(부순자갈, 하천자갈)의 표건 비중은 2.70으로 한다.

단위량 (kg/m³)				공기량 (%)
물	시멘트	잔골재	굵은 골재	
170	300	700	1,136	4.5

	잔골재(kg/m³)	굵은 골재(kg/cm³)
(1)	646	1,237
(2)	660	1,220
(3)	666	1,210
(4)	715	.164

정답 (2)

[문제 10]

콘크리트 재료분리의 일반적인 경향에 관한 다음의 기술 중 부적당한 것은 어느 것인가?

(1) 잔골재율이 클수록 분리경향은 작다.
(2) 잔골재의 조립률이 클수록 분리경향은 작다.
(3) 굵은 골재와 모르타르의 비중 차이가 작을수록 분리경향은 작다.
(4) 모르타르의 점도가 클수록 분리경향은 작다.

정답 (2)

[문제 11]

　AE제를 사용한 굳지 않은 콘크리트 속 공기량의 일반적인 경향에 관한 다음의 기술 중 부적당한 것은 어느 것인가?

　(1) 반죽시간 1분의 것이 반죽시간 3분의 것보다 많다.
　(2) 비표면적 3,500 cm²/g인 시멘트를 사용한 쪽이 비표면적 4,500 cm²/g의 시멘트를 사용한 것보다 많다.
　(3) 잔골재율 48%의 것이 잔골재율 38%의 것보다 많다.
　(4) 비빔온도 13℃의 것이 비빔온도 23℃의 것보다 많다.

정답 (1)

[문제 12]

　다음의 콘크리트 구조물 설계와 그것에 관련되는 콘크리트의 각종 강도 조합 중 부적당한 것은 어느 것인가?

　(1) 철근 콘크리트 보의 최대 휨모멘트 계산 —— 휨강도
　(2) 온도응력에 의한 균열 발생의 평가 —— 인장강도
　(3) 건조수축에 의한 균열 발생의 평가 —— 인장강도
　(4) 프리스트레스 도입 가부의 판단 —— 압축강도

정답 (1)

[문제 13]

　재령 28일에서 압축강도가 같은 정도의 콘크리트를, 압축강도의 25%로 재하된 경우의 크리프에 관한 다음의 기술 중 적당한 것은 어느 것인가?

　(1) 상대습도가 60%의 크리프는 상대습도가 80%의 것보다 작다.
　(2) 단면적이 큰 콘크리트의 크리프는 단면적의 작은 것보다 크다.
　(3) 경량 골재 콘크리트의 크리프는 보통 콘크리트의 것보다 작다.

(4) 단위 시멘트량이 많은 콘크리트의 크리프는 단위 시멘트량이 적은 것보다 크다.

정답 (4)

[문제 14]

콘크리트의 타설 후, 3개월 정도 경과되어 아래 그림과 같은 균열이 바닥슬래브 표면에서 발견되었다. 균열은 슬래브의 단변방향과 네귀퉁이에 비스듬하게 생겼으며, 아랫면까지 관통되어 있는 것도 있었다. 콘크리트의 타설은 4월 중순의 비교적 따뜻한 날이었다. 인접하는 바닥슬래브에서도 같은 균열이 발견되었다.

이 균열의 원인으로서 다음 중 적당한 것은 어느 것인가?

(1) 콘크리트의 건조수축
(2) 콘크리트의 침하
(3) 피복두께 부족
(4) 과대한 적재하중

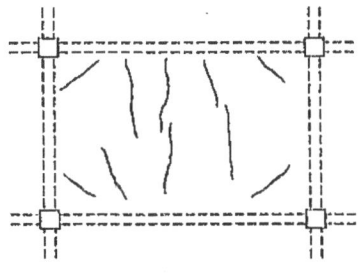

정답 (1)

[문제 15]

철근 콘크리트의 내구성에 관한 다음의 기술 중 부적당한 것은 어느 것인가?
(1) 콘크리트의 내동해성은 적정량의 연행 공기에 의해 향상된다.
(2) 콘크리트 속의 강재는 콘크리트표면을 도장하면 부식되기 어렵게 된다.

(3) 콘크리트의 중성화된 부분은 페놀프탈레인의 1% 에탄올 용액을 분사하면 적자색이 된다.
(4) 전류가 철근으로부터 콘크리트를 향해 흐르면, 전식을 일으켜 철근을 부식시킨다.

정답 (3)

[문제 16]

높은 수밀성이 요구되는 콘크리트를 제조하기 위한 유효한 대책으로서 다음 중 적당한 것은 어느 것인가?
(1) 물 시멘트비를 크게 한다.
(2) 조강 포틀랜드 시멘트를 사용한다.
(3) 굵은 골재의 최대치수를 크게 한다.
(4) 팽창재를 사용한다.

정답 (4)

[문제 17]

콘크리트재료를 계량하여 아래 표와 같은 결과를 얻었다. 각 재료의 계량 합격 여부판정에 관한 다음의 기술 중 부적당한 것은 어느 것인가? 단, 표 안의 단위는 모두 kg이다.

항 목	재료의 종류				
	시멘트	물	모래	부순자갈	혼화제
목표로 하는 1회 계량 분량	312	130	855	992	3.12
양으로 잡는 계량치	316	128	832	1,009	3.04

(1) 시멘트의 계량은 합격이었다.
(2) 물의 계량은 합격이었다.
(3) 골재의 계량은 모래, 부순자갈 모두 합격이었다.
(4) 혼화제의 계량은 합격이었다.

정답 (2)

[문제 18]

믹서로 반죽된 콘크리트 속의 모르타르 차이 및 굵은 골재량 차이의 시험방법에 따라 경량 콘크리트를 반죽해 강제 비빔 믹서의 성능시험을 했다. 그 결과는 아래 표와 같다.

시험항목	믹서에서 흘러내리는 콘크리트의 처음 부분에서 채취된 시료의시험치	믹서에서 흘러내리는 콘크리트의 끝 부분에서 채취된 시료의 시험치
콘크리트 속 모르타르의 단위 용적 질량 (kg/m³)	2,202	2,224
콘크리트 속의 단위 굵은 골재량 (kg/m³)	558	583

모르타르의 단위 용적 질량차 M' 및 단위 굵은 골재량의 차 G'의 계산결과와 성능판정에 관한 다음 편성 중, 바른 것은 어느 것인가?

	M' (%)	G' (%)	판 정
(1)	0.50	2.19	합 격
(2)	0.50	2.19	불합격
(3)	0.99	4.38	합 격
(4)	0.99	4.38	불합격

정답 (1)

[문제 19]

콘크리트의 품질관리 및 검사에 관한 다음의 기술 중 부적당한 것은 어느 것인가?
(1) 불편 분산이란 각 측정치와 평균치와의 차이에 2승의 합을, 측정치의 총수에서 1를 뺀 값으로 나눈 것이다.

(2) $\bar{x}-R$ 관리도에서 사용하는 R(범위)은 평균치 $\bar{x}$와 각 시험치 차이의 최대치이다.

(3) 관리도에서는 관리한계선으로서, 일반적으로 3σ(σ : 표준편차)가 많이 채용되고 있다.

(4) 관리도에서 특성치가 중심선의 상하로 랜덤하게 분포되지 않고 어느 쪽으로 많은 점이 연속되어 나타나는 경우는 주의를 요한다.

정답 (2)

[문제 20]

호칭강도 21의 레디 믹스트 콘크리트의 압축강도를 시험한 결과, 그 평균치가 26.5 N/mm², 표준편차가 241 N/mm²이었다. 이 콘크리트의 호칭강도를 밑도는 확률로서 다음의 값 중 적당한 것은 어느 것인가?

단, 콘크리트의 압축강도는 정규분포하는 것으로 하고, 정규편차의 정수 k 및 아래쪽 불량의 확률 P는 아래 표와 같은 것으로 한다.

정규편차의 정수 : k	2.10	2.28	2.36	2.41
아래쪽 불량의 확률 : P	0.0179	0.0113	0.0091	0.0080

(1) 179%
(2) 113%
(3) 091%
(4) 080%

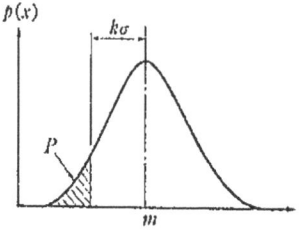

정답 (2)

─[문제 21]──────────────────────────────
　레디 믹스트 콘크리트의 시험 및 검사에 관한 다음의 기술 중 적당한 것은 어느 것인가?
　(1) 하역지점에서의 슬럼프는 구입자가 지정한 어떤 값에 대해서도 ±2.5 cm 이내라야만 한다.
　(2) 하역지점에서의 공기량은 구입자가 지정한 어떤 값에 대해서도 ±1.5% 이내라야만 한다.
　(3) 염화물 함유량은 하역지점에서 염화물 이온(Cl^-)량으로서 3.0 kg/m³ 이하가 되어야만 한다.
　(4) 단위 용적 질량시험에서는 굳지 않은 콘크리트의 공기량 압력에 따른 시험방법에서 사용하는 용기를 사용해서는 안 된다.

정답 (2)

─[문제 22]──────────────────────────────
　레디 믹스트 콘크리트의 규격품을 구입하는 경우, 구입자가 생산자와 협의한 후 상한치에서도 하한치에서도 지정할 수 있는 사항으로서 다음 중 맞는 것은 어느 것인가?
　(1) 단위 수량
　(2) 단위 시멘트량
　(3) 물 시멘트비
　(4) 압축강도

정답 (2)

─[문제 23]──────────────────────────────
콘크리트의 펌프 압송에 관한 다음의 기술 중 부적당한 것은 어느 것인가?
　(1) 스퀴즈식 콘크리트 펌프는 유압장치에서 직접 실린더 안의 콘크리트에 직선운동을 전달하는 것이다.

(2) 플렉시블 호스의 관내 압력손실은 같은 지름의 직관인 경우 2~4배이다.
(3) 잔골재율이 작아지면 관내저항이 증가되어 압송성이 나빠진다.
(4) 시간당의 토출량이 많을수록 콘크리트 펌프에 작용하는 압송부하가 커진다.

정답 (1)

[문제 24]
콘크리트 타설에 관한 다음의 기술 중 적당한 것은 어느 것인가?
(1) 콘크리트의 타설은 낮은 위치에서 수직으로 떨어뜨려 횡류시키면서 콘크리트 표면이 거의 수평이 되도록 연속으로 하는 것이 좋다.
(2) 기둥과 보의 콘크리트는 쉬지 않고 연속해 타설하는 것이 좋다.
(3) 계속 타설 중에 이어붓기 시간 간격의 한도는 바깥기온이 25℃ 미만인 경우는 150분 이내로 되어 있다.
(4) 콘크리트의 자유낙하 높이는 2 m 이하로 규정되어 있다.

정답 (3)

[문제 25]
콘크리트의 이어붓기에 관한 다음의 기술 중 적당한 것은 어느 것인가?
(1) 보·바닥슬래브의 연직 이어붓기부의 위치를 보의 부착 부분으로 했다.
(2) 연직 이어붓기의 마감재로서 라스망을 사용했기 때문에, 모르타르가 누출되지 않아 시공이음 부근에서 진동기로 콘크리트의 다짐을 하지 않았다.
(3) 역타설 콘크리트에서 구콘크리트와의 시공이음에는 신구콘크리트의 경계에 틈새를 내어 그 부분에 팽창 모르타르를 충전했다.
(4) 이어붓기면의 레이턴스나 취약한 콘크리트를 워터제트를 사용해 제거하고, 표면을 건조시킨 후에 새로이 콘크리트를 타설했다.

[문제 26]
콘크리트의 양생 및 표면마무리에 관한 다음의 기술 중 적당한 것은 어느 것인가?
(1) 물에 접하는 구조물은 초기의 습윤 양생기간을 짧게 할 수 있다.
(2) 고강도 콘크리트는 초기의 콘크리트 온도를 낮게 하는 것이 좋다.
(3) 바닥슬래브의 표면마무리는 콘크리트 타설 후 즉시 하는 것이 좋다.
(4) 바닥슬래브의 철근 위치에 발생된 균열은 콘크리트의 응결 종료 후 탬핑으로 마무리하는 것이 좋다.

정답 (2)

[문제 27]
길이 2 m, 높이 3.5 m의 벽에 타설속도 15 m/h로 콘크리트를 타설할 경우, 거푸집 밑에서부터 1 m 높이 부분에 작용하는 측압의 계산치로서 다음의 값 중 적당한 것은 어느 것인가?
단, 거푸집 설계용 콘크리트의 측압 계산에는 아래 표를 사용하고, 굳지 않은 콘크리트의 단위 용적당 중량은 2.3 tf/m³로 한다.
(1) 5.1tf/m²
(2) 5.5tf/m²
(3) 5.8tf/m²
(4) 6.0 tf/m²

타설속도 (m/h)	10 이하인 경우		10을 초과 20 이하인 경우		20을 초과한 경우
부위 \ $H(m)$	1.5 이하	1.5를 초과 4.0 이하	2.0 이하	2.0을 초과 4.0 이하	4.0 이하
기둥	$W_0 H$	$1.5 W_0 + 0.6 W_0 \times (H-1.5)$	$W_0 H$	$2.0 W_0 + 0.8 W_0 \times (H-2.0)$	$W_0 H$
벽 / 길이 3m 이하인 경우		$1.5 W_0 + 0.2 W_0 \times (H-1.5)$		$2.0 W_0 + 0.4 W_0 \times (H-2.0)$	
벽 / 길이 3m를 초과하는 경우		$1.5 W$		$2.0 W_0$	

거푸집 설계용 콘크리트의 측압(tf/m²)

정답 (1)

[문제 28]

아래 그림은 이형철근의 피복두께와 간격을 나타낸 것이다.

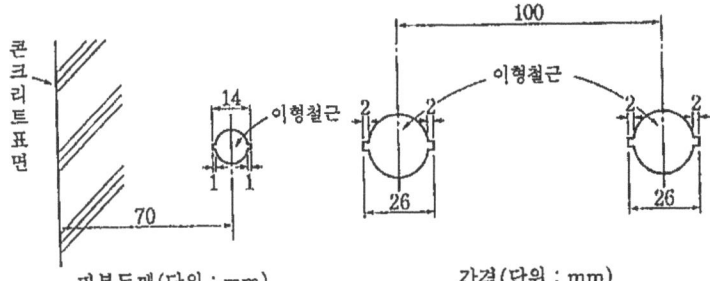

피복두께(단위 : mm)   간격(단위 : mm)

다음의 피복두께 값과 간격치의 조합으로서 맞는 것은 어느 것인가?

	피복두께	간 격
(1)	63 mm	74 mm
(2)	63 mm	100 mm
(3)	64 mm	78 mm
(4)	70 mm	100 mm

정답 (1)

[문제 29]
포장 콘크리트에 관한 다음의 기술 중 맞는 것은 어느 것인가?
(1) 포장 콘크리트의 표면 마무리는 거친 마무리, 조면 마무리, 평탄 마무리 순서로 한다.
(2) 포장 콘크리트의 양생기간은 일반적으로 현장 양생을 한 콘크리트 공시체의 인장강도가 소정의 값에 달하기까지의 기간으로 한다.
(3) 포장 콘크리트에서는 내구성의 관점에서 단위 시멘트량의 최소치가 규정되어 있다.
(4) 포장 콘크리트의 반죽질기 판정에는 슬럼프 시험 혹은 진동대식 반죽질기 시험이 사용된다.

정답 (4)

[문제 30]
한중 콘크리트에 관한 다음의 기술 중 부적당한 것은 어느 것인가?
(1) 혼화제로서 감수제를 사용하여 물 시멘트비를 55%로 했다.
(2) 골재 및 물은 40℃까지 가열했지만, 시멘트는 가열하지 않았다.
(3) 어떤 부분에서도 콘크리트 온도가 5℃ 이하가 되지 않도록 양생했다.
(4) 일평균기온이 5℃로 예상되므로 한중 콘크리트에 의한 시공을 하지 않기로 했다.

정답 (1)

[문제 31]
서중 콘크리트의 비빔온도를 낮게 하기 위한 방법에 관한 다음의 기술 중 적당한 것은 어느 것인가?
(1) 시멘트의 온도를 10℃ 내리면, 콘크리트의 비빔온도는 거의 1℃ 내려간다.
(2) 골재의 온도를 10℃ 내리면, 콘크리트의 비빔온도는 거의 2℃ 내린다.

(3) 물의 온도를 10℃ 내리면 콘크리트의 비빔온도는 거의 4℃ 내린다.
(4) 물과 시멘트의 온도를 각각 10℃ 내리면, 콘크리트의 비빔온도는 거의 5℃ 내린다.

정답 (1)

[문제 32]
매스 콘크리트에 관한 다음의 기술 중 부적당한 것은 어느 것인가?
(1) 프리 쿨링 등에 의해 콘크리트의 비빔온도를 낮게 하는 것은 온도 균열을 억제하는 데에 유효하다.
(2) 파이프 쿨링에 의해 콘크리트의 온도를 내리는 경우, 냉각속도는 될 수 있으면 크게 하는 것이 좋다.
(3) 매스 콘크리트의 균열 유발 줄눈에서는 일반적으로 줄눈부의 단면을 작게 한다.
(4) 온도 균열은 재령초기에 내부 구속작용에 따라 생기는 것과 재령이 어느 정도 진행된 단계에서 외부구속에 따라 생기는 것이 있다.

정답 (2)

[문제 33]
수중 콘크리트에 관한 다음의 기술 중 틀린 것은 어느 것인가?
(1) 수중 콘크리트는 다짐이 불가능하기 때문에 일반 콘크리트 보다 슬래브를 크게 하는 것이 좋다.
(2) 수중 콘크리트는 물 시멘트비의 최대치 및 단위 시멘트량의 최소치가 규정되어 있다.
(3) 수중 불분리성 콘크리트는 수중 시공에 의한 강도 저하를 고려하지 않고 배합강도를 정하면 된다.
(4) 수중 불분리성 콘크리트는 수평 시공이음을 만들지 않도록 연속해서 타설하는 것이 원칙이다.

정답 (3)

┌─[문제 34]────────────────────────────────────
│ 해양 콘크리트에 관한 다음의 기술 중 틀린 것은 어느 것인가?
│   (1) 바다 속에 있는 콘크리트의 물 시멘트비는 물보라(포말)대나 해상 대기
│   중에 있는 콘크리트의 물 시멘트비보다 작게 해야 한다.
│   (2) 해양 콘크리트에는 고로 시멘트, 플라이애시 시멘트 또는 중용열 포틀랜
│   드 시멘트를 사용하는 것이 좋다.
│   (3) 해양 콘크리트에서 단위 시멘트량의 최소치를 정하고 있다.
│   (4) 해양 콘크리트 구조물에는 현장타설 콘크리트보다도 프리캐스트 콘크리
│   트 부재를 사용하는 것이 좋다.
└──

정답 (1)

┌─[문제 35]────────────────────────────────────
│ 각종 콘크리트에 관한 다음의 기술 중 틀린 것은 어느 것인가?
│   (1) 인공 경량 골재를 사용한 콘크리트의 동결 융해에 대한 저항성은 골재의
│   함수율에 따라 큰 영향을 받는다.
│   (2) 유동화 콘크리트의 잔골재율은 보통의 된비빔 콘크리트 경우보다 작게
│   할 필요가 있다.
│   (3) 프리팩트 콘크리트는 강재나 구콘크리트와의 부착강도가 크고, 건조수축
│   이 작으며, 장기강도가 크다는 등의 특징이 있다.
│   (4) 중력식 댐 공사에서 사용되는 전압 콘크리트는 보통 댐용 콘크리트에 비
│   해 더욱 빈배합이라 온도상승의 억제효과가 크다.
└──

정답 (2)

┌─[문제 36]────────────────────────────────────
│ 프리스트레스트 콘크리트에 관한 다음의 기술 중 적당한 것은 어느 것인가?

(1) 콘크리트의 설계기준강도는 일반적으로 프리텐션 방식이 퍼스트텐션 방식보다 작다.
(2) 프리스트레스트 콘크리트에 사용되는 긴장재의 인장강도는 철근과 같은 정도이다.
(3) 프리스트레스트 콘크리트는 보와 같이 축력을 받지 않는 부재보다 기둥과 같이 축력을 받는 부재에 많이 사용된다.
(4) 프리스트레스트 콘크리트의 설계는 휨 균열의 발생을 허용하는 방법도 있다.

정답 (4)

──[문제 37]──────────────────────────
휨모멘트를 받는 철근 콘크리트 보의 허용응력도 설계에서 균형 철근비에 관한 다음의 기술 중 부적당한 것은 어느 것인가?
(1) 콘크리트의 압축연 응력도와 인장철근의 응력도가 각각의 허용응력도에 동시에 달하도록 인장 철근비를 균형 철근비라 한다.
(2) 인장 철근비는 일반적으로 균형 철근비 이하로 한다.
(3) 인장 철근비가 균형 철근비 이하의 단면에서는 허용 휨모멘트의 값은 인장 철근비에 비례한다.
(4) 콘크리트의 설계기준강도를 웃돌면 균형 철근비의 값이 작아진다.

정답 (4)

──[문제 38]──────────────────────────
철근 콘크리트 보의 설계계산 가정에 관한 다음의 기술 중 부적당한 것은 어느 것인가?
(1) 단면에 생기는 압축력의 합계와 인장력의 합계는 같다
(2) 철근과 콘크리트 사이의 부착은 완전하다.
(3) 중립축 이하의 인장측 콘크리트는 인장력을 부담하지 않는다.
(4) 중립축 이하의 인장측 콘크리트 전단력을 부담하지 않는다.

[문제 39]

아래 그림과 같은 양단에 하중 P를 받는 철근 콘크리트 보의 주철근 배치에 관한 다음의 기술 중 맞는 것은 어느 것인가? 단, 자중은 무시한다.

(1) 양단에서는 윗쪽에, 중앙에서는 아래쪽에 배치한다.
(2) 양단에서는 아래쪽에, 중앙에서는 윗쪽에 배치한다.
(3) 전길이에 걸쳐 윗쪽에 배치한다.
(4) 전길이에 걸쳐 아래쪽에 배치한다.

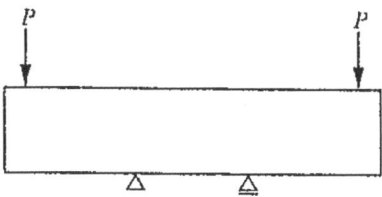

정답 (3)

[문제 40]

콘크리트 제품에 관한 다음의 기술 중 부적당한 것은 어느 것인가?

(1) 원심력 다짐은 단면이 원형 혹은 속이 빈 원통제품의 제조에 많이 사용된다.
(2) 성형 후 바로 탈형하는 즉시 탈형 제품에는 블록류 등이 있다.
(3) 콘크리트의 반죽 후 증기 양생을 개시하기 전까지의 양생기간은 물 시멘트비가 작을 수록 길게 하는 것이 좋다.
(4) 콘크리트 제품에는 균열 하중, 파괴 하중, 그밖에 필요한 품질에 대해서 제품을 직접 시험하는 것이 원칙이다.

정답 (3)

문제 41~60은 「맞음 혹은 적당함」 기술인가, 또는 「틀린다 혹은 부적당함」 기술인지를 판단하는 ○×문제이다.
「맞음 혹은 적당함」 기술은 해답용지의 ◎란을, 「틀린다 혹은 부적당함」 기술은 ⊗란을 검게 칠해 주십시오.

[문제 41] 플라이애시의 비중은 시멘트의 비중보다 크므로, 플라이애시의 분량이 많을수록 플라이애시 시멘트 비중은 커진다.

정답 ×

[문제 42] 구조용 경량 콘크리트골재에서는 재료, 골재의 절건 비중, 골재의 실적률, 콘크리트로서의 압축강도, 콘크리트의 단위 용적 질량에 따라 구분을 정하고 있다.

정답 ○

[문제 43] 실리카 흄은 금속실리콘이나 페로실리콘을 제조할 때 부산되는 2산화규소를 주성분으로 하는 비표면적 20만 cm^2/g 정도의 초미립자이다.

정답 ○

[문제 44] 팽창재는 수화반응에 따라 프리델씨염 혹은 탄산칼슘의 결정을 생성하여 콘크리트를 팽창시키는 작용을 하는 혼화재이다.

정답 ×

[문제 45] PSC 강재에 인장 응력을 부여해 일정한 길이로 유지해 두면 시간의 경과와 함께 그 인장응력이 감소한다. 이 현상을 크리프라고 한다.

정답 ×

[문제 46] 잔골재 속에 미립분이 많은 경우에는 콘크리트의 점성이 커져서 분리

저항성은 향상되지만, 단위수량이 많아지기 때문에 내구성을 저하시키는 경우가 있다.

정답 ○

〔문제 47〕 굵은 골재의 최대치수가 작아지면 잔골재율을 크게 할 필요가 있는데, 콘크리트의 소요 성능이 얻어지는 범위 내에서 잔골재율은 가능한 한 작게 정하는 것이 좋다.

정답 ○

〔문제 48〕 연행공기는 갇힌공기에 비해 기포 직경이 크고, 또 기포간의 거리도 큰 경향이 있다.

정답 ×

〔문제 49〕 동일 배합의 콘크리트 슬럼프는 비빔온도가 10℃일 때보다 20℃일 때가 작다.

정답 ○

〔문제 50〕 알칼리 골재 반응에 따라 콘크리트의 균열을 억제하는 데는 물 시멘트비를 작게 하여 콘크리트의 인장강도를 증가시키는 것이 유효하다.

정답 ×

〔문제 51〕 철근 콘크리트에 사용되는 콘크리트는 프리스트레스트 콘크리트에 사용되는 콘크리트보다 일반적으로 물 시멘트비가 커서 외부로부터 염화물 이온이 침투되기 쉬운 경향이 있기 때문에, 그 콘크리트 속 염화물 이온량의 허용치는 프리스트레스트 콘크리트보다 작다.

정답 ×

〔문제 52〕 건조에 의한 무근 콘크리트의 수축량은 같은 콘크리트를 사용한 동일

형상·치수의 철근 콘크리트의 수축량보다 크다.

정답 ○

〔문제 53〕 콘크리트 보의 양단을 고정하고, 온도를 똑같이 내리면 콘크리트에는 압축응력이 생긴다.

정답 ×

〔문제 54〕 강제 비빔 믹서에는 교반날개 등이 부착된 회전축이 연직팬형과 수평인 퍼그밀형이 있다.

정답 ○

〔문제 55〕 레디 믹스트 콘크리트에는 반죽 개시부터 타설 종료까지의 시간을 1.5시간 이내로 되어 있다.

정답 ×

〔문제 56〕 일평균기온이 5℃ 이상일 때 조강 포틀랜드 시멘트를 사용한 콘크리트의 타설 후 습윤 양생기간은 5일간 이상으로 되어 있다.

정답 ○

〔문제 57〕 기초·보 쪽·기둥 및 벽의 거푸집널은 그 존치기간 중 평균기온이 10℃ 이상인 경우, 정해진 날자 이상 경과되면 콘크리트의 압축강도시험을 하지 않고 제거할 수 있다.

정답 ○

〔문제 58〕 매스 콘크리트의 온도 균열 대책으로서 저발열 시멘트를 사용하는 경우에는 설계기준강도를 보증하는 재령을 길게 하는 것이 좋다.

정답 ○

〔문제 59〕 강섬유 보강 콘크리트에서 초기균열하중은 섬유의 혼입량에 영향되지 않고, 혼입 안된 경우와 동등하다.

정답 ×

〔문제 60〕 숏크리트 시공에서는 콘크리트의 품질 확보에 더불어 되튀어 나오는 분진의 저감을 꾀하는 것이 중요하다.

정답 ○

1994년도 문제

―[문제 1]――――――――――――――――――――――――――――――――

시멘트 클링커의 주조성 화합물인 규산3칼슘($3CaO \cdot SiO_2$)과 규산2칼슘($2CaO \cdot SiO_2$)의 수화·수화물 특성에 관한 다음의 기술 중 맞는 것은 어느 것인가? 단, 규산3칼슘을 C_3S, 규산2칼슘을 C_2S로 약기한다.

(1) 수화 반응속도는 C_3S보다 C_2S 쪽이 빠르다.
(2) 재령 28일 이내의 강도는 C_3S보다 C_2S 쪽이 낮다.
(3) 수화열은 C_3S보다 C_2S 쪽이 크다.
(4) 화학 저항성은 C_3S보다 C_2S 쪽이 작다.

정답 (2)

―[문제 2]――――――――――――――――――――――――――――――――

구조용 경량 콘크리트 골재와 콘크리트용 슬래그 골재의 규정에 관한 다음의 기술 중 맞는 것은 어느 것인가?

(1) 인공 경량 골재의 절건 비중은 1.5 이하이다.
(2) 고로 슬래그 굵은 골재는 용광로에서 무쇠와 동시에 생성되는 용융 슬래그를 물, 공기 등에서 급랭시켜 입도 조정한 것이다.
(3) 페로니켈 슬래그 잔골재는 용광로에서 페로니켈과 동시에 생성하는 용융 슬래그를 서냉시키거나 또는 물, 공기 등으로 급랭시켜 입도 조정한 것이다.
(4) 절건 비중은 페로니켈 슬래그 잔골재 쪽이 고로 슬래그 잔골재보다 작다.

정답 (3)

―[문제 3]――――――――――――――――――――――――――――――――――
굳지 않은 콘크리트 슬럼프에 미치는 골재의 영향에 관한 다음의 기술 중 틀린 것은 어느 것인가?
  (1) 굵은 골재의 최대치수가 작아지면 슬럼프는 커진다.
  (2) 굵은 골재의 실적률이 커지면 슬럼프는 커진다.
  (3) 굵은 골재의 비중이 작아지면 슬럼프는 작아진다.
  (4) 잔골재의 조립률이 작아지면 슬럼프는 작아진다.

정답 (1)

―[문제 4]――――――――――――――――――――――――――――――――――
골재의 시험결과에서 판단되는 것에 관한 다음의 기술 중 맞는 것은 어느 것인가?
  (1) 조립률을 구분하면 그 골재의 입도 분포를 판단할 수 있다.
  (2) 각각의 골재 조립율에서 혼합된 골재의 조립률이 판단된다.
  (3) 단위 용적 질량을 구분하면 골재의 절건 비중을 판단할 수 있다.
  (4) 안정성 시험 결과에서 골재의 마모 저항성이 판단된다.

정답 (2)

―[문제 5]――――――――――――――――――――――――――――――――――
콘크리트용 화학혼화제의 규정에 관한 다음의 기술 중 맞는 것은 어느 것인가?
  (1) 이 규격은 AE제, 감수제, AE 감수제 및 유동화제에 대해서 규정하고 있다.
  (2) 화학혼화제의 품질을 시험하는 경우에 기준으로 하는 혼화제를 사용하지 않는 콘크리트를 기준 콘크리트라고 한다.
  (3) 감수율은 AE제 쪽이 감수제보다 작다.

(4) 재령 28일의 압축강도비는 AE제 쪽이 감수제보다 크다.

정답 (2)

[문제 6]

혼화재에 관한 다음의 기술 중 틀린 것은 어느 것인가?

(1) 플라이애시에는 포졸란 작용이 있다.

(2) 실리카 흄에는 포졸란 작용이 있다.

(3) 고로 슬래그 미분말에는 잠재 수경성이 있다.

(4) 규산질 미분말에는 잠재 수경성이 있다.

정답 (4)

[문제 7]

호칭명 D25 철근에 관한 다음의 기술 중 맞는 것은 어느 것인가?

(1) 이 철근은 환강이다.

(2) 이 철근의 단면적은 약 $5\,cm^2$이다.

(3) 이 철근의 둘레는 약 $25\,mm$이다.

(4) 이 철근의 항복점은 $25\,N/mm^2$ 이상이다.

정답 (2)

[문제 8]

최근에는 철근이나 PSC 강재 대신 탄소섬유 등을 사용한 연속 섬유보강재가 이용되고 있는데, 이 보강재의 특징에 관한 다음의 기술 중 부적당한 것은 어느 것인가?

(1) 비강도가 높다.

(2) 비자성이다.

(3) 내화성이 우수하다.
(4) 염화물 이온에 대한 내식성이 우수하다.

정답 (3)

[문제 9]

레디 믹스트 콘크리트공장의 회수물을 반죽수로서 사용하는 경우의 유의사항에 관한 다음의 기술 중 부적당한 것은 어느 것인가?
(1) 슬러지 고형분은 시멘트 질량의 3% 이하로 한다.
(2) 슬러지 고형분이 많은 경우에는 단위 수량과 단위 시멘트량을 늘린다.
(3) 슬러지 고형분이 많은 경우에는 잔골재율을 늘린다.
(4) 슬러지 고형분이 많은 경우에는 AE제의 사용량을 늘린다.

정답 (3)

[문제 10]

배합설계에서 단위 수량의 보정에 관한 다음의 기술 중 부적당한 것은 어느 것인가?
(1) 잔골재의 조립률이 클수록 단위 수량을 크게 한다.
(2) 슬럼프가 클수록 단위 수량을 크게 한다.
(3) 공기량이 클수록 단위 수량을 작게 한다.
(4) 잔골재율이 클수록 단위 수량을 크게 한다.

정답 (1)

[문제 11]

시방 배합에서 현장 배합을 정하는 경우의 보정에 관한 다음의 기술 중 부적당한 것은 어느 것인가?
(1) 혼화제의 희석수를 보정한다.

(2) 잔골재의 표면수율을 토대로 보정한다.
(3) 굵은 골재의 유효 흡수율을 토대로 보정한다.
(4) 운반중 공기량의 경시변화를 토대로 보정한다.

정답 (4)

[문제 12]

아래에 나타내는 재료를 사용하여 물 시멘트비가 64%, 슬럼프가 18 cm, 공기량이 5.0%인 콘크리트의 배합을 구한 결과, 단위 수량이 182 kg/m³, 단위 굵은 골재(부피)용적이 0.597 m³/m³가 되었다. 이 배합에 관한 다음의 기술 중 부적당한 것은 어느 것인가? 단, 골재는 표면건조포화상태의 질량을 표시한 것으로 한다.

시 멘 트 : 보통 포틀랜드 시멘트, 비중 3.16
모　　래 : 절건 비중 2.53, 흡수율 2.80%
부순자갈 : 절건 비중 2.59, 흡수율 1.40%
　　　　　단위용적질량 1,540 kg/m³

(1) 단위 시멘트량은 284 kg/m³이다.
(2) 단위 잔골재량은 840 kg/m³이다.
(3) 단위 굵은 골재량은 919 kg/m³이다.
(4) 잔골재율은 47.6%이다.

정답 (2)

[문제 13]

아래 표에 나타낸 배합을 토대로 콘크리트를 제조한 결과, 공기량이 5.5%가 되었다. 실제로 제조된 콘크리트 배합에 관한 다음의 기술 중 맞는 것은 어느 것인가? 단, 시멘트의 비중은 3.16, 잔골재의 표건 비중은 2.60, 굵은 골재의 표건 비중은 2.63으로 하고, 골재는 표면건조포화상태의 질량을 표시하는 것으로 한다.

물 시멘트비 (%)	공기량 (%)	단위량(kg/m³)	
		물	굵은 골재
55.0	4.5	182	957

(1) 단위 수량은 182 kg/m³이다.
(2) 단위 잔골재량은 791 kg/m³이다.
(3) 단위 굵은 골재량은 957 kg/m³이다.
(4) 잔골재율은 45.5%이다.

정답 (4)

[문제 14]
굳지 않은 콘크리트의 블리딩량을 감소시키는 방법에 관한 다음의 기술 중 부적당한 것은 어느 것인가?
(1) 비표면적이 큰 시멘트를 사용한다.
(2) AE제를 사용한다.
(3) 응결 지연제를 사용한다.
(4) 조립률이 작은 잔골재를 사용한다.

정답 (3)

[문제 15]
굳지 않은 콘크리트의 응결이 지연되는 원인에 관한 다음의 기술 중 부적당한 것은 어느 것인가?
(1) 고성능 AE 감수제의 사용량이 많다.
(2) 반죽수에 사당이나 후민산이 함유되어 있다.
(3) 물 시멘트비가 작다.
(4) 콘크리트 온도가 낮다.

정답 (3)

―[문제 16]―
　　콘크리트의 강도 시험용 공시체를 제작방법에 따라 제작된 굵은 골재의 최대 치수가 25 mm인 콘크리트 공시체에 관한 다음의 기술 중 틀린 것은 어느 것인가?
　　(1) 압축강도 시험을 위해서 직경 15 cm, 높이 30 cm의 원주형 공시체를 제작했다.
　　(2) 압축강도 시험을 위해서 직경 10 cm, 높이 20 cm의 원주형 공시체를 제작했다.
　　(3) 인장강도 시험을 위해서 직경 15 cm, 길이 20 cm의 원주형 공시체를 제작했다.
　　(4) 인장강도 시험을 위해서 직경 10 cm, 길이 20 cm의 원주형 공시체를 제작했다.

정답 (4)

―[문제 17]―
콘크리트의 압축강도 시험에 관한 다음의 기술 중 틀린 것은 어느 것인가?
　(1) 높이와 직경의 비(높이/직경)가 작으면 최대하중은 커진다.
　(2) 공시체의 캐핑면이 볼록하게 되어 있으면 최대하중은 커진다.
　(3) 편심재하를 하면 최대하중은 작아진다.
　(4) 재하속도를 작게 하면 최대하중은 작아진다.

정답 (2)

─[문제 18]─────────────────────────────
　압축강도의 40% 이하의 압축응력이 작용하는 경우 콘크리트의 변형 성상에 관한 다음의 기술 중 부적당한 것은 어느 것인가?
　(1) 비례선 탄성계수는 작용하는 응력이 클수록 커진다.
　(2) 포와송비는 작용하는 응력 크기에 따르지 않고 거의 일정하게 된다.
　(3) 탄성변형은 작용하는 응력이 동일하다면 탄성계수가 클수록 작게 된다.
　(4) 크리프 변형은 작용하는 응력이 동일하다면 재하 개시할 때 재령이 짧을 수록 커진다.

정답 (1)

─[문제 19]─────────────────────────────
　아래 그림에 나타낸 기둥 및 보로 둘러싸인 철근 콘크리트조 건물벽에 발생된 균열 중 콘크리트의 건조수축이 원인으로 생각되는 것은 어느 것인가?

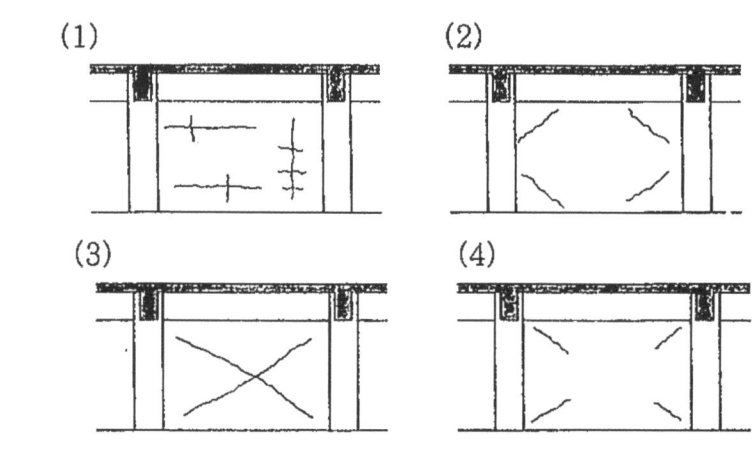

정답 (2)

─[문제 20]─────────────────────────────
　콘크리트의 체적변화 및 균열에 관한 다음의 기술 중 부적당한 것은 어느 것인가?

(1) 건조수축은 체적에 대한 표면적의 비율이 작을수록 커진다.
(2) 균열의 억제에는 인장 크리프가 클수록 유효하다.
(3) 침하 균열은 콘크리트의 침하가 수평철근 등에 의해 국부적으로 방해가 생긴다.
(4) 알칼리 골재반응에 의한 무근콘크리트의 균열은 귀갑 형상의 것이 많다.

정답 (1)

[문제 21]

내구성이 우수한 콘크리트 구조물을 만들기 위한 대책으로서 단위 수량, 물 시멘트비, 공기량 및 양생방법을 적절하게 선정하여 관리하는 것이 중요하지만, 이러한 대책만으로는 효과가 적어 열화현상도 있다. 다음의 열화현상 중 이러한 대책을 실시해도 가장 효과가 적은 것은 어느 것인가?

(1) 중성화
(2) 염해
(3) 동해
(4) 알칼리 골재반응

정답 (4)

[문제 22]

시멘트, 잔골재, 물 및 플라이애시를 계량했더니 각각 재료의「목표로 하는 1회 계량분량」에 대해「계량된 계량치」는 아래 표와 같았다. 레디 믹스트 콘크리트에서 계량의 합격여부에 관한 다음의 기술 중 부적당한 것은 어느 것인가?

재료의 종류	목표로 하는 1회 계량분량	계량된 계량치
시멘트	280 kg	282 kg
잔골재	800 kg	772 kg
물	165 kg	67 kg
플라이애시	40 kg	39.1 kg

(1) 시멘트의 계량은 합격으로 했다.
(2) 잔골재의 계량은 불합격으로 했다.
(3) 물의 계량은 불합격으로 했다.
(4) 플라이애시의 계량은 합격으로 했다.

정답 (3)

─[문제 23]─
콘크리트의 반죽시간에 관한 다음의 기술 중 부적당한 것은 어느 것인가?
(1) 반죽시간은 믹서로 반죽된 콘크리트 속의 모르타르 차이 및 굵은 골재량의 차이 시험방법에서 규정하는 시험을 실시해 정하는 것이 좋다.
(2) 반죽 최소시간은 가경식 믹서는 1분, 강제 비빔 믹서는 1분 30초를 표준하는 것이 좋다.
(3) 반죽시간은 일반적으로 슬럼프가 작은 경우에는 길게 하는 것이 좋다.
(4) 고강도 콘크리트를 가경식 믹서로 반죽하는 경우, 그 반죽시간은 보통 콘크리트의 경우보다 길게 하는 것이 좋다.

정답 (2)

─[문제 24]─
품질관리에 사용하는 관리도에 관한 다음의 기술 중 적당한 것은 어느 것인가?
(1) $\bar{x}-R$ 관리도는 계량 관리의 한 방법이며, 평균치의 변화와 특성치의 폭 변화를 볼 수 있어서 공정해석, 공정능력의 검토 등에 유효하다.
(2) 관리한계선으로서 평균치에 해당하는 중심선 양측에 보통은 $\pm\sigma$(σ : 표준편차)의 선을 긋는다.
(3) 특성치가 관리한계선 안쪽에 있으면 공정이 안정된 상태이며, 또 앞으로의 공정에 이상이 생길 가능성이 없다고 판단된다.

(4) 1개의 시험결과를 사용하는 x 관리도에서 n개의 시험결과 평균치를 사용하는 $\bar{x}$ 관리도 쪽이 관리한계의 폭은 크게 된다.

정답 (1)

[문제 25]

호칭강도가 240, 슬럼프가 8 cm인 보통 콘크리트에 대해서, 하역시에 시료를 채취해 실시한 품질검사에 관한 다음의 기술 중 부적당한 것은 어느 것인가?
(1) 1회째 슬럼프의 시험결과는 11.0 cm이지만, 새로운 시료를 채취해 2회째 시험한 결과 10.0 cm이었으므로 슬럼프 검사는 합격으로 했다.
(2) 1회째 공기량의 시험결과는 6.4%이었지만, 새로운 시료를 채취해 2회째 시험한 결과 1회째와 2회째의 평균치가 6.%로 되었으므로 공기량의 검사는 불합격으로 했다.
(3) 지정재령에서 1회의 압축강도 시험결과가 200 kgf/cm²이었으므로 이 로트의 강도 검사는 불합격으로 했다.
(4) 지정재령에서 3회의 압축강도 시험결과가 258 kgf/cm², 265 kgf/cm², 210 kgf/cm²이었으므로, 이 로트의 강도 검사는 합격으로 했다.

정답 (2)

[문제 26]

염화물 함유량에 관한 다음의 기술 중 부적당한 것은 어느 것인가?
(1) 모래 속의 염화물량은 염화물 이온(Cl^-)량이 0.1% 이하로 해야만 한다.
(2) 콘크리트의 염화물 함유량은 굳지 않은 콘크리트 중 물의 염화물 이온농도와 배합 설계에 사용된 단위 수량의 곱으로서 구한다.
(3) 염화물 이온농도를 분석하기 위한 시료와 액으로서는 굳지 않은 콘크리트 또는 모르타르에서 원심 분리된 것을 사용하면 된다.
(4) 염화물 함유량의 검사는 공장 출하시에 할 수 있다.

정답 (1)

---[문제 27]---

다음에 나타내는 레디 믹스트 콘크리트의 호칭법 중 규격에 있는 것은 어느 것인가?
  (1) 〔보통   270   12   25   N〕
  (2) 〔보통   300   8   30   BB〕
  (3) 〔보통   400   2   120   H〕
  (4) 〔경량 1종 350   15   15   N〕

정답 (1)

---[문제 28]---

현장 안에서의 콘크리트 운반방법에 관한 다음의 기술 중 부적당한 것은 어느 것인가?
  (1) 콘크리트를 버킷에 받아 크레인으로 운반하면 재료분리가 생기기 어렵다.
  (2) 벨트 컨베이어는 된비빔 콘크리트를 수평에 가까운 방향으로 연속해서 운반할 경우에 적합하다.
  (3) 콘크리트 플레이서는 수송관내의 콘크리트를 압축공기로 압송하는 것이므로, 터널 등 좁은 곳에 운반하는 경우에 적합하다.
  (4) 경사 슈트를 사용하는 경우에는 가능한 한 운반거리를 짧게 하기 위하여 경사각도를 45도 이상으로 한다.

정답 (4)

---[문제 29]---

콘크리트의 펌프 압송에 관한 다음의 기술 중 부적당한 것은 어느 것인가?
  (1) 단위 시멘트량이 적으면 압송성이 나빠진다.

(1) 단위 시멘트량이 적으면 압송성이 나빠진다.
(2) 슬럼프가 작아지면 압송성이 나빠진다.
(3) 수송관의 지름이 커지면 압송성이 나빠진다.
(4) 곡관(벤트관)의 수가 많아지면 압송성이 나빠진다.

정답 (3)

[문제 30]
콘크리트 타설에 관한 다음의 기술 중 부적당한 것은 어느 것인가?
(1) 1구획 내에서는 운반거리가 가까운 장소에서 콘크리트를 타설한다.
(2) 1구획 내에서는 콘크리트 표면이 거의 수평이 되도록 타설한다.
(3) 자유낙하 높이는 콘크리트의 재료분리를 고려해 정하여 1.5 m 이하를 원칙으로 한다.
(4) 1층의 타설높이는 다짐 능력을 고려해 정하여 50 cm 이하를 원칙으로 한다.

정답 (1)

[문제 31]
콘크리트의 다짐에 관한 다음의 기술 중 부적당한 것은 어느 것인가?
(1) 거푸집 진동기는 거푸집 근처 곰보판 등의 발생방지에 효과가 있지만, 내부의 콘크리트를 충분하게 다질 수는 없다.
(2) 봉형 진동기로 너무 길게 진동하면 재료분리가 생기는 경우가 있다. 1군데의 진동시간은 5~15초가 일반적이다.
(3) 진동다짐을 효율적으로 실시하는 데는 진동수가 큰 봉형 진동기를 사용하는 것이 좋다.
(4) 2층으로 나누어 콘크리트를 타설할 경우에는 봉형 진동기의 끝이 하층의 콘크리트에 도달되지 않도록 상층의 콘크리트를 다지는 것이 좋다.

정답 (4)

[문제 32]

양생조건을 변경해 시험된 콘크리트 공시체($\phi 10 \times 20$ cm)의 압축강도 발현을 나타낸 아래 그림의 각 곡선 중 부적당한 것은 어느 것인가? 단, 곡선 S는 연속해서 20℃에서 습윤 양생을 실시한 경우의 기준곡선으로 한다.

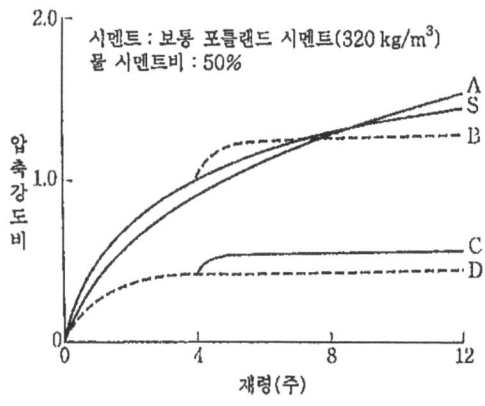

(1) 곡선 A는 재령 1일까지 5℃, 이후 20℃에서 연속해 습윤 양생을 실시한 경우를 나타낸다.
(2) 곡선 B는 재령 4주까지 20℃에서 습윤 양생을 하고, 이후 20℃에서 대기 중 양생을 실시한 경우를 나타낸다.
(3) 곡선 C는 재령 4주까지 20℃에서 대기 중 양생을 하고, 이후 20℃에서 습윤 양생을 실시한 경우를 나타낸다.
(4) 곡선 D는 연속해 20℃에서 대기 중 양생을 실시한 경우를 나타낸다.

정답 (3)

[문제 33]

콘크리트의 양생에 관한 다음의 기술 중 부적당한 것은 어느 것인가?
(1) 오토클레이브 양생을 실시한 경우에는 이후의 강도 증진이 작다.
(2) 상압증기 양생을 하는 경우에는 2~4시간의 전치 시간이 필요하다.

(3) 온도가 0℃가 되면 콘크리트 속의 수분이 동결되어 강도의 증진은 없다.
(4) 서중 콘크리트에서는 응결·경화가 빨라짐에 관계없이 일반 경우와 같이 습윤 양생기간이 필요하다.

정답 (3)

[문제 34]

거푸집 및 지보공에 관한 다음의 기술 중 부적당한 것은 어느 것인가?
(1) 거푸집에 작용하는 콘크리트의 측압은 콘크리트 온도가 높을수록 크게 된다.
(2) 수평부재의 지보공은 연직방향 하중 뿐만 아니라 횡방향 하중도 고려해 설계한다.
(3) 거푸집·지보공을 시공할 때는 노동부령(산업안전기준에 관한 규칙)에서 정하는 사항을 만족시켜야만 한다.
(4) 지보공에는 타설된 콘크리트 자중 등에 의한 침하량을 고려하여 상회하여 장치한다.

정답 (1)

[문제 35]

철근의 가공 및 조립에 관한 다음의 기술 중 적당한 것은 어느 것인가?
(1) 철근은 콘크리트의 타설 때 움직이지 않도록 교점을 용접하는 것이 좋다.
(2) 철근 훅의 휨내 반경(절곡 안치수 직경)은 철근의 종류와 관계없이 철근 지름에 따라 정해진다.
(3) 철근 상호의 간격이란 평행으로 늘어선 철근 중심간의 최단거리이다.
(4) 중복 이음의 겹침길이는 철근지름이 굵을 수록 길게 한다.

정답 (4)

―[문제 36]――――――――――――――――――――――――――
포장 콘크리트에 관한 다음의 기술 중 부적당한 것은 어느 것인가?
  (1) 콘크리트의 강도는 일반적으로 재령 28일의 휨 강도를 기준으로 한다.
  (2) 굵은 골재의 최대치수는 일반적으로 40 mm 이하로 한다.
  (3) 콘크리트판의 줄눈에는 횡줄눈과 종줄눈이 있다.
  (4) 슬럼프가 65 cm인 포장 콘크리트는 덤프 트럭으로 운반해도 된다.

정답 (4)

―[문제 37]――――――――――――――――――――――――――
한중 콘크리트 시공에 관한 다음의 기술 중 부적당한 것은 어느 것인가?
  (1) 공기량을 4.0~6.0%가 되도록 관리했다.
  (2) 타설할 때의 콘크리트 온도를 20~35℃가 되도록 관리했다.
  (3) 양생 온도를 5~10℃가 되도록 관리했다.
  (4) 보통의 노출상태이었으므로 콘크리트의 압축강도가 50 kgf/cm^2 이상인 것을 확인해 초기 양생을 중단했다.

정답 (2)

―[문제 38]――――――――――――――――――――――――――
서중 콘크리트에 관한 다음의 기술 중 부적당한 것은 어느 것인가?
  (1) 동일한 슬럼프를 얻기 위한 단위 수량이 적게 된다.
  (2) 운반 중의 슬럼프 경시저하가 크다.
  (3) 초기강도의 발현은 신속하지만, 장기 재령에서의 강도 증진은 작다.
  (4) 급격한 수분의 증발 등으로 수축에 의한 균열이 발생되기 쉽다.

정답 (1)

[문제 39]

A, B, C, D의 4종류 콘크리트에 대해서 단열 온도 상승시험을 한 결과, 아래 그림에 나타낸 재령과 단열온도 상승량의 관계가 얻어졌다. 이러한 콘크리트를 비교한 다음의 기술 중 부적당한 것은 어느 것인가? 단, 비교대상으로서 기술된 내용 이외는 같은 조건으로 한다.

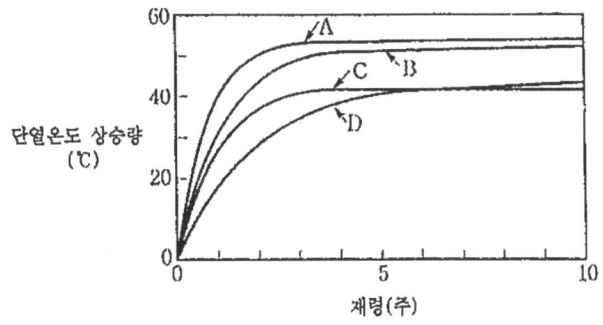

(1) A와 B는 동일한 단위 시멘트량이었지만, A에는 플라이애시 시멘트 B종을, B는 보통 포틀랜드 시멘트를 각각 사용했다.

(2) B와 C를 같은 단면치수 부재로 각각 타설했더니 B 쪽이 C보다 온도상승량이 커졌다.

(3) C와 D는 같은 배합이었지만, D의 타설온도는 C의 경우보다 낮았다.

(4) A와 C는 같은 시멘트를 사용했지만, A의 단위 시멘트량은 C의 경우보다 많았다.

정답 (1)

[문제 40]

매스 콘크리트에 관한 다음의 기술 중 부적당한 것은 어느 것인가?

(1) 단위 시멘트량을 저감시키기 위해서는 굵은 골재의 최대치수를 크게 하는 것이 좋다.

(3) 구속이 작은 지반 위에 타설된 콘크리트의 균열을 억제하기 위해서는 단면 내외의 온도 차이가 작아지도록 양생하는 것이 좋다.

(4) 온도 균열을 방지하기 위해서는 수화 반응이 느린 시멘트를 사용하는 것이 좋다.

정답 (2)

[문제 41]

콘크리트의 수밀성에 관한 다음의 기술 중 부적당한 것은 어느 것인가?
  (1) 블리딩으로 인해 생긴 골재 밑면의 공극은 수밀성을 저하시킨다.
  (2) 팽창재의 적절한 사용은 수밀성을 향상시킨다.
  (3) AE제에 의해 콘크리트 속으로 공기포의 연행은 수밀성을 저하시킨다.
  (4) 소요의 시공성이 얻어지는 범위 내에서 단위 수량의 저감은 수밀성을 향상시킨다.

정답 (3)

[문제 42]

바닷물의 작용을 받는 콘크리트(해양 콘크리트)에 관한 다음의 기술 중 적당한 것은 어느 것인가?
  (1) 콘크리트 속의 강재 부식에 대한 바닷물 중 물보라(포말)대 및 해상 대기 중의 환경 조건 중 바닷물 속이 가장 혹심하다.
  (2) 거푸집에 접하는 스페이서는 모르타르제 또는 콘크리트제의 것을 이용해야만 한다.
  (3) 내구성으로 공기량을 정하는 경우에는 일반 환경보다 작은 값이 좋다.
  (4) 시공이음이 해수면 근처가 되는 경우에는 바닷물 속보다 해수면 위에 설치하는 것이 좋다.

정답 (2)

[문제 43]

수중 콘크리트에 관한 다음의 기술 중 맞는 것은 어느 것인가?
(1) 수중 불분리성 콘크리트의 시공에서는 수중 자유 낙하 거리를 15 m 이하로 하고 있다.
(2) 수중 불분리성 콘크리트의 단위 수량은 보통 콘크리트와 거의 같다.
(3) 프리팩트 콘크리트 강도의 변동은 보통 콘크리트와 거의 동일하다.
(4) 프리팩트 콘크리트에서는 굵은 골재의 최소치수가 규정되어 있다.

정답 (4)

[문제 44]

각종 콘크리트에 관한 다음의 기술 중 맞는 것은 어느 것인가?
(1) 오토클레이브 양생 기포콘크리트의 압축강도는 인공 경량 골재 콘크리트의 압축강도보다 높다.
(2) 오토클레이브 양생 기포 콘크리트는 기둥·보에 사용되는 경우가 많다.
(3) 유동화 콘크리트의 슬럼프 증대량은 5~8 cm로 하는 경우가 많다.
(4) 유동화 콘크리트의 압축강도는 베이스 콘크리트의 압축강도보다 높다.

정답 (3)

[문제 45]

프리스트레스트 콘크리트에 관한 다음의 기술 중 부적당한 것은 어느 것인가?
(1) 콘크리트에는 설계기준 강도가 큰 것을 사용한다.
(2) 긴장재로는 주로 PSC 강봉, PSC 강선, PSC 강연선을 사용한다.
(3) 그라우트에는 주로 유동성과 팽창성을 가지는 시멘트풀을 사용한다.
(4) 프리텐션 방식에 의한 보에서는 긴장재의 정착구를 사용한다.

정답 (4)

[문제 46]

휨모멘트를 받는 철근 콘크리트 보의 철근 및 콘크리트의 응력을 산정할 때 일반적으로 사용되는 기본가정에 관한 다음의 기술 중 부적당한 것은 어느 것인가?

(1) 콘크리트의 인장강도는 무시한다.
(2) 철근의 응력-변형율 관계는 압축, 인장 모두 동일한 것을 사용한다.
(3) 부재축에 직교하는 단면은 균열 발생의 유무와 관계없이 평면으로 유지한다.
(4) 철근과 콘크리트와의 부착은 없는 것으로 한다.

정답 (4)

[문제 47]

철근 콘크리트 보의 설계에 관한 다음의 기술 중 부적당한 것은 어느 것인가?

(1) 보의 휨 내력을 증대시키는 데는 단면 폭을 크게 하는 것보다 단면의 유효 높이를 크게 하는 것이 좋다.
(2) 파피까지의 변형량을 크게 하는 데는 전단 내력을 휨 내력보다 크게 하는 것이 좋다.
(3) 균열을 분산시키는 데는 지름이 가는 철근을 많이 사용하는 것보다 굵은 철근의 개수를 적게 사용하는 것이 좋다.
(4) 철근의 정착을 보다 효과적으로 하는 데는 이형철근에서도 단부에 훅을 설치하는 것이 좋다.

정답 (3)

[문제 48]

아래 그림에 나타낸 철근 A, B, C 명칭의 조합 중 맞는 것은 어느 것인가?

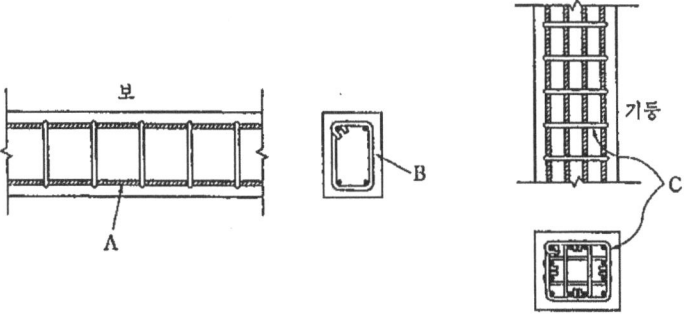

	A	B	C
(1)	축방향철근 (주철근)	띠철근	스터럽
(2)	축방향철근 (주철근)	스터럽	띠철근
(3)	스터럽	띠철근	축방향철근 (주철근)
(4)	스터럽	나선철근	축방향철근 (주철근)

정답 (2)

[문제 49]

 같은 콘크리트를 사용해 형상치수가 같은 무근 콘크리트 보와 철근 콘크리트 보에 대해서, 재하하중(P)와 재하점의 휘어짐(δ) 관계를 나타낸 아래 그림의 (1)~(4) 중 적당한 것은 어느 것인가?

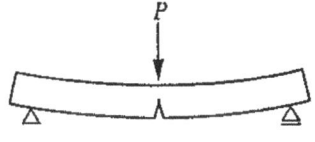

A : 무근 콘크리트 보

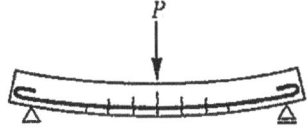

B : 철근 콘크리트 보

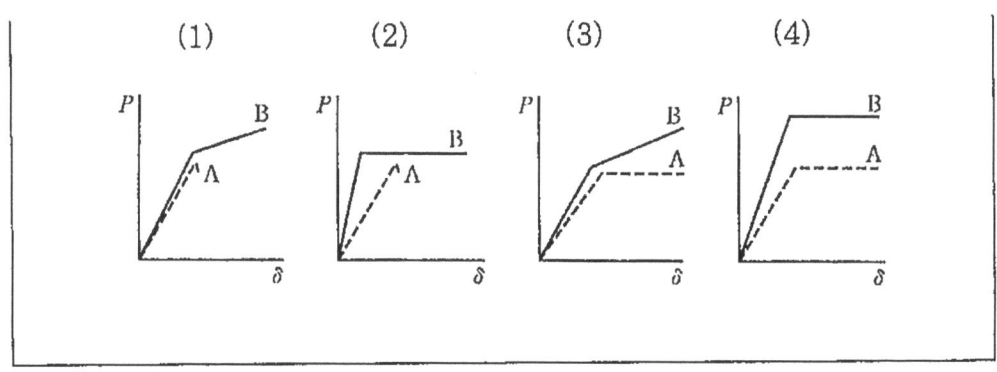

정답 (1)

[문제 50]

콘크리트공장 제품 및 그것을 사용한 시공 특징을 현장치기 콘크리트와 비교한 다음의 기술 중 부적당한 것은 어느 것인가?

(1) 콘크리트제품은 고온 촉진양생을 하기 때문에 품질의 변동이 크다.
(2) 콘크리트제품의 제조작업은 날씨에 좌우되는 경우가 적으므로 생산계획을 세우기 쉽다.
(3) 콘크리트제품을 사용한 시공에서는 거푸집이나 지보공 등 가설공사의 일부를 생략할 수 있다.
(4) 콘크리트제품을 사용한 시공은 기계화가 용이하여 공기를 단축할 수 있다.

정답 (1)

1993년도 문제

[문제 1]
시멘트에 관한 다음의 기술 중 맞는 것은 어느 것인가?
(1) 비표면적의 하한치는 고로 시멘트 B종보다 보통 포틀랜드 시멘트의 것이 크다.
(2) 응결의 시발은 중용열 포틀랜드 시멘트보다 보통 포틀랜드 시멘트 쪽이 빠르다.
(3) 재령 28일의 압축 강도 하한치는 플라이애시 시멘트의 경우, C종보다 B종 쪽이 크다.
(4) 전알칼리(%)의 상한치는 보통 포틀랜드 시멘트(저알칼리형)보다 중용열 포틀랜드 시멘트(저알칼리형) 쪽이 작다.

정답 (3)

[문제 2]
각종 시멘트의 특성과 용도에 관한 다음의 기술 중 틀린 것은 어느 것인가?
(1) 중용열 포틀랜드 시멘트는 초기강도는 작지만 장기강도가 커서 댐 등의 매스 콘크리트에 사용되고 있다.
(2) 조강 포틀랜드 시멘트는 조기에 높은 강도가 얻어지며, 게다가 장기에 걸쳐서 강도 증진이 있으며, 한중 콘크리트 등에 사용되고 있다.
(3) 고로 슬래그 시멘트는 수밀성이나 화학 저항성에 뛰어나서 하천공사나 항만공사 등에 이용되고 있다.
(4) 내황산염 포틀랜드 시멘트는 수화열이 작아 중용열 포틀랜드 시멘트 대신 사용되고 있다.

정답 (4)

―[문제 3]―
암석의 일반적 성질에 관한 다음의 기술 중 가장 적당한 것은 어느 것인가?
 (1) 연질 사암은 화강암보다 압축강도가 높다.
 (2) 화강암은 안산암보다 내열온도가 높다.
 (3) 안산암은 석회암보다 압축강도가 높다.
 (4) 석회암은 연질 사암보다 내열온도가 높다.

정답 (3)

―[문제 4]―
골재 용어의 의미에 관한 다음의 기술 중 부적당한 것은 어느 것인가?
 (1) 유효 흡수율은 공기중 건조상태의 골재가 표면 건조 포화 상태가 되기까지 흡수하는 수량으로, 절대 건조상태의 골재 질량에 대한 백분율로 나타낸 것이다.
 (2) 조립률은 정해진 1조의 체를 사용해 체가르기 시험을 한 경우, 각 체를 통과하는 골재질량으로, 전골재질량에 대한 백분율의 총합을 100으로 나눈 값이다.
 (3) 표면수율은 골재 표면에 부착되어 있는 수량으로, 표면 건조 포화 상태의 골재 질량에 대한 백분율로 나타낸 것이다.
 (4) 실적률은 용기에 채워진 골재의 절대용적으로, 그 용기의 용적에 대한 백분율로 나타낸 것이다.

정답 (2)

―[문제 5]―
콘크리트용 화학혼화제에 적합한 혼화제의 보통 사용범위 내에서 효과에 관한 다음의 기술 중 틀린 것은 어느 것인가?

(1) AE제를 첨가하여도 콘크리트의 응결시간은 대부분 변화하지 않는다.
(2) AE제를 첨가하여도 콘크리트의 블리딩량을 감소시키는 효과는 기대할 수 없다.
(3) 감수제를 첨가하여도 물 시멘트비가 동일하다면, 콘크리트의 동결 융해 저항성을 개선하는 효과는 기대할 수 없다.
(4) AE 감수제를 첨가하면 동일강도를 확보하기 위해 단위 시멘트량을 감소할 수 있다.

정답 (2)

[문제 6]

혼화재에 관한 다음의 기술 중 틀린 것은 어느 것인가?
(1) 콘크리트용 팽창재는 시멘트 및 물과 함께 반죽할 경우, 수화반응에 따라 에트링가이트 혹은 수산화칼슘 등의 결정을 생성한다.
(2) 플라이애시는 잠재 수경성이 있으므로 알칼리에 의한 자극을 받아 경화한다.
(3) 고로 슬래그 미분말은 용융 슬래그를 물 등에서 급랭시킨 후 분쇄된 글래스질의 것이다.
(4) 실리카 흄은 2산화규소를 주성분으로 하고, 그 비표면적은 시멘트보다 크다.

정답 (2)

[문제 7]

보통 포틀랜드 시멘트의 일부를 혼화재로 치환된 콘크리트에 관한 다음의 기술 중 적당한 것은 어느 것인가?
(1) 50%를 고로 슬래그 미분말로 치환하면 초기강도가 커진다.
(2) 50%를 고로 슬래그 미분말로 치환하면 알칼리 골재반응이 억제된다.

(3) 20%를 플라이애시로 치환하면 바닷물에 대한 저항성이 작아진다.
(4) 20%를 플라이애시로 치환하면 장기강도가 작아진다.

정답 (2)

─[문제 8]─
강재에 관한 다음의 기술 중 틀린 것은 어느 것인가?
(1) 강관 콘크리트구조에 사용되는 강관에는 원형이나 각형의 것이 있다.
(2) 용접철망은 슬래브나 벽 등의 균열을 억제하기 위해 사용되는 경우가 많다.
(3) PSC 강봉의 (파단)변형률은 이형봉강의 (파단)변형률보다 작다.
(4) H형강과 콘크리트와의 부착강도는, 이형봉강과 콘크리트와의 부착강도와 같은 정도이다.

정답 (4)

─[문제 9]─
아래 그림은 4종류 보강재의 인장시험 결과를 비교한 것이다. 이 그림에 대해서 설명한 다음의 기술 중 틀린 것은 어느 것인가?
(1) 탄소 섬유 로드의 영 계수는 아라미드 섬유 로드의 영 계수보다 작다.
(2) 아라미드 섬유 로드의 파단강도는 PSC 강선의 내력과 거의 같다.
(3) 탄소 섬유 로드의 파단강도는 철근 항복점의 약 5배이다.
(4) 아라미드 섬유 로드의 신장 능력은 철근의 신장 능력보다 작다.

정답 (1)

─[문제 10]─
콘크리트의 배합 설계에 관한 다음 기술 중의 빈칸 (가)~(마)에 해당하는 어구의 조합으로서 맞는 것은 어느 것인가?

양질의 콘크리트 배합 설계란 사용하는 시공 방법이나 타설된 부위에 따라 (가)가 얻어지는 범위 내에서 (나)를 가능한 한 적게 하고, 경화 후에는 소요의 (다), (라) 및 수밀성 등의 성능을 만족하도록 (마)를 정하는 것이다.

a. 워커빌리티　　　b. 반죽질기　　　c. 성형성
d. 단위 수량　　　　e. 단위 시멘트량　f. 단위 굵은 골재 용적
g. 강도　　　　　　h. 내구성　　　　i. 내열성
j. 내약품성　　　　k. 사용재료의 분할　l. 잔골재율

	가	나	다	라	마
(1)	a	d	g	h	k
(2)	b	e	h	i	l
(3)	a	e	i	j	l
(4)	c	f	g	j	k

정답 (1)

[문제 11]
콘크리트의 배합 보정에 관한 다음의 기술 중 부적당한 것은 어느 것인가?
(1) 굵은 골재의 최대치수를 크게 하면 동일한 슬럼프를 얻기 위해 필요한 잔골재율은 작아진다.
(2) 굵은 골재의 최대치수를 크게 하면 동일한 슬럼프를 얻기 위해 필요한 단위 수량은 작아진다.
(3) 공기량을 크게 하면 동일한 슬럼프를 얻기 위해 필요한 단위 수량은 작아진다.
(4) 공기량을 크게 하면 동일한 슬럼프를 얻기 위해 필요한 잔골재율은 커진다.

정답 (4)

[문제 12]

아래에 나타낸 재료를 정확하게 계량해 반죽했더니 공기량 5.5%의 AE 콘크리트가 얻어졌다. 이 콘크리트에 관한 다음의 기술 중 맞는 것은 어느 것인가?

물 (kg)	시멘트 (kg)	모래 (kg)	자갈 (kg)
6.6	12.0	30.8	39.9

여기서, 시멘트 비중은 3.16, 모래 및 자갈은 표면건조포화상태로 하고, 표건 비중은 각각 2.50 및 2.65로 한다.

(1) 단위 시멘트량은 $3.18\,kg/m^3$이다.
(2) 비벼진 콘크리트의 용적은 35.0 l이다.
(3) 단위 수량은 $165\,kg/m^3$이다.
(4) 잔골재율은 43.6%이다.

정답 (3)

[문제 13]

아래에 나타낸 시방배합을 기초로 $1\,m^3$의 콘크리트를 제조하는 경우 현장 배합의 계산결과에 관한 다음의 기술 중 틀린 것은 어느 것인가? 단, 굵은 골재 중 5 mm 체를 통과한 것 및 잔골재 중 5 mm 체에 남아 있는 것은 없고, 또 잔골재의 흡수율은 1.50%, 함수율은 4.10%, 굵은 골재의 흡수율은 0.50%, 함수율은 1.80%으로 한다.

물 (kg/m^3)	시멘트 (kg/m^3)	잔골재* (kg/m^3)	굵은 골재* (kg/m^3)	AE제 (kg/m^3)
180	360	702	1,030	0.108

(1) 수량은 149 kg이다.
(2) 시멘트량은 360 kg이다.
(3) 잔골재량은 731 kg이다.
(4) 굵은 골재량은 1,043 kg이다.

정답 (3)

─[문제 14]────────────────────────────────
  굳지 않은 콘크리트의 일반적 성질에 관한 다음의 기술 중 틀린 것은 어느 것인가?
  (1) 슬럼프의 경시변화는 기온이 높을 수록 작다.
  (2) 굵은 골재의 분리는 물 시멘트비가 작을수록 일어나기 어렵다.
  (3) 블리딩량은 슬럼프가 큰 콘크리트일수록 크다.
  (4) 슬럼프는 단위 수량이 클수록 크다.

정답 (1)

─[문제 15]────────────────────────────────
  굳지 않은 콘크리트 공기량의 일반적인 경향에 관한 다음의 기술 중 틀린 것은 어느 것인가?
  (1) 시간의 경과에 따른 공기량 감소는 기포지름이 큰 공기의 빠져나감에 의한다.
  (2) AE제에 의한 연행 공기량은 잔골재 중 0.3~0.6 mm 입자가 많아지면 적어진다.
  (3) AE제의 사용량이 일정한 경우의 연행 공기량은 콘크리트 온도가 높아지면 적어진다.
  (4) 공기량은 펌프 압송에 의해 감소한다.

정답 (2)

─[문제 16]────────────────────────────────
콘크리트의 휨강도에 관한 다음의 기술 중 부적당한 것은 어느 것인가?
  (1) 습윤양생을 실시한 후에 콘크리트 표면부 만을 건조시켜 시험하면 시험치는 커진다.
  (2) 재하속도를 빠르게 하면 시험치는 커진다.

(3) 형상이 같다면 치수가 큰 공시체를 사용해 얻어지는 시험치는 치수가 작은 공시체를 사용한 경우보다 작아진다.
(4) 중심 재하법에 의한 시험치는 3등분점 재하법에 의한 시험치보다 커진다.

정답 (1)

[문제 17]
굳은 콘크리트의 역학적 성질에 관한 다음의 기술 중 적당한 것은 어느 것인가?
(1) 비례선 탄성계수는 동탄성계수보다 크다.
(2) 압축강도는 공기량이 많아지면 커진다.
(3) 포와송비는 압축강도에 비례해 커진다.
(4) 비례선 탄성계수는 압축강도가 커지면 커진다.

정답 (4)

[문제 18]
콘크리트부재에 발생한 열화상황과 그 원인을 나타낸 다음의 조합 중 가장 관련성이 낮은 것은 어느 것인가?
(1) 표면 전체에 귀갑상의 균열이 발생했다. ── 표면 가열
(2) 표면부에 스케일링이 발생했다. ── 동결 융해 반복
(3) 철근을 따라서 큰 균열이 발생했다. ── 내부 철근의 부식
(4) 콘크리트 타설 후 1~2주일 경과되어 직선상의 균열이 발생했다. ── 알칼리 골재 반응

정답 (4)

─[문제 19]─
　콘크리트 구조물의 균열 발생에 관한 다음의 기술 중 틀린 것은 어느 것인가?
　(1) 철근 콘크리트벽에 발생하는 건조 수축 균열은 보·기둥 및 철근의 구속으로 인해 콘크리트에 생긴 인장응력이 원인이다.
　(2) 철근 콘크리트 보에 발생하는 최대 휨 균열폭은 철근으로서 환강을 사용하는 것보다 이형봉강을 사용하는 편이 작아진다.
　(3) 단위 시멘트량 및 단위 수량을 늘려 시멘트풀을 많게 하면, 건조 수축에 의해 균열은 발생되기 어렵게 된다.
　(4) 단순 지지된 콘크리트 보의 휨 균열은 지간 중앙부에 발생하기 쉽다.

정답 (3)

─[문제 20]─
　콘크리트의 중성화에 관한 다음의 기술 중 부적당한 것은 어느 것인가?
　(1) 탄산가스농도가 높을수록 중성화는 빨라진다.
　(2) 현저하게 건조되어 있으면 중성화는 늦어진다.
　(3) 타일 붙임, 돌 붙임 등에 의한 마무리는 중성화를 지연시키는 데에 유효하다.
　(4) 플라이애시 시멘트를 사용하는 것은 중성화를 지연시키는 데에 유효하다.

정답 (4)

─[문제 21]─
　콘크리트의 동해에 관한 다음의 기술 중 부적당한 것은 어느 것인가?
　(1) 물 시멘트비가 작은 콘크리트는 동해를 받기 어렵다.
　(2) 블리딩량이 큰 콘크리트는 동해를 받기 쉽다.
　(3) 기포 간격 계수가 큰 콘크리트는 동해를 받기 어렵다.
　(4) 젖은 부분의 콘크리트는 마른 부분의 콘크리트보다 동해를 받기 쉽다.

정답 (3)

---[문제 22]---
굳은 콘크리트 성질에 관한 다음의 기술 중 틀린 것은 어느 것인가?
(1) 콘크리트의 마모에 대한 저항성은 물 시멘트비 및 골재 품질의 영향을 크게 받는다.
(2) 고온 가열에 의한 콘크리트의 영 계수 저하율은 압축강도의 저하율보다 크다.
(3) 콘크리트의 수밀성은 습윤 양생기간을 길게 할수록 향상한다.
(4) 콘크리트의 열팽창계수(선팽창계수)는 골재의 열팽창계수보다 작다.

정답 (4)

---[문제 23]---
콘크리트의 반죽에 관한 다음의 기술 중 적당한 것은 어느 것인가?
(1) 반죽할 때에 물을 분할해 믹서에 투입하는 것은 품질을 저하시키므로 피해야 한다.
(2) 가경식 믹서에 의한 경량 골재 콘크리트의 반죽시간은 보통 골재 콘크리트의 경우보다 길게 된다.
(3) 믹서에 의한 반죽시간은 트럭 애지테이터에 의한 운반 중의 반죽을 고려해 정한다.
(4) 강제 비빔 믹서에 의한 반죽시간은 가경식 믹서를 사용하는 경우보다 길게 된다.

정답 (2)

---[문제 24]---
레디 믹스트 콘크리트에 의한 재료 계량에 관한 다음의 기술 중 틀린 것은 어느 것인가?

(1) 시멘트, 골재 및 물은 각각 별도의 계량기로 계량해야만 한다.
(2) 혼화제의 계량은 용적으로 하면 안된다.
(3) 시멘트의 계량은 1회 계량분량에 대해 ±1%의 오차내에서 실시해야 한다.
(4) 계량기에는 잔골재의 표면수량에 의한 계량치의 보정이 쉽게 되는 장치를 갖추어야만 한다.

정답 (2)

[문제 25]

레디 믹스트 콘크리트의 품질관리 시험방법에 관한 다음의 기술 중 틀린 것은 어느 것인가?
(1) 직경 15 cm, 높이 30 cm의 압축강도 시험용 공시체 제작에서 거푸집에 시료를 채우는 경우, 거의 같은 높이의 3층으로 나누고, 각각의 층을 다짐봉으로 25회 똑같이 찌른다.
(2) 단위 용적 질량시험에서 용기 속에 시료를 채우는 경우, 거의 같은 높이의 3층으로 나누고, 각각의 층을 다짐봉으로 25회 똑같이 찌른다.
(3) 공기실 압력 방법에 의한 공기량 측정에서 용기 속에 시료를 채우는 경우, 거의 같은 높이의 3층으로 나누고, 각각의 층을 다짐봉으로 25회 똑같이 찌른다.
(4) 슬럼프 시험에서 슬럼프 콘에 시료를 채우는 경우, 거의 같은 높이의 3층으로 나누어, 각각의 층을 다짐봉으로 25회 똑같이 찌른다.

정답 (4)

[문제 26]

레디 믹스트 콘크리트에 규정하는 염화물 함유량에 관한 다음의 기술 중 틀린 것은 어느 것인가?
(1) 반죽에 사용하는 물의 염화물 이온(Cl^-)량은 200 ppm 이하라야만 한다.

(2) 잔골재에 함유되는 염화물량은 원칙으로서 잔골재의 절건 질량에 대한 NaCl 환산으로 0.04% 이하라야만 한다.
(3) 콘크리트 속의 염화물 함유량은 굳지 않은 콘크리트 중 물의 염화물 이온 농도의 측정값과 현장 배합표의 수량을 곱해 구한다.
(4) 콘크리트 속의 염화물 함유량은, 구입자의 승인을 받은 경우에는 염화물 이온(Cl^-)량으로서 $0.60\,kg/m^3$ 이하로 할 수 있다.

정답 (3)

[문제 27]

레디 믹스트 콘크리트에 따라 실시했던 납품검사에 관한 다음의 기술 중 맞는 것은 어느 것인가?
(1) 강도시험용의 공시체를 하역지점에서 채취해 현장 수중 양생했다.
(2) 압축강도의 검사 로트 크기를 $300m^3$로 하였으므로 $100m^3$에 대해 1회의 시험을 했다.
(3) 강도의 1회 시험결과를 연속하는 3운반차에서 각각 1개씩 채취한 3개의 공시체 시험치를 평균치로 표시한다.
(4) 굵은 골재의 최대치수가 40 mm이므로, 압축강도 시험용 공시체의 치수를 직경 10 cm, 높이 20 cm로 했다.

정답 (2)

[문제 28]

레디 믹스트 콘크리트에 따라서 제조되고 있는 A공장과 B공장이 있다. A공장 및 B공장의 압축강도 표준편차는 각각 $25\,kgf/cm^2$ 및 $30\,kgf/cm^2$이었다. 이러한 공장에 관한 다음의 기술 중 틀린 것은 어느 것인가? 단, 제조된 콘크리트의 압축강도 시험치는 양 공장 모두 정규분포되어 그 평균치는 $300\,kgf/cm^2$로 한다.
(1) B공장의 변동계수는 10%이다.

(2) B공장에서 제조된 콘크리트는 호칭강도 270의 콘크리트로서 출하된다.
(3) A공장에서 제조된 콘크리트의 압축강도는 225 kgf/cm² 를 밑도는 것은 거의 없다.
(4) 압축강도 270 kgf/cm² 를 밑돌 확률은 A공장이 B공장보다 작다.

정답 (2)

―[문제 29]―
콘크리트 운반에 관한 다음의 기술 중 부적당한 것은 어느 것인가?
(1) 보통의 경우, 바깥기온 20℃일 때의 반죽 개시에서 타설 종료까지의 시간은 2시간을 초과하지 않도록 계획하여야 한다.
(2) 트럭 애지테이터에서 콘크리트를 하역할 때에는, 한번 애지테이터를 고속회전하여 충분히 교반시키면서 배출하여야 한다.
(3) 버킷은 일반적으로 된비빔 콘크리트보다 묽은비빔 콘크리트 운반에 사용되고 있다.
(4) 덤프 트럭은 일반적으로 저슬럼프의 포장용 콘크리트 운반에 사용되고 있다.

정답 (3)

―[문제 30]―
콘크리트 운반에 관한 일반적 경향을 나타낸 다음의 기술 중 틀린 것은 어느 것인가?
(1) 콘크리트의 공기량은 운반에 의해 감소한다.
(2) 하역시의 슬럼프가 같아도 운반시간이 길수록 하역 때부터 응결의 시발까지의 시간은 짧아진다.
(3) 경량 골재 콘크리트는 보통 골재 콘크리트에 비해 펌프 압송에 의한 슬럼프 변화가 적다.

(4) 운반 중 콘크리트의 품질 변화는 바깥기온이 높을수록 크다.

정답 (3)

[문제 31]
콘크리트의 펌프 압송에 관한 다음의 기술 중 틀린 것은 어느 것인가?
(1) 경량골재 콘크리트 운반에 콘크리트 펌프를 사용하는 경우에는 원칙적으로 유동화 콘크리트로 하도록 되어 있다.
(2) 콘크리트 펌프의 형식은 일반적으로 스퀴즈식과 피스톤식으로 구분되는데, 피스톤식의 토출압력이 높아 장거리 압송에 적합하게 되어 있다.
(3) 수송관 1m당의 관내 압력손실은 시간당의 토출량이 많을수록 크게 된다.
(4) 상향 수직관의 단위 길이당 수평 환산길이는 관지름이 클수록 짧아진다.

정답 (4)

[문제 32]
콘크리트 타설에 관한 다음의 기술 중 부적당한 것은 어느 것인가?
(1) 거푸집의 높이가 높은 경우에는 거푸집 중간에 투입구를 만드는 등 자유 낙하 높이를 작게 해 타설한다.
(2) 하나의 타설 구획 내 콘크리트는 콜드조인트가 생기지 않도록 타설한다.
(3) 거푸집 안으로 떨어진 콘크리트는 가능한 한 빨리 봉형 진동기를 사용하여 옆으로 이동해 타설한다.
(4) 기둥과 보를 일체로 타설할 경우, 기둥의 콘크리트를 타설한 후 1~2시간 정도 경과하고 나서 보의 콘크리트를 타설한다.

정답 (3)

─[문제 33]─────────────────────────────────
　콘크리트의 다짐 및 이어붓기에 관한 다음의 기술 중 틀린 것은 어느 것인가?
　(1) 봉형 진동기는 다진 후에 뒤가 남지 않도록 서서히 뽑아내는 것이 좋다.
　(2) 벽두께가 두꺼운 경우의 콘크리트 다짐은 봉형 진동기보다 거푸집 진동기를 사용하는 것이 좋다.
　(3) 콘크리트의 이어붓기 위치는 전단력이 작은 부분에 설정하는 것이 좋다.
　(4) 콘크리트를 계속 타설하는 경우에는 구콘크리트의 표면을 미리 충분히 흡수시켜 두어야 한다.

정답 (2)

─[문제 34]─────────────────────────────────
　콘크리트 양생에 관한 다음의 기술 중 틀린 것은 어느 것인가?
　(1) 조강 포틀랜드 시멘트를 사용하는 경우 콘크리트의 습윤 양생기간은 보통 포틀랜드 시멘트를 사용하는 경우보다 짧은 것이 좋다.
　(2) 양생 초기에서 콘크리트를 건조상태로 두면 강도의 신장은 정체하지만, 습윤 상태로 되돌리면 습윤 상태가 계속된 경우의 강도와 같아진다.
　(3) 콘크리트의 양생온도가 높으면 초기강도는 높지만, 그 후 강도의 신장은 일반적으로 작아진다.
　(4) 서중 콘크리트에서는 수분의 급격한 증발 및 온도상승을 방지하기 위해 살수 양생을 하는 것이 좋다.

정답 (2)

─[문제 35]─────────────────────────────────
　콘크리트의 표면마무리 및 양생에 관한 다음의 기술 중 틀린 것은 어느 것인가?

(1) 과잉된 블리딩수를 제거하지 않고 표면마무리를 하면, 표면에 가느다란 균열이 발생되기 쉬워진다.
(2) 쇠흙손으로 지나치게 마무리를 하면, 표면에 시멘트풀이 모여 수축 균열이 발생되기 쉬워진다.
(3) 초기동해를 일으킨 콘크리트일지라도 그 후 적절하게 양생을 실시하면 강도와 내구성에는 대부분 악영향이 남지 않는다.
(4) 막양생은 콘크리트 표면의 수광이 없어진 직후에 하는 것이 좋다.

정답 (3)

[문제 36]

공사를 하는 경우 거푸집 및 지보공의 제거에 관한 다음의 기술 중 틀린 것은 어느 것인가?
(1) 슬래브 아래 및 보 밑 지보공의 제거는 원칙으로서 콘크리트의 압축강도가 설계기준강도 이상인 것이 확인되면 실시한다.
(2) 지보공의 제거 시기를 결정하기 위한 콘크리트의 압축강도는 표준양생을 실시한 공시체의 값을 사용한다.
(3) 콘크리트 타설 후의 평균기온이 10℃ 이상이며 또 사용 시멘트에 정해진 재령에 도달했다면 압축강도 시험을 하지 않고 기둥의 거푸집널을 제거해도 된다.
(4) 보 측면의 거푸집널은 보의 밑면 거푸집널보다 빨리 제거할 수 있다.

정답 (2)

[문제 37]

거푸집 및 지보공에 관한 다음의 기술 중 가장 적당한 것은 어느 것인가?
(1) 콘크리트는 알칼리성이기 때문에 거푸집널에는 알칼리 추출물이 많은 목재를 사용해도 된다.

(2) 라멘이나 아치 등에서는 콘크리트의 크리프를 이용해 균열의 발생을 방지할 목적에서 조기에 거푸집 및 지보공을 제거하는 경우가 있다.
(3) 거푸집 설계에 사용하는 콘크리트의 측압은 부위 및 타설속도에 관계없이 굳지 않은 콘크리트의 높이(측압을 구하는 위치에서 상부 콘크리트의 타설높이)와 단위 용적 질량과의 곱으로 구하고 있다.
(4) 침수성 거푸집을 사용하면 콘크리트 표면의 투수성이 커지기 때문에, 염분에 대한 저항성이나 중성화에 대한 저항성이 저하한다.

정답 (2)

―[문제 38]―

철근의 가공 및 조립에 관한 다음의 기술 중 틀린 것은 어느 것인가?
(1) 휨 가공된 철근을 되돌려 구부리면 재질을 손상할 우려가 있다.
(2) 철근의 교점 요소는 소둔 철사 또는 클립으로 꽉 조인다.
(3) 철근의 이음은 동일단면에 모이지 않는 것을 원칙으로 한다.
(4) 모르타르제 및 콘크리트제의 스페이서는 거푸집에 접하는 개소에는 사용하지 않는 것이 좋다.

정답 (4)

―[문제 39]―

포장 콘크리트에 관한 다음의 기술 중 틀린 것은 어느 것인가?
(1) AE 콘크리트는 마모 저항성이 작아서 포장용 콘크리트에는 사용하지 않는다.
(2) 포장용 콘크리트의 강도는 재령 28일의 휨 강도를 기준으로 하는 것이 일반적이다.
(3) 전압 콘크리트 포장은 아주 된비빔 콘크리트를 사용하여 아스팔트 콘크리트 포장과 같은 시공기계를 사용해 포설한다.
(4) 막양생은 일반적으로 후기 양생 전 초기양생에 사용된다.

정답 (1)

―[문제 40]―
한중 콘크리트에 관한 다음의 기술 중 부적당한 것은 어느 것인가?
(1) 강도 추정에 사용하는 적산온도방식에서는 양생온도가 −10℃보다 높은 경우에는 콘크리트의 강도 증진이 있는 것으로 되어 있다.
(2) 콘크리트의 비빔온도를 높이는 경우, 시멘트 투입 전 믹서 안의 골재 및 그 온도는 40℃ 이하로 하는 것이 좋다.
(3) 단열 거푸집을 사용하는 단열(보온) 양생은 매스 콘크리트에는 적당하지 않다.
(4) 보통 노출상태에 두어진 콘크리트 부재에서는 압축강도가 50 kgf/cm² 이상 얻어질 때까지 가열설비 등을 사용해 급열 양생을 하는 것이 좋다.

정답 (3)

―[문제 41]―
서중 콘크리트에 관한 다음의 기술 중 부적당한 것은 어느 것인가?
(1) 서중 콘크리트란 콘크리트의 타설온도가 35℃를 초과하는 것을 말한다.
(2) 콘크리트의 비빔온도를 추정하는 경우에는 골재와 시멘트의 비열을 같은 것으로 생각해도 된다.
(3) 레디 믹스트 콘크리트에서는 콘크리트의 반죽 개시에서 하역까지의 시간은, 여름일지라도 1.5시간 이내로 되어 있다.
(4) 서중 콘크리트에서는 일반적으로 거푸집과 지보공을 보통 콘크리트보다 빨리 제거할 수 있다.

정답 (1)

[문제 42]
매스 콘크리트에 관한 다음의 기술 중 적당한 것은 어느 것인가?
(1) 온도응력에 의한 균열은 최대치수가 작은 굵은 골재를 사용하면 발생하기 어렵게 된다.
(2) 중용열 포틀랜드 시멘트의 수화발열량은 조강 포틀랜드 시멘트와 보통 포틀랜드 시멘트와의 중간에 있다.
(3) 물의 일부를 얼음으로 치환해 프리 쿨링하는 방법은, 물 시멘트비의 변동이 크기 때문에 대부분 사용되지 않는다.
(4) 온도 균열의 발생은 콘크리트의 인장강도와 온도응력에 의해 평가한다.

정답 (4)

[문제 43]
수중 불분리성 콘크리트에 관한 다음의 기술 중 부적당한 것은 어느 것인가?
(1) 흐르는 물 속에서도 자유 낙하시켜 타설할 수 있다.
(2) 펌프 압송 부하는 일반 콘크리트보다 크다.
(3) 공기량은 4% 이하를 표준으로 한다.
(4) 단위 수량은 일반 콘크리트보다 크다.

정답 (1)

[문제 44]
바닷물의 작용을 받는 콘크리트(해양 콘크리트)에 관한 다음의 기술 중 적당한 것은 어느 것인가?
(1) 슬래그의 분량의 많은 고로 시멘트는 바닷속 부분의 콘크리트에는 적합하지 않다.
(2) 공기량은 바닷속 부분보다 해상 대기 중 부분이 큰 값을 필요로 한다.

(3) 보통 철근의 피복두께는 물보라대 부분보다 바닷속 부분 쪽이 큰 값을 필요로 한다.

(4) 물 시멘트비는 해상 대기 중 부분보다 바닷속 부분 쪽이 작은 값을 필요로 한다.

정답 (2)

[문제 45]

각종 콘크리트에 관한 다음의 기술 중 부적당한 것은 어느 것인가?

(1) 프리팩트 콘크리트에 사용하는 굵은 골재에는 입경이 작은 범위의 골재를 제외한 것이 사용된다.

(2) γ선이나 X선을 차단하는 콘크리트에는 반드시 중량 콘크리트를 사용할 필요는 없다.

(3) 유동화 콘크리트의 슬럼프 증대량을 크게 하기 위해서는 베이스 콘크리트 속의 미립분량을 적게 하는 것이 좋다.

(4) 오토클레이브 양생된 경량 기포 콘크리트(ALC)는 건물의 바닥에도 사용되고 있다.

정답 (3)

[문제 46]

프리스트레스트 콘크리트구조에 관한 다음의 기술 중 틀린 것은 어느 것인가?

(1) PSC 강재에 대한 콘크리트의 피복두께는 보통 철근에 대한 것보다 크다.

(2) 프리텐션 방식의 프리스트레스트 콘크리트에서는 일반적으로 PSC 강재와 콘크리트와의 부착 작용에 의해 상호 응력 전달이 된다.

(3) 긴장재로서 사용하는 PSC 강재는 용접으로 접합해서는 안된다.
(4) 프리스트레스의 감소량은 콘크리트의 건조 수축 및 크리프가 작을수록 크다.

정답 (4)

[문제 47]
철근 콘크리트 보 설계에 관한 다음의 기술 중 틀린 것은 어느 것인가?
(1) 휨 내력 계산에서는 콘크리트가 인장력을 부담하지 않는 것으로 가정한다.
(2) 바깥온도 변화에 따라 철근과 콘크리트와의 상대적인 엇갈림은 생기지 않는 것으로 한다.
(3) 일반적으로 인장 철근비가 균형 철근비 이하가 되도록 설계한다.
(4) 필요한 피복두께는 사용하는 이형봉강의 항복점 크기에 따라 변한다.

정답 (4)

[문제 48]
아래 그림에 나타낸 L형 옹벽의 배면토압에 대한 배근의 역할에 관한 다음의 기술 중 틀린 것은 어느 것인가?

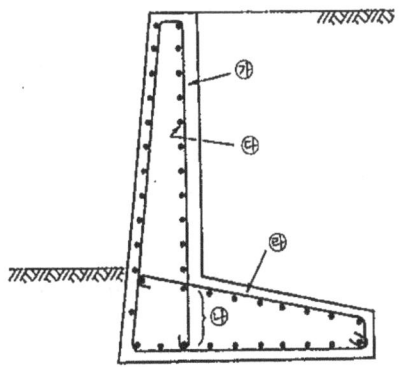

(1) ㉮의 철근은 인장철근의 역할을 한다.
(2) ㉯의 철근 부분은 철근의 정착 역할을 한다.

(3) ㉢의 철근은 배력철근의 역할을 한다.
(4) ㉣의 철근은 압축철근의 역할을 한다.

정답 (4)

─[문제 49]────────────────────────────
철근 콘크리트 보의 균열 및 휘어짐에 관한 다음의 기술 중 부적당한 것은 어느 것인가?
(1) 동일하중에서의 휨 균열폭은 인장철근량이 커지면 작아진다.
(2) 크리프에 의한 휘어짐은 압축철근을 배치하는 것으로서 작게 된다.
(3) 휨 균열 발생 하중은 주철근량에 비례해 증대한다.
(4) 파피시의 휘어짐은 휨 파괴되는 경우가 전단 파괴되는 경우보다 크다.

정답 (3)

─[문제 50]────────────────────────────
콘크리트제품의 제조에서 촉진 양생 방법에 관한 다음의 기술 중 틀린 것은 어느 것인가?
(1) 상압 증기양생에서 전치시간은 물 시멘트비가 클수록 길게 하는 것이 좋다.
(2) 상압 증기양생에서 최고온도는 100℃를 초과하지 않는 범위에서 높게하는 것이 좋다.
(3) 오토클레이브 양생하는 경우에는 전 양생으로서 상압 증기 양생을 하는 경우가 많다.
(4) 오토클레이브 양생에서는 승압 및 강압을 서서히 실시하여 급격한 압력 변화를 피하는 것이 좋다.

정답 (2)

부록.

콘크리트기사 · 산업기사
(기출문제)

국가기술자격검정 필기시험문제

2004년도 기사 일반검정 [제 5 회]

자격종목 및 등급(선택분야)	종목코드	시험시간	문제지형별
콘크리트 기사	1048	2시간	A

※시험문제지는 답안카드와 같이 반드시 제출하여야 합니다.

제 1 과목 : 콘크리트 재료 및 배합

1. 시멘트의 일반적 특성과 용도에 관한 다음 설명중 틀린 것은?
   가. 조강포틀랜드시멘트는 초기 압축강도 발현이 커서 프리스트레스콘크리트에 사용하고 있다.
   나. 중용열포틀랜드시멘트는 수화열이 보통포틀랜드시멘트와 조강포틀랜드시멘트의 중간정도로 한중콘크리트에 사용 하고 있다.
   다. 고로시멘트는 수화열 발열량이 적어 매스콘크리트 구조물에 사용하고 있다.
   라. 내황산염시멘트는 화학저항성이 우수하여 지하 구조물용에 사용하고 있다.

2. 콘크리트 배합시 슬럼프에 대한 다음 설명중 올바르지 않은 것은?
   가. 슬럼프값이 너무 작으면 타설이 곤란하다.
   나. 슬럼프값은 진동기 사용 등 다짐방법에 의해서도 변하게 된다.
   다. 콘크리트의 운반시간이 길어지면 슬럼프값이 증가하는 경향이 있다.
   라. 슬럼프값은 타설장소에서의 값이 중요하다.

3. KS에 규정되어 있는 골재시험항목에 대하여 사용하는 용액이 잘못 연결된 것은?
   가. 안정성 - 황산나트륨
   나. 유기불순물 - 수산화나트륨
   다. 염화물하유량 - 질산나트륨
   라. 알칼리골재반응 - 수산화나트륨

4. 콘크리트 배합에서 시멘트의 사용량을 가급적 줄이려면 다음 중 어느 것을 고려해야 하는가?
   가. 골재의 입도
   나. 혼화재의 종류

다. 콘크리트의 수축
라. 콘크리트 중의 공기량

5. 아래표는 굵은골재의 마모시험 결과값이다. 마모율로서 옳은 것은?

> · 시험 전 시료질량 : 1,250g
> · 시험 후 1.7mm체에 남은 질량 : 850g

가. 마모율 : 68%   나. 마모율 : 47%
다. 마모율 : 53%   라. 마모율 : 32%

6. 시멘트에 관한 설명 중 옳지 않은 것은?
   가. 시멘트가 풍화하면 탄산가스와 수분의 반응으로 인해 비중이 높아진다.
   나. 시멘트 분말의 비표면적을 크게 하면 강도의 발현이 빨라진다.
   다. 시멘트의 강도는 일반적으로 표준양생 재령 28일의 강도를 말한다.
   라. 시멘트 제조 시 첨가하는 석고의 양을 늘리면 응결속도가 지연된다.

7. 골재에 관련된 설명으로서 옳지 않은 것은?
   가. 골재의 밀도값으로 개략적인 골재품질의 판정이 가능하다.
   나. 골재의 단위용적질량 시험방법으로는 봉 다지기에 의한 방법과 충격에 의한 방법 등이 있다.
   다. 골재의 흡수량은 공기중 건조상태에서 표면건조포화상태가 될 때까지 흡수되는 수량이다.
   라. 부순골재 입형의 좋고 나쁨은 그 실적율의 크고 작음으로 판별가능하다.

8. 콘크리트용 화학혼화제의 작용과 효과에 관한 다음 설명중 적당하지 않은 것은?
   가. AE제는 미세한 기포를 다수 연행하여 콘크리트의 워커빌리티를 개선하는 효과가 있다.
   나. 감수제는 시멘트 입자를 정전기적인 반발작용으로 분산시켜 콘크리트의 단위수량을 감소시키는 효과가 있다.
   다. AE감수제는 시멘트 분산작용 이외에 공기연행작용을 함께 가지고 있어 콘크리트의 동결융해 저항성을 높여 주는 효과가 있다.
   라. 고성능 AE감수제는 시멘트의 분산작용을 분명하게 하여 콘크리트의 응결을 빠르게 하는 효과가 있다.

9. 시멘트 시험중 풍화도와 가장 관계가 없는 시험은?
   가. 비중   나. 분말도   다. 강열감량   라. 불용해잔분

10. 레미콘공장 회수수를 혼합수로 사용하는 경우의 유의사항에 관한 다음 설명 중 적당하지 않은 것은?
    가. 슬러지 고형분은 시멘트 질량의 3%이하로 한다.
    나. 슬러지 고형분이 많은 경우에는 단위수량을 증가시킨다.
    다. 슬러지 고형분이 많은 경우에는 잔골재율을 증가시킨다.
    라. 슬러지 고형분이 많은 경우에는 AE제의 사용량을 증가시킨다.

11. 콘크리트에 대한 다음 설명 중에서 가장 적절한 것은?
    가. 콘크리트의 동결융해 저항성을 향상시키는 것은 AE콘크리트로 제조하는 경우와 물-시멘트비를 작게 하여 밀실한 콘크리트로 제조하는 경우가 있으나 그 개선효과는 AE콘크리트로 제조하는 것이 더욱 효과적이다.
    나. 경화시멘트 페이스트는 다공질 재료로서 흡수성이 높으므로 콘크리트 내동해성은 주로 시멘트 페이스트의 품질에 의해 지배되고 골재의 품질에 의한 영향은 없다.
    다. 햇빛을 받지 않는 북쪽 면의 콘크리트는 햇빛을 받는 남쪽 면의 콘크리트에 비해 저온이므로 일반적으로 현저한 동해를 일으킨다.
    라. 콘크리트의 동해 정도는 동결융해 반복횟수에 지배되므로 동결시 최저온도의 영향은 적다.

12. 다음에 설명하는 골재중 콘크리트용 잔골재로 적합한 것은?
    가. 잔골재에는 굵은 입자와 가는 입자가 고르게 혼합되어 있는 것
    나. 조립률이 3.3~4.1 범위의 잔골재
    다. 모래의 흡수율이 3.0%이상인 것
    라. 염화물 이온량의 질량 백분율이 0.2~0.03%인 하천모래

13. 물-시멘트비 50%, 잔골재율 43.0%, 공기량 5.0% 및 단위수량 170kg/㎥의 조건으로 한 콘크리트의 시방배합결과에 대한 설명중 틀린 것은?(단, 시멘트 비중 : 3.15, 잔골재 표면건조 포화상태 비중 2.65)
    가. 단위시멘트량은 340kg/㎥이다.
    나. 골재의 절대용적은 672 ℓ/㎥이다.

다. 단위골재량은 798kg/㎥이다.
라. 단위굵은골재량은 1,015kg/㎥이다.

14. 골재 실험결과 골재의 단위용적질량이 1,700kg/㎥, 골재의 절건밀도가 2.65g/㎤일 때 이 골재의 공극률은?
    가. 35.85% 나. 64.15%
    다. 57.26% 라. 42.74%

15. 보통 포틀랜드 시멘트의 응결에 대한 다음 설명 중 적절하지 않은 것은?
    가. 온도가 높으면 응결은 빨라진다.
    나. 분말도가 높을수록 응결은 빨라진다.
    다. 배합수가 많을수록 응결은 빨라진다.
    라. 시멘트의 응결은 vicat침장치에 의하여 측정한다.

16. 플라이애쉬를 사용한 콘크리트의 성질로 옳은 것은?
    가. 유동성의 저하
    나. 장기강도의 저하
    다. 수화열의 감소
    라. 알카리 골재 반응의 촉진

17. 콘크리트용 플라이애쉬로 사용할 수 없는 것은?
    가. 이산화규소의 함유량이 48%인 경우
    나. 강열감량이 6%인 경우
    다. 밀도가 2.2인 경우
    라. 압축강도비가 65%인 경우

18. 콘크리트의 배합설계에서의 물-시멘트비에 대한 다음 설명 중 올바르지 않은 것은?
    가. 제빙화학제가 사용되는 콘크리트의 물-시멘트비는 45%이하로 한다.
    나. 중성화 저항성을 고려하는 경우 물-시멘트비는 55%이하로 한다.
    다. 황산염 노출정도가 보통인 경우 최대 물-시멘트비는 50%로 한다.
    라. 기상작용이 심하며 물에 잠겨있는 얇은 단면의 경우 최대 물-시멘트비는 55%로 한다.

19. 콘크리트 배합수정 방법으로 가장 옳지 않은 것은?

가. 슬럼프값이 클수록 잔 골재율을 증가시킨다.
나. 공기량이 낮을수록 잔 골재율을 증가시킨다.
다. 물-시멘트비가 클수록 잔 골재율을 증가시킨다.
라. 모래의 조립률이 작을수록 잔 골재율을 감소시킨다.

20. 다음중 실리카퓸을 혼합한 콘크리트 성질 중 틀린 것은?
    가. 실리카퓸을 혼합한 콘크리트의 목표 슬럼프를 유지하기 위해 소요되는 단위 수량은 혼합량이 증가함에 따라 거의 선형적으로 증가한다.
    나. 실리카퓸은 비표면적이 작고 미연소 탄소를 함유하지 않기 때문에 목표 공기량을 유지하기 위해 혼합률이 증가함에 따라 AE제의 사용량을 증가시킬 필요가 없다.
    다. 물-결합재비를 낮추기 위하여 고성능 감수제의 사용은 필수적이다.
    라. 실리카퓸을 혼합하면 블리딩과 재료분리를 감소시킬 수 있다.

제 2 과목 : 콘크리트 제조, 시험 및 품질관리

21. 콘크리트의 건조수축에 관한 설명으로 틀린 것은?
    가. 플라이 애쉬를 혼입한 경우는 일반적으로 건조수축이 감소한다.
    나. 건조 수축의 주원인은 콘크리트가 수화 작용을 하고 남은 물이 증발하기 때문이다.
    다. 콘크리트의 단위 수량이 많은 콘크리트일수록 건조수축이 작게 일어난다.
    라. 염화칼슘을 혼입한 경우는 일반적으로 건조수축을 증대시킨다.

22. 콘크리트 압축강도 시험방법에 관한 설명 중 틀린 것은?
    가. 공시체의 상하 끝면 및 상하의 가압판의 압축면을 청소 해야 한다.
    나. 공시체를 공시체 지름의 1%이내의 오차에서 그 중심축이 가압판의 중심과 일치하도록 놓는다.
    다. 시험기의 가압판과 공시체의 끝면은 직접 밀착시키고 그사이에 쿠션재를 넣는다.
    라. 공시체가 급격한 변형을 시작한 후에는 하중을 가하는 속도의 조정을 중지하고 하중을 계속 가하여야 한다.

23. 굳은 콘크리트가 대기 중의 무엇과 반응하여 중성화를 일으키는가?

가. 질소　　나. 산소　　다. 이산화탄소　　라. 물분자

24. 단위시멘트량과 단위수량이 각각 300kg/m³, 160kg/m³이고 물-결합재비가 0.4라면 혼화재 사용량은 얼마인가?
    가. 80kg/m³　　나. 100kg/m³　　다. 120kg/m³　　라. 150kg/m³

25. 굳지 않은 콘크리트의 워커빌리티에 영향을 미치는 요인에 대한 설명 중 옳지 않는 것은?
    가. 시멘트량이 많을수록 콘크리트는 워커블하게 된다.
    나. 모난 골재를 사용하면 워커빌리티가 좋아진다.
    다. AE제, 플라이애쉬를 사용하면 워커빌리티가 개선된다.
    라. 콘크리트의 온도가 높을수록 슬럼프는 감소된다.

26. 레디믹스트 콘크리트의 품질에 관한 설명 중 옳지 않은 것은?
    가. 슬럼프가 80mm이상인 경우 슬럼프 허용차는 ±20mm이다.
    나. 보통콘크리트의 경우 공기량은 4.5%로 하며, 그 허용 오차는 ±1.5%로 한다.
    다. 1회의 강도시험결과는 호칭강도의 85% 이상이고 3회의 시험결과의 평균치는 호칭강도의 값 이상이어야 한다.
    라. 염화물 함유량의 한도는 배출지점에서 염화물이온량으로 0.30kg/m³ 이하로 하여야 한다.

27. 콘크리트 타설검사 항목이 아닌 것은?
    가. 타설설비 및 인원배치　　나. 타설방법　　다. 타설량
    라. 콘크리트 타설온도

28. 최근 고유동 콘크리트의 컨시스턴시를 평가하기 위한 시험법 중 가장 적당하지 않은 것은?
    가. 유하시험　　나. 비비시험　　다. L형 플로시험　　라. 슬럼프 플로시험

29. 레디믹스트 콘크리트 공장에서 공정관리를 위한 잔골재시험중 시험의 빈도가 가장 높아야 하는 것은?
    가. 표면수율 시험
    나. 체가름 시험
    다. 비중 및 흡수율 시험

라. 염화물함량 시험

30. 콘크리트 공시체 제작시 압축강도용 공시체는 $\phi 150 \times 300mm$를 기준으로 하고 있다. 이때 $\phi 100 \times 200mm$의 공시체를 사용할 경우 강도 보정계수는 얼마인가?
    가. 0.80   나. 0.85   다. 0.90   라. 0.97

31. 품질관리에 이용되는 관리도의 종류에서 계수치 관리도가 아닌 것은?
    가. P(불량율)관리도
    나. C(결점수)관리도
    다. X(평균치)관리도
    라. U(단위당 결점수)관리도

32. 블리딩이 일어날 수 있는 가장 큰 조건은?
    가. 슬럼프가 작을 때   나. 단위수량이 클 때
    다. 잔골재가 많을 때   라. 배합강도가 낮을 때

33. 콘크리트의 제조시 사용하는 골재로 인해 알카리 골재반응이 발생할 수 있는데, 알카리 골재반응의 억제대책으로 적당하지 않은 것은?
    가. 저알카리 시멘트를 사용한다.
    나. 혼합 시멘트를 사용하는 것이 좋다.
    다. 콘크리트의 알카리 총량을 규제한다.
    라. 시멘트의 성분 중 나트륨(Na)이온이 많은 것이 좋다.

34. 설계기준강도와 압축강도의 표준편차가 각각 27Mpa과 3.0Mpa인 경우 콘크리트의 배합강도는 얼마인가?
    가. 30.0Mpa   나. 30.5Mpa   다. 31.0Mpa   라. 31.5Mpa

35. 혼화재료 중 고로슬래그 미분말의 사용목적으로 가장 적절치 않은 것은?
    가. 염분차폐성 및 수밀성 향상
    나. 알카리 골재반응 억제
    다. 중성화 억제
    라. 장기강도 향상

36. 매스콘크리트의 온도균열 방지대책으로 틀린 것은?
    가. 혼화재료는 가급적 피하는 것이 좋다.

나. 균열제어철근을 배근하여 변형을 구속한다.
다. 유동화 콘크리트공법을 도입한다.
라. 발열량이 적은 시멘트를 사용하고 단위시멘트량을 줄인다.

37. 지름 150mm, 높이 300mm의 원주형 공시체를 사용하여 인장강도 시험을 한 결과 최대하중이 250KN이라면 이 콘크리트의 인장강도는?
   가. 2.12Mpa   나. 2.53Mpa   다. 3.22Mpa   라. 3.54Mpa

38. 압력법에 의한 공기량 시험법에서 최대골재크기는?
   가. 75mm   나. 40mm   다. 30mm   라. 25mm

39. 관입저항침에 의한 콘크리트의 응결시간 측정 시 종결시간으로 정의하는 관입저항값은 얼마인가?
   가. 20Mpa   나. 25Mpa   다. 28Mpa   라. 30Mpa

40. 콘크리트의 크리프에 관한 아래의 설명중 틀린 것은?
   가. 재하기간중의 대기의 습도가 높을수록 크리프가 크다.
   나. 시멘트량이 많을수록 크리프가 크다.
   다. 재하시의 재령이 작을수록 크리프가 크다.
   라. 보통시멘트는 조강시멘트에 비하여 크리프가 크다.

제 3 과목 : 콘크리트의 시공

41. 수밀콘크리트의 시공에 대한 방법으로 옳지 않은 것은?
   가. 적절한 간격으로 시공이음을 만들었다.
   나. 일반적인 경우보다 잔골재율을 작게 하였다.
   다. 타설구획 내에서 연속으로 타설하였다.
   라. 연직시공이음에는 지수판을 설치하였다.

42. 매스콘크리트에서 균열발생을 방지하여야 할 경우의 온도균열지수의 범위는?
   가. 0.7이상 1.0미만   나. 1.0이상 1.2미만
   다. 1.2이상 1.5미만   라. 1.5이상

43. 다음은 구조물별 시공이음의 위치에 대한 설명이다. 옳지 않은 것은?
   가. 보의 지간 중앙부에 작은 보가 지날 경우는 작은 보 폭의 2배정도 떨어진

곳에 시공이음을 설치한다.
나. 아치의 시공이음은 아치축에 직각방향이 되도록 설치한다.
다. 바닥틀의 시공이음은 슬래브 또는 보의 경간 단부에 둔다.
라. 바닥틀과 일체로 된 기둥 혹은 벽의 시공이음은 바닥틀과의 경계부근에 설치하는 것이 좋다.

44. 한중콘크리트에 관한 설명으로 옳지 않은 것은?
가. 하루의 평균기온이 4℃이하가 되는 기상조건하에서는 한중콘크리트로서 시공한다.
나. 콘크리트를 비비기 할 때 재료를 가열할 경우, 물 또는 골재를 가열하는 것으로 하며 시멘트는 어떠한 경우라도 직접 가열해서는 안된다.
다. 가열할 재료를 믹서에 투입할 때 가열한 물과 굵은골재, 다음에 잔골재를 넣어서 믹서안의 재료온도가 40℃이하가 된 후 최후에 시멘트를 넣는 것이 좋다.
라. 기상조건이 가혹한 경우 소요의 압축강도가 얻어질 때까지 콘크리트의 양생온도는 5℃이상을 유지하여야 한다.

45. 숏크리트의 건식법에 대한 설명으로 잘못된 것은?
가. 일반적인 압송거리는 습식법에 비하여 장거리 수송이 적당하지 못하며 100m정도에 한정되어 사용된다.
나. 시공 도중에 분진발생이 많고 골재가 튀어나오는 등의 단점이 있다.
다. 습식법에 비하여 작업원의 능력과 숙련도에 따라 품질이 크게 좌우된다.
라. 건식법은 시멘트와 골재를 건비빔(dry mix)시켜서 노즐까지 보내어 여기서 물과 합류시키는 공법이다.

46. 해양콘크리트 제조에 사용되는 혼화재료 중 수밀성이 높고 해수의 화학작용에 대한 내구성을 크게하기 위하여 사용되는 것은?
가. 플라이애쉬   나. 유동화제   다. EA제   라. 폴리머

47. 고강도콘크리트에 대한 다음 설명중 틀린 것은?
가. 콘크리트를 타설한 후 경화할 때까지 직사광선이나 바람에 의해 수분이 증발하지 않도록 하여야 한다.
나. 콘크리트의 운반시간 및 거리가 긴 경우에는 고성능 감수제 등을 추가로 투

다. 믹서에 재료를 투입할 때 고성능 감수제는 혼합수와 동시에 투여하여서는 안된다.
라. 고강도콘크리트의 설계기준강도는 일반적으로 35Mpa이상으로 한다.

48. 전단력이 큰 위치에 시공이음을 설치하는 경우 전단력에 대한 보강방법으로 적절하지 않은 것은?
가. 장부(요철)를 만드는 방법   나. 홈을 만드는 방법
다. 철근으로 보강하는 방법   라. 합성섬유에 의한 하면 접착보강 방법

49. 다음은 일반콘크리트 타설에 대한 내용이다. 콘크리트 시방서의 기준에 적합한 방법으로 시공한 것은?
가. 호퍼 등의 배출구와 타설면까지의 높이를 2m로 한다.
나. 벽을 타설할 때 1시간에 4m를 연속 타설한다.
다. 외기온 30℃일 때 1.5시간 내에 이어치기를 한다.
라. 표면의 블리딩수를 제거하기 위해 표면에 홈을 만든다.

50. 고강도콘크리트의 타설에 대해 아래 표의 ( )안에 들어갈 적절한 수치 또는 용어는?

기둥부재에 타설하는 콘크리트 강도와 슬래브나 보에 타설하는 콘크리트 강도가 (A)배 이상 차이가 생길 경우에는 기둥에 사용한 콘크리트가 (B)의 접합면에서 (C)m정도 충분히 (B)쪽으로 안전한 내민 길이를 확보하면서 콘크리트를 타설해야 한다.

가. A : 1.0,   B : 수평부재,   C : 0.4
나. A : 1.0,   B : 수직부재,   C : 0.6
다. A : 1.4,   B : 수평부재,   C : 0.6
라. A : 1.4,   B : 수직부재,   C : 0.4

51. 수중 콘크리트의 타설 공정에 대한 다음의 서술중 옳지 않은 것은?
가. 콘크리트는 밑열림상자나 밑열림포대를 사용하는 것을 원칙으로 한다.
나. 콘크리트는 정수중에 타설하는 것을 원칙으로 한다.
다. 콘크리트는 수중에 낙하시켜서는 안된다.
라. 콘크리트가 경화될 때까지 물의 유동을 방지해야 한다.

52. 숏크리트 작업시, 갱내환기를 정지한 환경에서 뿜어붙이기 작업개소로부터 5m지점의 분진농도의 표준값은?
    가. 2mg/㎥이하   나. 3mg/㎥이하   다. 4mg/㎥이하
    라. 5mg/㎥이하

53. 콘크리트 부재의 표면에 발생하는 기포에 대한 다음의 기술 내용 중 잘못된 것은?
    가. 단위 시멘트량이 증가하면 콘크리트 부재 표면의 기포는 감소하는 경향이 있다.
    나. 경사면의 윗면은 수직면의 경우보다 더 많은 기포가 발생하는 경향이 있다.
    다. 거푸집 표면 부근의 진동 다짐은 부재 표면의 기포를 증가시킬 수도 있다.
    라. 목재 거푸집의 경우 거푸집이 건조하면 기포가 감소하고, 강재 거푸집의 경우 온도가 높으면(여름철) 기포가 감소하는 경향이 있다.

54. 시공이음시 철근으로 보강하는 경우 정착길이는 최소 얼마이상의 길이로 해야 하는가?
    가. 철근지름의 10배 이상
    나. 철근지름의 15배 이상
    다. 철근지름의 20배 이상
    라. 철근지름의 25배 이상

55. 프리팩트 콘크리트에 대한 다음의 서술중 적절하지 않은 것은?
    가. 프리팩트콘크리트의 강도는 원칙적으로 재령 28일 또는 재령 91일에서의 압축강도를 기준으로 한다.
    나. 대규모 프리팩트콘크리트를 적용할 경우 굵은골재의 최소치수는 40mm 정도 이상으로 한다.
    다. 믹서에 재료투입은 물, 플라이 애쉬, 혼화제, 잔골재, 시멘트의 순으로 한다.
    라. 모르타르 주입관의 간격은 굵은 골재의 치수, 배합 및 유동성, 주입속도에 따라 적절히 결정된다.

56. 콘크리트 타설 후 양생에 관한 주의사항에 대한 설명으로 틀린 것은?
    가. 일평균기온이 15℃이상이고 보통포틀랜드시멘트를 사용한 콘크리트의 경우 습윤양생기간은 5일을 표준으로 한다.

나. 막 양생제는 콘크리트 표면의 물빛(水光)이 없어진 직후에 살포하며, 방향을 바꾸어 2회이상 실시한다.

다. 부재의 크기 또는 온도상승이 큰 경우 파이프쿨링이나 표면보온을 병용한 온도제어 양생을 실시한다.

라. 플라이애쉬를 사용한 경우 온도에 민감하므로 저온시에도 보통포틀랜드 시멘트보다 양생기간을 짧게한다.

57. 먼저 타설된 콘크리트와 나중에 타설되는 콘크리트 사이에 완전히 일체화가 되지 않은 이음부는?

　가. 콜드조인트　　나. 균열유발줄눈　　다. 신축이음　　라. 수축이음

58. 숏크리트 작업 사항으로 틀린 것은?

　가. 리바운드량이 최대가 되도록 하여 리바운드된 재료가 다시 혼입되도록 한다.

　나. 뿜어붙인 콘크리트가 소정의 두께가 될 때까지 반복해서 뿜어붙인다.

　다. 강재지보공을 설치한 곳에서는 숏크리트와 강재지보공이 일체가 되도록 한다.

　라. 노즐은 항상 뿜어붙일 면에 직각이 되도록 유지하고 적절한 뿜는 압력을 유지하여야 한다.

59. 경량골재 콘크리트의 재료 및 시공에 관한 설명으로 틀린 것은?

　가. 슬럼프는 일반적으로 50~180mm를 표준으로 한다.

　나. 공기량은 보통골재를 사용한 콘크리트보다 1% 크게 한다.

　다. 경량골재 콘크리트는 AE콘크리트를 원칙으로 한다.

　라. 가경식 믹서를 사용할 때 비비는 시간의 표준은 1분 이상으로 한다.

60. 콘크리트를 덤프트럭으로 운반할 수 있는 조건으로 적절한 것은?

　가. 슬럼프 25mm 이하의 된반죽 콘크리트를 10km 이하 거리 또는 2시간이내 운반가능한 경우

　나. 슬럼프 50mm 이하의 된반죽 콘크리트를 20km 이하 거리 또는 2시간이내 운반가능한 경우

　다. 슬럼프 25mm 이하의 된반죽 콘크리트를 20km 이하 거리 또는 1시간이내 운반가능한 경우

라. 슬럼프 50mm 이하의 된반죽 콘크리트를 10km 이하 거리 또는 1시간이내 운반가능한 경우

제 4과목 : 콘크리트 구조 및 유지 관리

61. 직접 설계법에 의한 슬래브 설계에서 전체 정적계수휨모멘트 $M_o = 300 kN \cdot m$로 계산 됐을 때 내부 경간의 부계수휨모멘트는 얼마인가?
   가. 150kN·m   나. 165kN·m   다. 180kN·m   라. 195kN·m

62. 다음 그림과 같이 경간 L=12m인 비대칭 T형보의 유효폭 b는 얼마인가?(단, 인접보와의 내측거리 = 1,400mm)

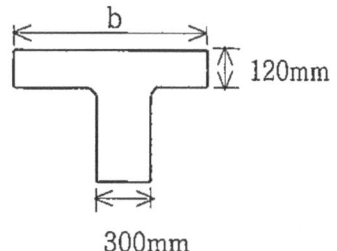

   가. 980mm
   나. 1,000mm
   다. 1,020mm
   라. 1,300mm

63. 지름이 400mm인 원형나선 철근기둥이 그림과 같이 축방향 철근 6-D25이며, 나선철근 D13이 50mm 피치로 둘러싸여 있다. $f_{ck}=35MPa$, $f_y=400MPa$일 때, 길이가 짧은 단주기둥의 최대 설계축하중강도(ϕp_n)을 구하면?(단, D25 철근 1개의 단면적은 506.7㎟)

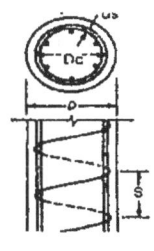

   가. 3,101 kN   나. 3,648 kN   다. 3,891 kN   라. 4,864 kN

64. 콘크리트의 단위 용적 질량과 재료적 특성 경향이 틀린 것은?

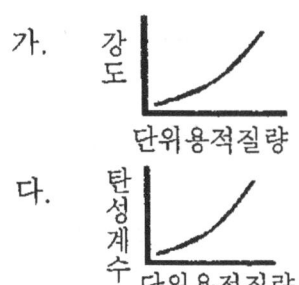
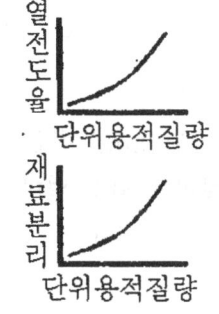

65. 콘크리트를 각종 섬유로 보강하여 보수공사를 진행할 경우 섬유가 갖추어야 할 조건으로 거리가 먼 것은?
   가. 섬유의 압축 및 인장강도가 충분해야 한다.
   나. 섬유와 시멘트 결합재와의 부착이 우수해야 한다.
   다. 시공이 어렵지 않고 가격이 저렴해야 한다.
   라. 내구성, 내열성, 내후성 등이 우수해야 한다.

66. 1방향 철근 콘크리트 슬래브의 최소 수축온도 철근량은?
   (f_{ck}=21MPa, f_y=300MPa, b=1,000mm, d=250mm)
   가. 250㎟   나. 500㎟   다. 750㎟   라. 1,000㎟

67. 단철근 직사각형 보에서 f_y=300MPa, f_{ck}=50MPa 일 때 강도 설계법에 의한 균형 철근비를 구한 값 중 옳은 것은?
   가. 0.045   나. 0.054   다. 0.066   라. 0.080

68. 종합적인 해석을 하지 않는 경우 일반 콘크리트 휨 부재의 장기처짐은 해당 지속하중에 의한 순간 처짐에 대하여 최대 몇 배로 할 수 있는가?
   가. 1.5배   나. 2.0배   다. 2.5배   라. 3.0배

69. 그림과 같은 T형 단면의 보에서 콘크리트의 설계기준강도와 철근의 항복강도는 각각 24MPa와 300MPa이다. 공칭모멘트 강도(M_n)는 얼마인가?

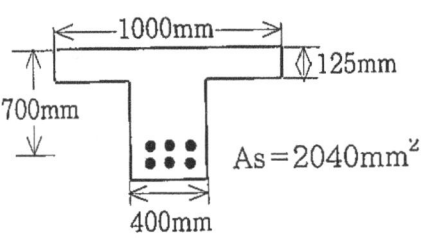

   가. 331.7 kN·m   나. 356.3 kN·m   다. 390.2 kN·m
   라. 419.2 kN·m

70. D25(공칭지름 25.4mm) 철근을 90° 표준갈고리로 제작할 때 90° 구부린 끝에서 연장되는 길이는 최소 얼마인가?
   가. 355mm   나. 330mm   다. 305mm   라. 280mm

71. 콘크리트 구조물의 재하 시험에서 하중을 받을 수 있는 구조 부분의 최소한의 재령은 얼마인가?
    가. 14일   나. 28일   다. 56일   라. 84일

72. 피복두께가 100mm이하이고 건조 환경에 있는 철근콘크리트건물의 허용 균열 폭은 최대 얼마인가?
    가. 0.4mm   나. 0.3mm   다. 0.2mm   라. 0.15mm

73. 그림과 같은 $A_s = 3 - D29 = 1,927\ mm^2$로 보강된 단철근 직사각형 보가 과적하중에 의해서 파괴될 때, 어떠한 형태로 파괴되는가? (단, f_{ck} = 21MPa, f_y = 300MPa)

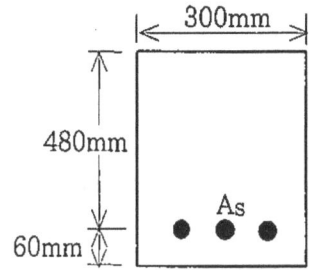

    가. 균형파괴   나. 연성파괴   다. 취성파괴   라. 일정하지 않다.

74. 콘크리트를 진단할 때 물리적 성질을 알아보기 위해 시행하는 시험이 아닌 것은?
    가. 코아추출시험   나. 알카리 골재반응시험   다. 반발경도시험
    라. 투수성시험

75. 해석적 방법으로 구조물의 내하력을 평가하는 경우 구조 부재의 치수는 어느 곳에서 확인해야 하는가?
    가. 위험 단면
    나. 부재 치수가 가장 작은 부분
    다. 부재 치수가 가장 큰 부분
    라. 균열이나 손상이 생긴 부분

76. 비교적 큰 단면을 갖는 지중(地中) 보나 지하 외벽 등의 부배합 콘크리트에서 발생하기 쉬운 균열의 주요 원인은 다음 중 무엇인가?
    가. 콘크리트의 침하   나. 콘크리트의 블리딩   다. 시멘트의 수화열

라. 시멘트의 풍화

77. 발생된 손상이 안전성에 심각한 영향을 주지 않는다고 판단하면 보수 조치를 시행하는데, 다음의 조치중 보수에 해당하는 것은?
    가. 보강섬유 접착공법   나. 강판접착 공법   다. 주입공법
    라. 외부케이블 공법

78. 단면 복구재로서 폴리머 시멘트계 재료가 일반 콘크리트 재료보다 우수하지 않은 것은?
    가. 염분 차단성   나. 내화·내열성   다. 부착성   라. 가스 투과성

79. 내하력에 관해 의문시되는 기존구조물의 강도평가 내용 중 틀린 것은?
    가. 구조물 또는 부재의 안전이 의문시되는 경우, 해당 구조물의 책임기술자는 구조물의 안전도 및 내하력의 조사를 시행하도록 조치하여야 한다.
    나. 강도 부족에 대한 요인을 잘 알 수 있거나 해석에서 요구되는 부재 크기 및 단면의 특성을 측정할 수 있다면 해석적 평가가 가능하다.
    다. 강도부족에 대한 원인을 알 수 없거나 해석적 평가가 불가능 할 경우, 재하시험을 실시하여야 한다.
    라. 구조물이나 부재의 안전도에 대한 우려가 있으면, 재하시험에 의해 모든 응답이 허용규정을 만족해도 구조물을 사용해서는 안된다.

80. 콘크리트 공장제품의 장점에 해당되자 않는 것은?
    가. 조립구조에 주로 사용되므로 공사기간이 단축된다.
    나. 현장에서 거푸집이나 동바리 등의 준비가 필요 없다.
    다. 규격품을 제조하므로 숙련공을 필요로 하지 않는다.
    라. 기후상황에 좌우되지 않고 시공을 할 수 있다.

국가기술자격검정 필기시험문제

2004년도 기사 일반검정 [제 5 회]

자격종목 및 등급(선택분야)	종목코드	시험시간	문제지형별
콘크리트 산업기사	2048	2시간	B

※시험문제지는 답안카드와 같이 반드시 제출하여야 합니다.

제 1 과목 : 콘크리트 재료 및 배합

1. 동해에 의한 골재의 붕괴작용에 대한 저항성을 측정하기 위한 시험방법은?
    가. 안정성시험 나. 유기불순물시험 다. 오토크레이브시험 라. 마모시험

2. 화학혼화제에 관한 다음의 일반적인 설명중 적당하지 않은 것은?
    가. AE제는 많은 독립된 공기포를 연행하는 혼화제로, 콘크리트의 워커빌리티 및 내동해성을 향상시키기 위해 사용된다.
    나. AE감수제는 시멘트의 분산작용과 공기연행 작용을 갖도록 하는 혼화제로 일반적인 콘크리트에 사용된다.
    다. 고성능 AE감수제는 공기연행성이 있고, 응결지연도 약간 있기 때문에 고강도콘크리트에 사용된다.
    라. 유동화제는 슬럼프 유지성능이 크고, 장기간 강도 증진작용을 유지하기 때문에 고유동콘크리트에 사용된다.

3. 그라우팅용 혼화제에 적절하지 않은 특성은?
    가. 블리딩을 적게한다.
    나. 그라우트를 수축시킨다.
    다. 재료분리가 적어야 한다.
    라. 주입하기 용이하여야 한다.

4. 콘크리트 배합시 슬럼프에 대한 다음 설명중 올바르지 않은 것은?
    가. 슬럼프값이 너무 작으면 타설이 곤란하다.
    나. 콘크리트의 배합온도가 높아지면 슬럼프값이 증가하는 경향이 있다.

다. 슬럼프값은 진동기 사용 등 다짐방법에 의해서도 변하게 된다.
라. 슬럼프값은 타설장소에서의 값이 중요하므로 운반거리와 시간을 고려하여야
   한다.

5. 다음의 시멘트 중에서 해안가 혹은 해수와 접하는 곳의 공사에 가장 적합한 것은?
   가. 보통포틀랜드시멘트   나. 중용열 시멘트   다. 저발열시멘트
   라. 내황산염시멘트

6. 다음 혼화제 중 응결시간의 변화에 영향을 주지 않는 것은?
   가. 지연제   나. 급결제   다. 방청제   라. 촉진형 AE감수제

7. 시멘트의 응결시험 방법으로 옳은 것은?
   가. 오토클레이브 방법
   나. 비비시험
   다. 블레인시험
   라. 길모어 침에 의한 시험

8. 골재에 대한 설명 중 옳지 않은 것은?
   가. 5mm체에 거의 다 남는 골재 또는 5mm체에 다 남는 골재를 굵은골재라
      한다.
   나. 공사 중에 잔골재의 입도가 변하여 조립률이 ±0.50이상 차이가 있을 경우
      에는 배합을 수정하여야 한다.
   다. 굵은골재는 견고하고, 밀도가 크고, 내구성이 커야 한다.
   라. 질량비로 90%이상을 통과시키는 체 중에서 최소치수의 체눈의 호칭지수로
      나타낸 것을 굵은골재의 최대치수라 한다.

9. 콘크리트의 내구성에 관한 기술 중 옳지 않은 것은?
   가. 알칼리 골재반응을 억제하기 위해서는 반응성 골재의 사용을 억제하고 시멘
      트중의 알칼리 함유량을 높이는 것이 유효하다.
   나. 알칼리 골재반응을 일으키는 주요인은 반응성 골재, 알칼리성분 및 수분이
      다.
   다. 콘크리트중의 연행기포가 많을수록 동결융해저항성은 높아지나 강도가 떨어
      질 수 있다.

라. 중성화현상은 경화콘크리트중의 알칼리성분이 탄산가스 등의 침입으로 중화되는 현상이다.

10. 다음 혼화제 중 경화촉진제는 어느 것인가?
    가. 시멘졸   나. 포졸리드   다. 리그널   라. 염화칼슘

11. 골재의 유기불순물 시험 시 골재가 담긴 시약이 어떤 색일때 가장 양호한 골재로 판정할 수 있는가?
    가. 암적갈색   나. 적황색   다. 녹황색   라. 담황색

12. 분말도가 높은 시멘트를 사용하여 콘크리트를 제조하는 경우 발생되는 특성으로 옳지 않은 것은?
    가. 건조수축이 감소한다.
    나. 초기강도가 증가한다.
    다. 블리딩량이 감소한다.
    라. 수화작용이 빠르다.

13. 콘크리트 배합설계시 물-시멘트비를 결정하는 요인이 아닌 것은?
    가. 압축강도   나. 내구성   다. 균열저항성   라. 공기량

14. 잔골재에 대한 체가름 시험을 실시한 결과 각 체의 잔류량은 다음과 같다. 조립률은 얼마인가?(단, 10mm이상의 체잔유량은 0이다.)

체 구분	5mm	2.5mm	1.2mm	0.6mm	0.3mm	0.15mm	PAN
체잔류량(%)	3	9	21	27	20	15	5

   가. 2.73   나. 2.78   다. 2.83   라. 2.88

15. 조립률 2.5, 표면건조포화상태 밀도 $2.7g/cm^3$, 절대건조상태 밀도 $2.6g/cm^3$, 단위용적질량 $1,600kg/m^3$인 잔골재의 실적률은?
    가. 55.0(%)   나. 59.3(%)   다. 61.5(%)   라. 64.0(%)

16. 골재 품질에 관한 다음 설명중 일반적인 경향으로서 적당하지 않은 것은?
    가. 둥근 골재는 평평한 골재보다 실적률이 크다.
    나. 입도가 미세한 골재는 큰 골재보다 조립률이 크다.
    다. 밀도가 작은 골재는 큰 골재보다 흡수율이 크다.

라. 굵은골재의 최대치수가 클수록 단위수량 및 단위시멘트량이 감소한다.

17. 다음에 설명하는 골재중 콘크리트용 골재로 적합하지 않은 것은?
    가. 잔골재에 굵은 입자와 가는 입자가 고르게 혼합되어 있는 것
    나. 조립률이 2.3~3.1 범위의 잔골재
    다. 흡수율이 3.0%이상인 굵은골재
    라. 염화물 이온을 포함하지 않은 하천모래

18. 알루미나 시멘트의 특성에 관한 다음 사항 중에서 옳지 않은 것은?
    가. 포틀랜드 시멘트와 혼합하여 사용하면 빨리 응결하는 특성을 갖는다.
    나. 응결 및 경화시 발열량이 적으므로 양생시 별다른 주의를 요하지 않는다.
    다. 석회분이 작기 때문에 화학적 저항성이 크고 내구성도 크나 가격이 고가이다.
    라. 초조강성 시멘트로 초기강도가 커서 보통 포틀랜드시멘트의 28일 강도를 24시간에 낼 수 있다.

19. 굳지않은 콘크리트에서 골재가 슬럼프에 미치는 영향을 설명한 것으로 틀린 것은?
    가. 굵은골재의 최대치수가 작아지면, 슬럼프는 커진다.
    나. 굵은골재의 실적률이 커지면, 슬럼프는 커진다.
    다. 굵은골재의 단위용적 질량이 작아지면, 슬럼프는 작아진다.
    라. 굵은골재의 조립률이 작아지면, 슬럼프는 작아진다.

20. 골재가 필요로 하는 성질 중 틀린 것은?
    가. 물리·화학적으로 안정하고 내구성이 클 것
    나. 모양이 입방체 또는 공 모양에 가깝고 시멘트풀과 부착력이 큰 약간 거친 표면을 가질 것
    다. 낱알의 크기가 차이 없이 균등할 것
    라. 소요의 중량을 가질 것

제 2 과목 : 콘크리트 제조, 시험 및 품질관리

21. 블리딩에 대한 설명 중 틀린 것은?
    가. 블리딩이 많은 콘크리트는 침하량도 많다.

나. 블리딩은 굵은 골재와 모르터, 철근과 콘크리트의 부착을 나쁘게 한다.

다. 콘크리트의 강도저하나 구조물의 내력저하의 원인이 된다.

라. 블리딩이 많으면, 모르터 부분의 물-시멘트비가 작게 되어 강도가 크게 된다.

22. 배합설계시 단위 수량이 166kg/m³이고, 물-시멘트비가 50%라면 단위 시멘트량은 얼마인가?
   가. 166kg/m³   나. 220kg/m³   다. 332kg/m³
   라. 380kg/m³

23. 실제로 시공된 콘크리트 자체의 품질을 구조물에 손상을 주지 않고, 콘크리트의 반발경도를 측정하여 이로부터 압축강도를 추정하는 비파괴시험은 무엇인가?
   가. 슈미트 해머법   나. 공진법   다. 음속법   라. 방사선법

24. 콘크리트 공사에 있어 믹서 1대로 1일 60m³의 콘크리트를 비벼 내고자 할 때 준비하여야 할 믹서의 공칭용량은 다음 중 어느 것이 적당한가?(단, 1회 비벼내기 시간 4분, 1일 10시간 실가동 조건으로 한다.)
   가. 0.32m³   나. 0.40m³   다. 0.48m³   라. 0.52m³

25. AE제의 품질 및 AE 공기량에 미치는 영향 인자 요인이 아닌 것은?
   가. 온도가 높으면 공기량은 자연적으로 증가한다.
   나. 시멘트의 분말도가 증가하면 공기량은 감소한다.
   다. 비빔시간 3~5분에서 공기량은 최대가 된다.
   라. 펌프시공 및 지나친 다짐 등에서 공기량은 저하한다.

26. 콘크리트의 중성화시험 측정 시 사용되는 페놀프탈레인용액의 농도는?
   가. 1%   나. 2%   다. 3%   라. 4%

27. 굳지않은 콘크리트의 성질을 알아보는 시험 방법이 아닌 것은?
   가. 염화물량 측정 시험   나. 공기량 시험   다. 슬럼프 시험
   라. 투수 시험

28. 굳지 않은 콘크리트의 슬럼프 시험을 할 때 콘크리트 시료를 몇 층으로 나누어 채우는가?
   가. 슬럼프 콘 용적의 약 1/2씩 되도록 2층

나. 슬럼프 콘 용적의 약 1/3씩 되도록 3층

다. 슬럼프 콘 용적의 약 1/4씩 되도록 4층

라. 슬럼프 콘 용적의 약 1/5씩 되도록 5층

29. 콘크리트 비비기는 미리 정해 둔 비비기시간의 최소 몇배 이상 계속해서는 안되는가?

　가. 2배　　　나. 3배　　　다. 4배　　　라. 5배

30. 슬럼프 콘에 콘크리트를 채우기 시작하여 슬럼프콘을 들어올려 종료할 때까지 시간은?

　가. 1분 이내　　나. 1분 30초 이내　　다. 2분 이내　　라. 3분 이내

31. 3등분점 휨강도시험에 사용되는 보 시편의 지간길이는 높이의 몇 배가 적당한가?

　가. 2.5배　　　나. 3배　　　다. 3.5배　　　라. 4배

32. 압축강도에 의한 콘크리트의 품질검사에 관한 다음 기술 중 옳지 않은 것은?

　가. 굵은골재의 최대치수가 50mm이하인 경우에는 지름 15cm, 높이 30cm의 원주형 콘크리트를 사용한다.

　나. 시험횟수는 콘크리트 200~300m³마다 1회로 정하고 있다.

　다. 시험체는 1회 3개로 하고 믹서에 혼합한 것을 임의로 채취해 제작한다.

　라. 시험체는 구조물에 사용되는 콘크리트를 대표할 수 있도록 채취하여야 한다.

33. 레디믹스트 콘크리트의 발주에 있어 구입자가 생산자와 협의하여 지정할 수 있는 사항이 아닌 것은?

　가. 시멘트의 종류

　나. 골재의 종류

　다. 단위수량의 하한치

　라. 굵은골재의 최대 치수

34. 콘크리트의 받아들이기 품질검사 중 판정기준이 옳지 않은 것은?

　가. 슬럼프 8cm 이상 ~ 18cm 이하 : 허용오차 ± 2.0cm

　나. 슬럼프 3cm 이상 ~ 8cm미만 : 허용오차 ± 1.5cm

　다. 공기량 : 허용오차 ± 1.5%

라. 염화물이온량 : 0.3kg/㎥이하

35. 현장 품질관리에 있어 관리도를 사용하려 할 때 가장 먼저 행해야 할 것은 어느 것인가?
　가. 관리할 항목을 선정한다.
　나. 관리도의 종류를 선정한다.
　다. 이상원인을 발견하면 이를 규명하고 조치한다.
　라. 관리하고자 하는 제품을 선정한다.

36. 굳은 콘크리트의 역학적 성질에 관한 설명으로 가장 거리가 먼 것은?
　가. 압축강도와 인장강도는 어느 정도 비례한다.
　나. 탄성계수는 일반적으로 압축강도가 클수록 크게 된다.
　다. 압축강도용 공시체 표면에 요철이 있는 경우 실제 강도보다 강도가 저하한다.
　라. 굳은 콘크리트에 재하하면서 응력-변형률 곡선을 그리면 거의 선형으로 나타난다.

37. 콘크리트 강도특성으로 옳지 않은 것은?
　가. 압축강도가 크다.
　나. 취성재료이다.
　다. 물-시멘트비가 낮을수록 강도가 증가한다.
　라. 양생시에 높은 온도를 유지할수록 강도가 좋다.

38. 콘크리트 제조시 사용되는 부순 잔골재의 물리적 성질에 대한 품질 기준으로 틀린 것은?
　가. 절대건조밀도는 2.5g/㎥ 이상
　나. 안정성은 10%이하
　다. 흡수율은 5.0%이하
　라. 0.08mm 체 통과량은 7.0% 이하

39. 굳지 않은 콘크리트의 슬럼프 시험은 궁극적으로 무엇을 알기 위해 실시하는가?
　가. 콘크리트의 강도
　나. 콘크리트의 컨시스턴시
　다. 콘크리트중의 잔고재율(S/a)

라. 물-시멘트비

40. 내구성이 양호한 콘크리트를 얻기 위한 방법으로 잘못된 것은?
   가. 워커빌리티를 높게   나. 물-시멘트비를 낮게   다. 최소한 습도 손실
   라. 완전한 혼합

   제 3 과목 : 콘크리트의 시공

41. 고강도콘크리트의 타설에 대한 설명으로 틀린 것은?
   가. 타설 전에 거푸집 내에 이물질이 없는가를 확인하여야 한다.
   나. 콘크리트 타설 낙하고는 2m이하로 한다.
   다. 콘크리트는 운반 후 신속하게 타설하여야 한다.
   라. 타설에 사용되는 펌프의 기종은 고강도콘크리트의 높은 점성 등을 고려하여 선정하여야 한다.

42. 터널이나 큰 공동구조물의 라이닝, 비탈면, 법면 또는 벽면의 풍화나 박리, 박락의 방지를 위하여 적용되는 것으로 뿜어 붙여서 시공하는 콘크리트는?
   가. 폴리머콘크리트   나. 숏크리트   다. 프리펙트콘크리트
   라. 프리캐스트콘크리트

43. 콘크리트 이음(Joint)중에서 수축줄눈(Contraction Joint)의 기능 또는 역할과의 관계가 먼 내용은?
   가. 콘크리트의 구조균열제어
   나. 콘크리트의 균열유도
   다. 콘크리트의 건조수축제어
   라. 콘크리트의 온도변화에 대응

44. 숏크리트 작업에 대한 설명으로 틀린 것은?
   가. 노즐은 항상 뿜어 붙일 면에 직각이 되도록 뿜어 붙이는 것이 원칙이다.
   나. 숏크리트는 급결제를 첨가한 후 바로 뿜어 붙이기 작업을 하지 않는 것이 좋다.
   다. 소정의 두께가 될 때까지 반복해서 뿜어 붙여야 한다.
   라. 강제지보공을 설치한 곳에 뿜어 붙이기를 할 경우에는 숏크리트와 강제 지보공이 일체가 되도록 한다.

45. 경량골재콘크리트의 타설 및 다지기에 대한 설명으로 옳은 것은?
   가. 콘크리트를 타설 할 때에는 경량골재콘크리트의 모르타르가 침하하고, 굵은 골재가 위로 떠오르는 경향에 따라 재료분리가 발생한다.
   나. 내부진동기로 다질 때 그 유효범위는 보통골재콘크리트에 비해서 크다.
   다. 내부진동기로 다질 때 보통골재콘크리트에 비해 진동 시간을 짧게하여야 한다.
   라. 초유동콘크리트 등과 같이 슬럼프 및 흐름값이 커서 다짐이 필요 없다고 판단되어도 다짐을 반드시 실시하여야 한다.

46. 콘크리트 타설과정에서 이어치기면(Cold Joint)의 품질관리에 관련되는 사항중에서 관계가 먼 내용은?
   가. 하절기(서중)콘크리트 타설시는 이어치기 한계시간을 준수한다.
   나. 외기온이 25℃초과인 경우, 2시간이내에 콘크리트의 이어치기를 한다.
   다. 외기온이 25℃이하인 경우, 3시간이내에 콘크리트의 이어치기를 한다.
   라. 콘크리트를 2층 이상으로 나누어 타설할 경우, 상층의 콘크리트 타설은 하층의 콘크리트가 굳기 시작하기 전에 하여야 한다.

47. 수중콘크리트를 트레미를 이용하여 칠 때 트레미 1개로 칠 수 있는 면적의 일반적인 한계값은?
   가. 5㎡   나. 10㎡   다. 20㎡   라. 30㎡

48. 비비기 시간에 대한 사전 실험을 실시하지 않은 경우 강제식 믹서를 사용할 때의 비비기 시간은 믹서안에 재료를 투입한 후 몇 초 이상을 표준으로 하는가?
   가. 30초   나. 60초   다. 90초   라. 120초

49. 다음 시멘트 중에서 댐과 같이 큰 단면의 콘크리트에 적합하지 않은 것은?
   가. 플라이애쉬 시멘트
   나. 고로 시멘트
   다. 실리카 시멘트
   라. 조강포틀랜드 시멘트

50. 높은 외부기온으로 콘크리트의 슬럼프 저하나 수분의 급격한 증발 등의 염려가 있을 경우에 시공되는 콘크리트는?
   가. 한중콘크리트   나. 서중콘크리트   다. 수중콘크리트

라. 수밀콘크리트

51. 고성능콘크리트(high performance concrete)의 특성으로 옳지 않은 것은?
    가. 고강도   나. 고유동성   다. 고내구성   라. 고지연성

52. 수중불분리성 콘크리트를 타설할 때 적정한 수중 낙하 높이는?
    가. 0.5m 이하   나. 0.8m 이하   다. 1.0m 이하   라. 1.5m 이하

53. 다음은 프리팩트 콘크리트의 압송에 대한 설명이다. ( )안에 들어가는 기준이 되는 수치는?

    > 수송관의 연장이 ( )m를 넘을 때는 중계용 애지테이터와 펌프를 사용한다.

    가. 40   나. 70   다. 100   라. 130

54. 연질 지반위에 친 슬래브 등(내부 구속응력이 큰 경우)에서 내부 온도가 최고일 때 내부와 표면과의 온도차가 30℃발생하였을 때 간이법에 의한 온도균열지수를 구하면?
    가. 2.0   나. 1.5   다. 1.0   라. 0.5

55. 해양구조물에서 만조위로부터 위로 ( )m, 간조위로부터 아래로 ( )m 사이의 감조부분에는 시공이음이 생기지 않도록 시공계획을 세워야 한다. ( )안에 공통적으로 들어갈 적절한 수치는?
    가. 0.2   나. 0.4   다. 0.6   라. 0.8

56. 특정한 입도를 가진 굵은 골재를 거푸집에 채워 넣고, 그 공극속에 특수한 모르터를 적당한 압력으로 주입하여 만든 콘크리트는?
    가. 프리팩트 콘크리트
    나. 프리캐스트 콘크리트
    다. 프리스트레스트 콘크리트
    라. AE 콘크리트

57. 콘크리트 타설완료 후 콘크리트의 표면 마무리공정에서 고려해야 될 사항과 관계가 없는 것은?
    가. 콘크리트 표면의 블리딩(Bleeding)수 처리가 끝난 후 마무리한다.
    나. 콘크리트 표면의 마무리 후, 굳기 시작할 때까지 사이에 일어나는 균열은

재마무리에 의해서 균열을 제거한다.
다. 매끄러운 표면 마무리는 콘크리트가 경화된 후에 마무리 한다.
라. 콘크리트 마무리는 나무흙손이나 적절한 마무리 기계를 사용한다.

58. 재령 3시간에서의 숏크리트의 초기강도의 표준값은?
    가. 0.5~1.0MPa   나. 1.0~1.5MPa   다. 1.5~2.0MPa
    라. 2.0~2.5MPa

59. 해양 콘크리트는 염해를 받기 쉬운 환경이므로 콘크리트중의 강재 방식을 위한 대책을 수립할 필요가 있는데 다음중 적당하지 않은 것은?
    가. 피복두께를 크게 한다.
    나. 물-시멘트비를 크게 한다.
    다. 균열폭을 적게 한다.
    라. 플라이애쉬 시멘트를 적용한다.

60. 콘크리트의 다지기에 관한 사항으로 틀린 것은?
    가. 내부 진동기 사용을 원칙으로 하나 얇은 벽 등 내부진동기 사용이 곤란한 경우 거푸집 진동기를 사용할 수 있다.
    나. 상·하층이 일체가 되도록 하기 위하여 진동기를 아래층 콘크리트 속에 10cm 정도 찔러 넣는다.
    다. 내부 진동기는 연직으로 찔러넣고 그 간격은 일반적으로 50cm 이하로 한다.
    라. 내부 진동기를 사용하는 경우 재료분리를 방지하기 위하여 가끔 횡방향으로 이동시켜야 한다.

제 4 과목 : 콘크리트 구조 및 유지관리

61. 1방향 슬래브에 대한 설명이 옳지 않은 것은?
    가. 1방향 슬래브의 두께는 부재의 구속조건에 따라 정하며 최소 10mm이상으로 한다.
    나. 슬래브 양단부의 보의 처짐이 다를 때는 그 영향을 고려하지 않아도 된다.
    다. 1방향 슬래브에서는 정철근 또는 부철근에 직각 방향으로 수축온도철근을 배치한다.

라. 슬래브 단부의 단순받침부에서 부휨모멘트가 발생할 것으로 예상되는 경우 이에 대한 배근을 한다.

62. 안전점검의 종류 중 육안관찰이 가능한 개소에 대하여 성능저하나 열화 및 하자의 발생부위 파악을 위해 실시하는 점검은?
    가. 초기점검　　나. 정기점검　　다. 정밀점검　　라. 긴급점검

63. 압축강도 21MPa의 보를 SD40 철근으로 보강할 때 균형 철근비는 ρ_b = 0.0228로 계산된다. 이때 이 보의 최대 철근비는 얼마인가?
    가. 0.0205　　나. 0.0171　　다. 0.0137　　라. 0.0114

64. 외부 케이블을 설치하여 프리스트레스를 도입하는 공법의 특징 중 맞지 않는 내용은?
    가. 보강 효과가 역학적으로 명확하다.
    나. 보강 후 유지관리가 비교적 쉽다.
    다. 콘크리트의 강도 부족이나 열화에 비 효율적이다.
    라. 부재의 강성을 향상시키는데 효율적이다.

65. 콘크리트 보강방법의 하나인 연속섬유 시트접착공법을 적용하는 경우 얻어지는 일반적인 개선 효과에 해당되지 않는 것은?
    가. 콘크리트 압축강도 증진
    나. 내식성이 우수
    다. 균열의 구속효과
    라. 내하성능의 향상효과

66. 인장철근의 설계기준항복강도 f_y가 400MPa, 사용하중에 의한 인장철근의 인장응력 f_s가 180MPa이고, 철근에 대한 유효단면적 A=1,800mm^{2}일 때, 콘크리트 보의 균열폭은? (단, β_c=1.2, d_c=80mm)
    가. 0.12mm　　나. 0.24mm　　다. 0.30mm　　라. 0.48mm

67. 다음 중 콘크리트 자체 변형으로 인해 발생하는 수축균열의 원인에 해당하지 않는 것은?
    가. 수화열 발생　　나. 건조수축　　다. 중성화　　라. 온도변화

68. 다음 중에서 동결융해에 의해 콘크리트의 풍화를 증대시키는 요인에 해당되지 않

는 것은?
가. 콘크리트 내부의 많은 수분 함유
나. 빈번한 동결융해 주기
다. 흡수성이 큰 골재의 사용
라. AE제와 같은 공기연행제 사용

69. 콘크리트 비파괴시험의 종류인 음향방출법(acousticemission)에 대한 설명으로 거리가 먼 것은?
가. 콘크리트에 대한 과거의 재하이력을 추정할 수 있다.
나. 재하에 따른 콘크리트의 균열 발생음을 계측한다.
다. 이미 존재하고 있는 성장이 멈춰진 결함은 검출할 수 없다.
라. 측정부위는 콘크리트의 표층에 제한된다.

70. 철근 콘크리트 보에서 콘크리트가 지지할 수 있는 설계 전단 강도를 $V_c = a\sqrt{f_{ck}}\, b_w d$로 나타내면 a의 값은 다음 중 어느 것인가? (단, f_{ck} : 콘크리트의 설계기준강도(MPa), b_w : 복부의 폭(mm), d : 종방향 인장철근의 중심에서 압축측연단까지의 거리(mm))
가. $\frac{1}{6}$ 나. $\frac{1}{4}$ 다. $\frac{1}{3}$ 라. $\frac{1}{2}$

71. $f_{ck} = 21\text{MPa}$, $f_y = 300\text{MPa}$일 때 단철근 직사각형보의 균형철근비(ρ_b)의 값을 강도설계법에 의하여 구하면?
가. 0.034   나. 0.046   다. 0.053   라. 0.067

72. 콘크리트 크리프에 대한 설명으로 틀린 것은?
가. 콘크리트에 일정한 하중을 지속적으로 재하하면 응력은 늘지 않았는데 변형이 계속 진행되는 현상을 말한다.
나. 재하응력이 클수록 크리프가 크다.
다. 조직이 치밀한 콘크리트 일수록 크리프가 크다.
라. 조강시멘트는 보통시멘트보다 크리프가 작다.

73. 콘크리트 공장제품의 증기양생 과정에 대한 설명으로 적합하지 않은 것은?
가. 거푸집과 함께 증기양생실에 넣어 양생온도를 균등하게 올린다.
나. 비빈 후 2~3시간 이상 경과된 후에 증기양생을 실시한다.

다. 온도상승 속도는 1시간당 20℃ 이하로 하고, 최고온도는 65℃로 한다.
라. 양생실의 온도는 서서히 25℃까지 내린 후에 제품을 꺼낸다.

74. 콘크리트 균열의 깊이를 측정할 수 있는 방법이 아닌 것은?
　　가. 코어 보오링
　　나. 초음파 탐상시험
　　다. 슈미트 햄머
　　라. 방사선 투과시험

75. 현행 콘크리트구조설계기준에 의거 강도감소계수 ϕ의 값으로 틀린 것은?
　　가. 휨 모멘트 : 0.85
　　나. 축인장력 : 0.85
　　다. 전단력과 비틀림모멘트 : 0.75
　　라. 무근콘크리트의 휨 모멘트 : 0.65

76. 콘크리트내의 철근은 외부로부터의 염화물 침투에 의해서 부식할 수 있다. 다음중 철근의 부식에 미치는 영향이 가장 적은 것은?
　　가. 콘크리트에 침투하는 염화물의 양
　　나. 콘크리트의 침투성
　　다. 콘크리트의 설계기준강도
　　라. 습기와 산소의 양

77. 보 및 슬래브의 휨 보강방법으로 적합하지 않은 것은?
　　가. 외부 긴장재 배치
　　나. 콘크리트의 단면증대
　　다. 경간길이의 증대
　　라. 강판보강재 배치

78. 콘크리트타설 후 가장 빨리 발생되는 균열의 종류는?
　　가. 온도 균열
　　나. 소성수축균열
　　다. 건조수축균열
　　라. 알카리 골재반응

79. 다음 중 공장에서 콘크리트 제품의 양생 시에 주로 이용하는 촉진양생방법에 해당되지 않는 것은?
   가. 증기양생
   나. 습윤양생
   다. 전기양생
   라. 오토클레이브(autoclave)양생

80. 현행 콘크리트구조설계기준에서 고정하중(D)과 활하중(L)이 작용하는 경우의 기본적인 하중조합으로 맞는 것은?
   가. U=1.5D+1.5L
   나. U=1.4D+1.7L
   다. U=1.3D+1.8L
   라. U=1.3D+1.7L

⊙ 콘크리트 기사 기출문제 [A형] (가답안)

1	2	3	4	5	6	7	8	9	10
㉮	㉰	㉰	㉮	㉱	㉮	㉰	㉱	㉱	㉰
11	12	13	14	15	16	17	18	19	20
㉮	㉮	㉰	㉮	㉰	㉰	㉯	㉱	㉮	㉯
21	22	23	24	25	26	27	28	29	30
㉰	㉰	㉰	㉯	㉯	㉮	㉱	㉯	㉮	㉱
31	32	33	34	35	36	37	38	39	40
㉰	㉯	㉱	㉰	㉰	㉮	㉱	㉯	㉰	㉮
41	42	43	44	45	46	47	48	49	50
㉯	㉱	㉰	㉱	㉮	㉮	㉱	㉱	㉰	㉰
51	52	53	54	55	56	57	58	59	60
㉮	㉱	㉰	㉰	㉰	㉱	㉮	㉮	㉱	㉱
61	62	63	64	65	66	67	68	69	70
㉱	㉯	㉮	㉱	㉮	㉯	㉰	㉯	㉱	㉰
71	72	73	74	75	76	77	78	79	80
㉰	㉮	㉯	㉯	㉮	㉰	㉰	㉯	㉱	㉰

⊙ 콘크리트 산업기사 기출문제 [B형] (가답안)

1	2	3	4	5	6	7	8	9	10
㉮	㉱	㉰	㉯	㉱	㉰	㉱	㉯	㉮	㉱
11	12	13	14	15	16	17	18	19	20
㉰	㉮	㉱	㉰	㉰	㉯	㉰	㉯	㉮	㉰
21	22	23	24	25	26	27	28	29	30
㉱	㉰	㉮	㉯	㉮	㉮	㉱	㉯	㉯	㉱
31	32	33	34	35	36	37	38	39	40
㉯	㉯	㉰	㉮	㉱	㉱	㉱	㉰	㉯	㉮
41	42	43	44	45	46	47	48	49	50
㉯	㉯	㉮	㉯	㉮	㉰	㉱	㉯	㉱	㉯
51	52	53	54	55	56	57	58	59	60
㉱	㉮	㉰	㉱	㉰	㉮	㉰	㉰	㉯	㉱
61	62	63	64	65	66	67	68	69	70
㉯	㉯	㉯	㉱	㉮	㉮	㉰	㉱	㉱	㉮
71	72	73	74	75	76	77	78	79	80
㉮	㉰	㉱	㉰	㉰	㉰	㉰	㉯	㉯	㉯

<저자소개>

工學博士 盧 旻 來

- 全北大學校 大學院 碩士·博士課程 構造工學專攻 卒業
- 公務員 七級公採
- 圓光大學校 工業技術開發研究所, 研究員
- (株)大洲綜合技術團 道路構造部 韓一地政(株), 理事
- 한밭大學校, 全北大學校 工科大學, 群山大學校 工科大學 講師
- 全州工業大學 助敎授待遇
- 圓光大學校 工科大學 土木環境工學科, 副敎授(兼任)
- 韓國産業安全公團 建設安全局 技術委員, 建設安全部長
- 産業安全保健硏究員 責任硏究員
- 社團法人 韓國災難安全硏究員 監事
- 大韓土木學會, 韓國安全學會, 韓國地盤共學會, 正會員(終身)
- 大韓建築學會, 仁川CM포럼, 韓國道路交通協會, 韓國建設技術人協會, 正會員

<저서 및 역서>

교량역학	교량의원리와설계시공
토목구조물의문제점과대책	건설안전구조역학
도로구조물의설계와시공	건설가설공학
강교량가설의설계와시공	철근콘크리트구조공학
교량용어사전	건설안전공학
산업안전보건법	콘크리트공학
응용역학해법	콘크리트기사문해해설

객관식 과년도 문제해설

콘크리트 기술 문제해설

2023년 1월 15일 인쇄
2023년 1월 20일 발행

편 저   노민래
발행인   김대원
발행처   도서출판 원기술
주 소   경기도 안양시 동안구 경수대로 507번길 18
전 화   031-451-8730
팩 스   031-429-6781
등 록   제2-1063호

ⓒ 2023. by DoserChulpan WONGISUL Publishing Co.
ISBN 978-89-7401-425-4

정가 59,000원